FOM-Edition

FOM Hochschule für Oekonomie & Management

Reihe herausgegeben von
FOM Hochschule für Oekonomie & Management, Essen, Deutschland

Bücher, die relevante Themen aus wissenschaftlicher Perspektive beleuchten, sowie Lehrbücher schärfen das Profil einer Hochschule. Im Zuge des Aufbaus der FOM gründete die Hochschule mit der *FOM-Edition* eine wissenschaftliche Schriftenreihe, die allen Hochschullehrenden der FOM offensteht. Sie gliedert sich in die Bereiche Lehrbuch, Fachbuch, Sachbuch, International Series sowie Dissertationen. Die Besonderheit der Titel in der Rubrik Lehrbuch liegt darin, dass den Studierenden die Lehrinhalte in Form von Modulen in einer speziell für das berufsbegleitende Studium aufbereiteten Didaktik angeboten werden. Die FOM ergreift mit der Herausgabe eigener Lehrbücher die Initiative, der Zielgruppe der studierenden Berufstätigen sowie den Dozierenden bislang in dieser Ausprägung nicht erhältliche, passgenaue Lehr- und Lernmittel zur Verfügung zu stellen, die eine ideale und didaktisch abgestimmte Ergänzung des Präsenzunterrichtes der Hochschule darstellen. Die Sachbücher hingegen fokussieren in Abgrenzung zu den wissenschaftlich-theoretischen Fachbüchern den Praxistransfer der FOM und transportieren konkrete Handlungsimplikationen. Fallstudienbücher, die zielgerichtet für Bachelor- und Master-Studierende eine Bereicherung bieten, sowie die englischsprachige *International Series,* mit der die Internationalisierungsstrategie der Hochschule flankiert wird, ergänzen das Portfolio. Darüber hinaus wurden in der FOM-Edition jüngst die Voraussetzungen zur Veröffentlichung von Dissertationen aus kooperativen Promotionsprogrammen der FOM geschaffen.

Weitere Bände in der Reihe https://link.springer.com/bookseries/12753

Matthias Klumpp · Thomas Hanke ·
Michael ten Hompel · Bernd Noche
(Hrsg.)

Ergonomie in der Intralogistik

Technische Innovationen,
Umsetzungshürden und Praxisbeispiele

Hrsg.
Matthias Klumpp
FOM Hochschule
Essen, Nordrhein-Westfalen, Deutschland

Thomas Hanke
FOM Hochschule
Essen, Nordrhein-Westfalen, Deutschland

Michael ten Hompel
Fraunhofer IML
Dortmund, Nordrhein-Westfalen, Deutschland

Bernd Noche
Universität Duisburg-Essen
Duisburg, Nordrhein-Westfalen, Deutschland

ISSN 2625-7114 ISSN 2625-7122 (electronic)
FOM-Edition
ISBN 978-3-658-37546-1 ISBN 978-3-658-37547-8 (eBook)
https://doi.org/10.1007/978-3-658-37547-8

Die Deutsche Nationalbibliothek verzeichnet diese Publikation in der Deutschen Nationalbibliografie; detaillierte bibliografische Daten sind im Internet über http://dnb.d-nb.de abrufbar.

© Der/die Herausgeber bzw. der/die Autor(en), exklusiv lizenziert an Springer Fachmedien Wiesbaden GmbH, ein Teil von Springer Nature 2022
Das Werk einschließlich aller seiner Teile ist urheberrechtlich geschützt. Jede Verwertung, die nicht ausdrücklich vom Urheberrechtsgesetz zugelassen ist, bedarf der vorherigen Zustimmung des Verlags. Das gilt insbesondere für Vervielfältigungen, Bearbeitungen, Übersetzungen, Mikroverfilmungen und die Einspeicherung und Verarbeitung in elektronischen Systemen.
Die Wiedergabe von allgemein beschreibenden Bezeichnungen, Marken, Unternehmensnamen etc. in diesem Werk bedeutet nicht, dass diese frei durch jedermann benutzt werden dürfen. Die Berechtigung zur Benutzung unterliegt, auch ohne gesonderten Hinweis hierzu, den Regeln des Markenrechts. Die Rechte des jeweiligen Zeicheninhabers sind zu beachten.
Der Verlag, die Autoren und die Herausgeber gehen davon aus, dass die Angaben und Informationen in diesem Werk zum Zeitpunkt der Veröffentlichung vollständig und korrekt sind. Weder der Verlag, noch die Autoren oder die Herausgeber übernehmen, ausdrücklich oder implizit, Gewähr für den Inhalt des Werkes, etwaige Fehler oder Äußerungen. Der Verlag bleibt im Hinblick auf geografische Zuordnungen und Gebietsbezeichnungen in veröffentlichten Karten und Institutionsadressen neutral.

Planung/Lektorat: Angela Meffert
Springer Gabler ist ein Imprint der eingetragenen Gesellschaft Springer Fachmedien Wiesbaden GmbH und ist ein Teil von Springer Nature.
Die Anschrift der Gesellschaft ist: Abraham-Lincoln-Str. 46, 65189 Wiesbaden, Germany

Vorwort

Auch im Umfeld einer fortschreitenden Automatisierung intralogistischer Prozesse spielen Ergonomiefragen für Mitarbeitende eine große Rolle, da insbesondere in spezifischen Bereichen wie der Kontraktlogistik ein großer Anteil menschlicher Arbeit aktuell und auch in Zukunft notwendig ist. Dies liegt unter anderem daran, dass in der Auftragsdurchführung und der Anpassung an neue Anforderungen und Prozesse, wie z. B. bei Verkaufsaktionen oder Produktanpassungen, Flexibilität und Agilität notwendig sind, die eine weitergehende Standardisierung und Automatisierung nicht erlauben.

Hinsichtlich der Unterstützung zur Ergonomie menschlicher Arbeit in der Intralogistik stellen sich Konzept- und Umsetzungsfragen, welche dieser Band ausführlich behandelt. Die enthaltenen Strukturen und Ideen basieren auf den Forschungsarbeiten im Kontext des EFRE-Forschungsprojektes ADINA, gehen aber in vielen Punkten auch darüber hinaus. Insbesondere die Übertragbarkeit und der Transfer dieser spezifischen Überlegungen auf die Zusammenarbeit mit Praxispartnern standen stets im Zentrum dieser Forschungsaktivitäten und der hier vorgestellten Beiträge.

Den Menschen in den Mittelpunkt der Logistik und effizienter Prozesse insbesondere der Intralogistik zu stellen, ist auch das Kernanliegen vieler Forschungsbemühungen in dieser Richtung. Sie basieren auf der Überzeugung, dass effektive und effiziente Logistikprozesse nur im Einklang mit den Charakteristika und den Motivations- und Anforderungselementen der Mitarbeitenden gelingen können. Dabei ist häufig festzustellen, dass erfolgreiche Prozesse und Anpassungen nicht übermäßig aufwendig sein müssen, insbesondere, wenn Mitarbeitende in das Design und die Entwicklung einbezogen werden.

Wir wünschen alle Lesenden, Logistikexpertinnen und -experten sowie Logistikforschenden aus dem Kontext der Intralogistik eine spannende und vor allem inspirierende Lektüre dieses Buches und der Einzelbeiträge.

Essen	Matthias Klumpp
Dortmund	Thomas Hanke
Duisburg	Michael ten Hompel
im Frühjahr 2022	Bernd Noche

Inhaltsverzeichnis

1 **Die Zukunft der Intralogistik – digital, automatisiert und menschenzentriert**.. 1
Matthias Klumpp, Thomas Hanke, Michael ten Hompel und Bernd Noche

Teil I Anwendung von Ergonomieunterstützung in der Intralogistik

2 **Nutzung von passiven Exoskeletten bei Kommissionier-, Umpack- und Palettierarbeitsplätzen**........................... 11
Holger Schulz

3 **Überprüfung der Eignung von aktiven und passiven Exoskeletten für die Intralogistik**.. 29
Nicole Bednorz, Semhar Kinne und Veronika Kretschmer

4 **Evaluierung einer tragbaren Ergonomieunterstützungslösung zur passiven Entlastung bei manuellen, intralogistischen Tätigkeiten** 43
Andreas Hoene und Mandar Jawale

5 **Ergonomische Bewertung des Arbeitsplatzes mithilfe einer Laborstudie zur Prüfung von Ergonomieunterstützungslösungen** 61
Mandar Jawale, Andreas Hoene und Fuyin Wei

6 **Leitfaden zur Anwendung von technischen Lösungen zur Ergonomieunterstützung in der Intralogistik**...................... 73
Simon Hauser und Thomas Hanke

7 **Lösungen für die Schnittstelle Mensch/Maschine**.................... 85
Gernot Maier und Willibald Rabenhaupt

Teil II Automatisierung und Digitalisierung in der Logistik

8 Strategien im Betrieblichen Gesundheitsmanagement: Analyse der Maßnahmen für gewerbliche Mitarbeiter in der Lagerlogistik 103
Kristina Nestler, Tim Gruchmann, Susanne Liebermann und Thomas Hanke

9 EJOT – Intralogistik im Wandel 125
Andreas Hecht

10 Lösungen für eine menschzentrierte Arbeitsgestaltung in der Intralogistik 133
Semhar Kinne

11 Kognitive Ergonomie beim Einsatz von Smart Glasses in der Praxis 157
Veronika Kretschmer

12 Assistenzsysteme im Güterverkehr – eine Perspektive zur Fachkräftesicherung? 177
Tim Gruchmann, Regina Demtschenko und Axel Salzmann

Herausgeber- und Autorenverzeichnis

Über die Herausgeber

Prof. Dr. Matthias Klumpp ist Professor für Logistikmanagement an der FOM Hochschule und Direktor des Instituts für Logistik- und Dienstleistungsmanagement (ild) der FOM. Er forscht zu den Themenbereichen Digitalisierung, Nachhaltigkeit und Human Factor in Logistik und Supply Chain Management sowie zu Health Care Logistics und Humanitärer Logistik. Dazu leitet er Forschungsprojekte an der FOM Hochschule, dem Fraunhofer-Institut für Materialfluss und Logistik (IML) Dortmund sowie der Georg-August-Universität Göttingen.

Prof. Dr. Thomas Hanke ist seit 2015 hauptberuflicher Dozent für Betriebswirtschaftslehre, insbesondere Logistik, und stellvertretender Direktor am Institut für Logistik und Dienstleistungsmanagement (ild) an der FOM Hochschule für Oekonomie & Management. Schwerpunkte seiner Arbeit liegen in den Bereichen Controlling wissensintensiver Strukturen und Prozesse in Organisationen sowie nachhaltiger Logistik. Parallel zu seiner hauptberuflichen Professorentätigkeit an der FOM ist Thomas Hanke als Berater und Mentor in vielfältige Innovations- und Gründungsvorhaben eingebunden.

Prof. Dr. Dr. h. c. Michael ten Hompel ist Inhaber des Lehrstuhls für Förder- und Lagerwesen an der Technischen Universität Dortmund und geschäftsführender Institutsleiter am Fraunhofer-Institut für Materialfluss und Logistik IML. Neben seiner wissenschaftlichen Tätigkeit ist Michael ten Hompel auch als Unternehmer tätig gewesen. So gründete er 1988 die GamBit GmbH (heute Vanderlande Logistics Software) und führte das Unternehmen bis zu seinem Ausscheiden im Februar 2000 als geschäftsführender Gesellschafter. Er erhielt zahlreiche Ehrungen, unter anderem den Hermes Logistics Award (2019) und den Innovationspreis des Landes NRW in der Kategorie „Ehrenpreis" (2020).

Prof. Dr.-Ing. Bernd Noche übernahm 2000 die Professur für den Lehrstuhl Transportsysteme- und Logistik (TuL) an der Universität Duisburg-Essen. Er konzipiert und optimiert seit mehr als 30 Jahren Supply Chains. Nach seinem Studium der Technischen Kybernetik arbeitete er als wissenschaftlicher Mitarbeiter sowohl an der TU Dortmund als auch am Fraunhofer IML. Seine Arbeitsgebiete umfassen unter anderem die Planung der Distributionslogistik, die Abnahme von Logistiksystemen, Dispositionssystemen, Simulation und Planung von Distributionszentren, Gestaltung intermodaler Transportketten und Überwachung von Supply-Chain-Management-Systemen.

Autorenverzeichnis

Nicole Bednorz M.Sc. ALDI Einkauf SE & Co. oHG, Essen, Deutschland

Regina Demtschenko Fraunhofer-Institut für Materialfluss und Logistik (IML), Projektzentrum Verkehr, Mobilität und Umwelt, Prien am Chiemsee, Deutschland

Prof. Dr. Tim Gruchmann Fachhochschule Westküste, Westküsteninstitut für Personalmanagement (WinHR), Heide, Deutschland

Prof. Dr. Thomas Hanke FOM Hochschule, Essen, Deutschland

Simon Hauser FOM Hochschule, Essen, Deutschland

Andreas Hecht EJOT GmbH & Co. KG, Bad Berleburg, Deutschland

Andreas Hoene Universität Duisburg-Essen, Duisburg, Deutschland

Prof. Dr. Dr. h. c. Michael ten Hompel Fraunhofer-Institut für Materialfluss und Logistik IML, Dortmund, Deutschland

Mandar Jawale Universität Duisburg-Essen, Duisburg, Deutschland

Semhar Kinne Fraunhofer-Institut für Materialfluss und Logistik IML, Dortmund, Deutschland

Prof. Dr. Matthias Klumpp FOM Hochschule, Essen, Deutschland

Dr. Veronika Kretschmer Fraunhofer-Institut für Materialfluss und Logistik IML, Dortmund, Deutschland

Prof. Dr. Susanne Liebermann Fachhochschule Westküste, Westküsteninstitut für Personalmanagement (WinHR), Heide, Deutschland

Gernot Maier SSI SCHÄFER, SSI Schäfer Automation GmbH, Graz, Österreich

Kristina Nestler FOM Hochschule, Essen, Deutschland

Prof. Dr.-Ing. Bernd Noche Universität Duisburg-Essen, Duisburg, Deutschland

Willibald Rabenhaupt SSI SCHÄFER, SSI Schäfer Automation GmbH, Graz, Österreich

Axel Salzmann KRAVAG-LOGISTIC Versicherungs-AG, Hamburg, Deutschland

Holger Schulz Fraunhofer-Institut für Materialfluss und Logistik IML, Prien am Chiemsee, Deutschland

Fuyin Wei Universität Duisburg-Essen, Duisburg, Deutschland

Die Zukunft der Intralogistik – digital, automatisiert und menschenzentriert

Matthias Klumpp, Thomas Hanke, Michael ten Hompel und Bernd Noche

Inhaltsverzeichnis

1.1	Hintergrund: Technologie- und Markttrends	2
1.2	Humanzentrierter Ansatz der Automatisierung	2
1.3	Interaktion Digitalisierung und Automatisierung in der Logistik	3
1.4	Wirtschaftliche Bedeutung	4
1.5	Beiträge und Kapitelstruktur	5
Literatur		5

Zusammenfassung

Die digitale Transformation führt zu einem radikalen Strukturwandel. Fahrerlose Transportsysteme oder eine robotergestützte Kommissionierung – die zunehmende Automatisierung und Digitalisierung werden den Bereich der Intralogistik stark verändern. Abgeleitet aus der „Industrie 4.0" führen die Ansätze der „Arbeit 4.0" zu konkreten Gestaltungspotenzialen in Produktion und Logistik. Diese Herausforderungen gilt es

---

M. Klumpp (✉) · T. Hanke
FOM Hochschule, Essen, Deutschland
E-Mail: matthias.klumpp@fom.de

M. t. Hompel
Fraunhofer-Institut für Materialfluss und Logistik IML, Dortmund, Deutschland
E-Mail: michael.tenhompel@iml.fraunhofer.de

B. Noche
Universität Duisburg-Essen, Duisburg, Deutschland
E-Mail: bernd.noche@uni-due.de

© Der/die Autor(en), exklusiv lizenziert an Springer Fachmedien Wiesbaden GmbH, ein Teil von Springer Nature 2022
M. Klumpp et al. (Hrsg.), *Ergonomie in der Intralogistik,* FOM-Edition,
https://doi.org/10.1007/978-3-658-37547-8_1

für Unternehmen zu meistern, indem nicht nur die technischen Möglichkeiten dafür geschaffen werden, sondern auch die Beschäftigten auf dem Weg mitgenommen werden. Bedeutende Entwicklungen in der Intralogistik sowie der Logistik generell werden in diesem Einleitungskapitel vorgestellt. Dies betrifft zum einen die technologisch orientierte Seite von Neuerungen zur Unterstützung von Mitarbeitenden, beispielsweise durch ergonomische Tools wie Exoskelette. Zum anderen sind auch organisatorische Konzepte wie humanzentrierte Designkonzepte für intralogistische Prozesse in Verbindung mit demografischen Herausforderungen angesprochen. Durch die Einordnung der Kapitel dieses Herausgeberbandes in den skizzierten Entwicklungskontext wird ein übergreifender Kontext der einzelnen Forschungsbeiträge hergestellt.

1.1 Hintergrund: Technologie- und Markttrends

Technologische Trends und Veränderungen sind ein wesentliches Merkmal der Forschungs- und Praxisentwicklung in der Intralogistik. Dazu zählen eine Vielzahl von Digitalisierungsinnovationen zur optimierten Steuerung von Prozessen und Transportvorgängen (vgl. zum Beispiel Peppel et al., 2022; Fragapane et al., 2020; Borst et al., 2019). Gleichzeitig verändern sich auch Marktgegebenheiten und Kundenanforderungen, beispielsweise steigt die Zahl der Onlinebestellungen und der internationale Wettbewerb im Lager- und Versandbereich nimmt zu (vgl. Heinemann, 2020; Wagner et al., 2020). Dies erhöht die Wettbewerbsfähigkeits- und Effizienzanforderungen an die Intralogistik. Schließlich kann als weiteres großes Diskussionsthema der Intralogistik die Frage der Menschenzentrierung angeführt werden – auch und insbesondere von automatisierten Systemen (vgl. Hartwig et al., 2020; Klumpp et al., 2020). Dies wird in Abschn. 1.2 weiter ausgeführt.

Zudem stellt sich häufig die Frage, inwieweit sich eine gegebene **Techniklösung dem Arbeitsprozess anpassen oder umgekehrt sich der Prozess der Techniklösung anpassen muss.** Standardlösungen sind vom Ansatz her kostengünstiger als auf konkrete Prozesse maßgeschneiderte Lösungen oder ein grundlegend neues Arbeitsplatzdesign.

Eine weitere Anforderung besteht darin, Strukturen und Prozesse resilient und zuverlässig zu gestalten. Eine in diesem Sinne organische und flexible Organisation ermöglicht eine vergleichsweise schnelle Anpassung an neue, instabile und unsichere Umweltbedingungen und ist toleranter gegenüber Störungen, insbesondere bei einer hohen Aufgabenkomplexität.

1.2 Humanzentrierter Ansatz der Automatisierung

Ausgehend von den grundlegenden Aufgaben von Logistikmanagement sowie speziell der Intralogistik (vgl. Zijm et al., 2019) ergibt sich die Aufgabe des effizienten Handlings von Gütern im Kontext geschlossener Betriebsstätten wie beispielsweise Lagerhäusern und Umschlagszentren. Diese Bereiche werden zunehmend durch Automatisierungsinnovationen optimiert (vgl. Mörth et al., 2020; Niemann et al., 2020). Dabei lassen sich drei Betrachtungs- und Entwicklungsebenen unterscheiden:

- Auf einer operativen Systemebene werden insbesondere Aspekte der Interaktion eines menschlichen Mitarbeitenden mit einem mehr oder weniger automatisierten physischen System betrachtet – hierzu zählen beispielsweise die Unterstützungssysteme der Exoskelette oder anderer physischer Hilfsmittel für spezifische Tätigkeiten (vgl. Ruiner & Klumpp, 2020; Schneider et al., 2019).
- In einer taktischen Systemsicht eines Arbeitsplatzes werden eine Reihe verschiedener Systeme und die gesamthafte physische und kognitive Belastung der Mitarbeitenden in den Blick genommen (vgl. beispielsweise Reining et al., 2019; Schneider & Hanke, 2020).
- In einer übergreifenden strategischen Simulations- und Optimierungssicht werden Prozess- und Belastungsszenarien über mehrere Arbeitsplätze und Tätigkeiten hinweg analysiert und gesamthafte Gegenmaßnahmen und Verbesserungen angestrebt, teilweise in der Entwicklung gänzlich neuer Prozess- und Geschäftsmodelle (vgl. Noche et al., 2020; Rohacz & Strassburger, 2019).

Zusammenfassend kann festgestellt werden, dass sich kontraintuitiv die Orientierung an den Bedürfnissen der Mitarbeitenden in der Intralogistik mit fortschreitender Automatisierung tendenziell erhöht, da nicht vollständig auf den Menschen verzichtet werden kann wie beispielsweise Steuerungs- und Überwachungsfunktionen. Der Erfolg und die Kosteneffizienz auch hochautomatisierter Systeme liegt damit wesentlich in der Frage der Mensch-Maschine-Interaktion bzw. der physischen und kognitiven Ergonomie für die verbleibenden menschlichen Mitarbeitenden.

1.3 Interaktion Digitalisierung und Automatisierung in der Logistik

Ein weiterer wesentlicher Trend in der Logistik und im Supply-Chain-Management generell sowie auch für die Intralogistik ist die Digitalisierung (vgl. Klumpp et al., 2019; Otto et al., 2019). Auch dieser Gesamttrend mit Schlagworten wie „Internet der Dinge" (IoT), „Physical Internet" (PI) und „Industrie 4.0" (I40) hat eine wesentliche Interaktion mit dem Bereich der Automatisierung in der Intralogistik:

Im Zuge von Automatisierungsschritten wird in der Regel auch eine Intensivierung der digitalen Datenerfassung und Datennutzung realisiert. Dies ist bei automatisierten Warenwirtschaftssystemen in Hochregallagersystemen gut zu beobachten. Gleichzeitig werden aber mit Digitalisierungsschritten auch in großen Teilen fortschreitende Automatisierungsinvestitionen verbunden, dies ist beispielsweise bei Stapler- und Flurförderzeugsystemen gut zu erkennen. Damit wird deutlich, dass Automatisierung und

Digitalisierung gerade in der Intralogistik eine gegenseitige verstärkende symbiotische Beziehung und Wechselwirkung eingehen – was aber gerade in KMU nur schrittweise gelingen kann. Daher sind Übergangs- und Brückenschritte und entsprechende Konzepte, wie im Projekt ADINA eruiert, von besonderer Bedeutung. Für beide Bereiche kann festgehalten werden, dass bei jeder Investitionsentscheidung die betriebswirtschaftlichen Effekte sehr detailliert und realitätsorientiert zu bewerten sind – und auch die betreffenden Mitarbeitenden in den operativen Prozessen beim Design der entsprechenden Systeme möglichst umfassend zu beteiligen sind, um einen wirtschaftlichen Erfolg zu erreichen.

Hierbei ist der Gefahr einer „Artificial Divide" als einer wesentlichen Risikodimension nachhaltiger Unternehmens- und Mitarbeiterführung gerade in der Digitalisierung zu beachten und dem vorzubeugen (vgl. Klumpp & Zijm, 2019). Dies gilt auch für den Bereich der Intralogistik, da zunehmend automatisierte Systeme zum Beispiel im Lagerwesen entstehen, welche nur noch durch wenige und teilweise externe Mitarbeitende als Expertinnen und Experten bedient bzw. beeinflusst werden können. Dabei verbindet sich die traditionelle Risikomanagementfrage der Inhouse- und Kernkompetenz mit der Frage der Mitarbeiterverantwortung und Mitarbeiterzufriedenheit. Durch weiterführende Digitalisierungsschritte ist das Logistikmanagement in dieser Frage vor eine bedeutende Herausforderung gestellt.

1.4 Wirtschaftliche Bedeutung

In einer empirischen Verteilungsbetrachtung ist festzuhalten, dass die meisten Distributions- und Lagersysteme von KMUs betrieben werden. In diesen Kontexten spielt der Faktor Mensch noch eine bedeutendere Rolle als in großen zentralisierten und automatisierten Lagerstandorten von Industrie und Handel. Damit wird auch die Bedeutung des Projektes ADINA verdeutlicht: Es ist ein Anliegen von ADINA, genau da anzusetzen, wo Mensch und Technik zusammenkommen. Letztlich werden nicht alle Intralogistikprozesse automatisiert werden können, es geht eher um die wohldosierte Entwicklung von Tools, die den Menschen helfen, die vorgesehene Arbeit durchzuführen, ohne seine Gesundheit zu exponieren.

Auch eine zweite Dimension des Faktors Mensch in der Intralogistik ist hier hervorzuheben: Durch den demografischen Wandel und die Knappheit an erfahrenem Personal geht es darum, die Attraktivität der Arbeitsplätze in der Intralogistik zu steigern. Dies geschieht durch Maßnahmen, welche die Arbeit erleichtern und interessanter gestalten. Auch dazu leisten die Forschungsarbeiten aus dem Projekt ADINA einen wertvollen Beitrag, wie in den nachfolgenden Abschnitten dargestellt.

1.5 Beiträge und Kapitelstruktur

Inhaltlich gliedert sich das Buch in zwei Teile: Im ersten Teil finden sich vor allem Beiträge aus dem Projektkonsortium und solche mit direktem Bezug zu Ergonomie in der Intralogistik. Die Beiträge des ersten Teils geben im Wesentlichen den Projektverlauf und die daraus gewonnenen Kenntnisse wieder. Den Beginn markiert ein Bericht (Kap. 2) aus der ersten Testreihe eines passiven Exoskeletts in der Intralogistik, gefolgt von einem Beitrag zu einem Test derselben Technologie im Laborumfeld (Kap. 3). Analog zu dieser Struktur folgen zwei weitere Beiträge zu der zweiten eingesetzten Technologie mit Praxiserfahrungen (Kap. 4) und Laborstudie (Kap. 5). Der darauffolgende Beitrag fasst die wissenschaftlichen Erkenntnisse und auch die gesammelten praktischen Erfahrungen, die im Umgang und der Anwendung von Ergonomieunterstützung gesammelt wurden, zu einem Leitfaden zusammen, welcher es sowohl Praktikerinnen und Praktikern als auch Wissenschaftlerinnen und Wissenschaftlern erleichtert, einen Start in die Anwendung von am Körper getragener Ergonomieunterstützung zu finden (Kap. 6). Teil 1 des Buches wird von einem Praxisbeitrag abgeschlossen, welcher die Konzeptionierung und Umsetzung eines Ergonomiekonzepts in der Intralogistik beschreibt und so wertvolle Einblicke vom Übertrag der Theorie in die Praxis liefert (Kap. 7).

Teil 2 des Bandes behandelt vor allem Ergonomie und Unterstützungssysteme mit mittelbarem Projektbezug. Ein konzeptionelles Kapitel zu Strategien im Betrieblichen Gesundheitsmanagement für gewerbliche Mitarbeitenden in der Lagerlogistik eröffnet den Abschnitt (Kap. 8). Anschließend wird von einem ADINA-Partnerunternehmen der Wandel von Intralogistik im Zeitverlauf beschrieben. An dieser Stelle wird vor allem auf Digitalisierung und Gestaltung von Arbeitsplätzen in der Intralogistik eingegangen (Kap. 9). Der nächste Beitrag beleuchtet den Einsatz von Modellen, um eine menschenzentrierte Arbeitsplatzgestaltung in der Intralogistik zu ermöglichen (Kap. 10). Ein Beitrag zur ergonomischen Gestaltung einer Datenbrille verknüpft die Themen Ergonomie und Assistenzsysteme (Kap. 11). Mit dem Thema Assistenzsystem wird der Band abgeschlossen: Gruchmann et al. beschreiben die Perspektiven und Möglichkeiten von Assistenzsystemen im Güterverkehr, mit besonderem Augenmerk auf die Fachkräftesicherung (Kap. 12).

Literatur

Borst, D., Ratke, M., Bayhan, H., & ten Hompel, M. (2019). Feldstudie zu einer FTS-Auftragsvergabe für die dezentral gesteuerte Produktionsversorgung in cyber-physischen Produktionssystemen. *Logistics Journal: Proceedings, 2019*(12).

Fragapane, G., Ivanov, D., Peron, M., Sgarbossa, F., & Strandhagen, J. O. (2020). Artifical Intelligence in Operations Management Increasing flexibility and productivity in Industry 4.0production networks with autonomous mobile robots and smart intralogistics. *Annals of Operations Research,* 1–19. https://doi.org/10.1007/s10479-020-03526-7S.I.

Hartwig, M., & Bonin, M. W. D. (2020). Insights about mental health aspects at intralogistics workplaces – A field study. *International Journal of Industrial Ergonomics, 76*, 102944. https://doi.org/10.1016/j.ergon.2020.102944.

Heinemann, G. (2020). *Der neue Online-Handel Geschäftsmodelle, Geschäftssysteme und Benchmarks im E-Commerce*. Springer.

Klumpp, M., & Zijm, H. (2019). Logistics innovation and social sustainability: How to prevent an artificial divide in human–computer interaction. *Journal of Business Logistics, 40*(3), 265–278.

Klumpp, M., Hagemann, V., Ruiner, C., Neukirchen, T. J., & Hesenius, M. (2019). Arbeitswelten der Logistik im Wandel – Gestaltung digitalisierter Arbeit im Kontext des Internet der Dinge und von Industrie 4.0. In B. Hermeier, T. Heupel, & S. Fichtner-Rosada (Hrsg.), *Arbeitswelten der Zukunft* (S. 67–85). Springer Gabler.

Klumpp, M., Hagemann, V., & Schaper M. (2020). Assessment of cognitive strain in digital logistics work background, analysis and implications. International Conference on dynamics in logistics, S. 504–515.

Mörth, O., Emmanouilidisb, C., Hafnera, N., & Schadlera M. (2020). Cyber-physical systems for performance monitoring in production intralogistics. *Computers & Industrial Engineering, 142*, 106333. https://doi.org/10.1016/j.cie.2020.106333.

Niemann, F., Reining C., Rueda F. M., Nair N. R., Steffens J. A., Fink, G A., & Hompel M. T. (2020). LARa: Creating a dataset for human activity recognition in logistics using semantic attributes. *Sensors 2020, 20*(15), 4083. https://doi.org/10.3390/s20154083

Noche, B., Bös, M., & Liu N. (2020). Simulation der Inbound-Logistik. In G. Mayer, C. Pöge, S. Spieckermann, & S. Wenzel (Hrsg.), *Ablaufsimulation in der Automobilindustrie*. Springer Gabler Vieweg. https://doi.org/10.1007/978-3-662-59388-2_10.

Otto, B., Hompel, M., & Wrobel, S. (2019). International data spaces. In R. Neugebauer (Hrsg.), *Digital Transformation*. Springer Gabler Vieweg. https://doi.org/10.1007/978-3-662-58134-6_8.

Peppel, M., Ringbeck, J., & Spinler, S. (2022). How will last-mile delivery be shaped in 2040? A Delphi-based scenario study. *Technological Forecasting and Social Change, 177*, 121493. https://www.sciencedirect.com/science/article/abs/pii/S0040162522000257?via%3Dihub.

Reining, C., Niemann, F., Moya Rueda, F., Fink, G. A., & ten Hompel, M. (2019). Human activity recognition for production and logistics – A systematic literature review. *Information, 10*(8), 245.

Rohacz, A., & Strassburger, S. (2019). *Augmented reality in intralogistics planning of the automotive industry: State of the art and practical recommendations for applications*. 2019 IEEE 6th International Conference on Industrial Engineering and Applications (ICIEA), Tokyo, Japan, S. 203–208. https://doi.org/10.1109/IEA.2019.8714848.

Ruiner, C., & Klumpp, M. (2020). Arbeitskräfte zwischen Autonomie und Kontrolle – Auswirkungen der Digitalisierung auf Arbeitsbeziehungen in der Logistik. *Industrielle Beziehungen, 27*(2), S. 141–159.

Schneider J., & Hanke T. (2020). Logistik 4.0 – Grundvoraussetzungen für zukunftsfähige Geschäftsmodelle in der Logistik. In S. Tewes, B. Niestroj, & C. Tewes (Hrsg.), *Geschäftsmodelle in die Zukunft denken*. Springer Gabler. https://doi.org/10.1007/978-3-658-27214-2_12.

Schneider, J., Gruchmann, T., Brauckmann, A., & Hanke, T. (2019). Arbeitswelten der Logistik im Wandel Automatisierungstechnik und Ergonomieunterstützung für eine innovative Arbeitsplatzgestaltung in der Intralogistik. In B. Hermeier, T. Heupel, & S. Fichtner-Rosada (Hrsg.), *Arbeitswelten der Zukunft. FOM-Edition (FOM Hochschule für Oekonomie & Management)*. Springer Gabler. https://doi.org/10.1007/978-3-658-23397-6_4.

Wagner, G., Klein, H. S., & Steinmann, S. (2020). Online retailing across e-channels and e-channel touchpoints: Empirical studies of consumer behavior in the multichannel e-commerce environment. *Journal of Business Research, 107*, 256–270. https://doi.org/10.1016/j.jbusres.2018.10.048.

Zijm, H., Klumpp, M., Heragu, S., & Regattieri A. (2019). Operations, Logistics and supply chain management: Definitions and objectives. In *Operations, logistics and supply chain management* (S. 27–42).

Prof. Dr. Matthias Klumpp ist Professor für Logistikmanagement an der FOM Hochschule und Direktor des Instituts für Logistik- und Dienstleistungsmanagement (ild) der FOM. Er forscht zu den Themenbereichen Digitalisierung, Nachhaltigkeit und Human Factor in Logistik und Supply Chain Management sowie zu Health Care Logistics und Humanitärer Logistik. Dazu leitet er Forschungsprojekte an der FOM Hochschule, dem Fraunhofer-Institut für Materialfluss und Logistik (IML) Dortmund sowie der Georg-August-Universität Göttingen.

Prof. Dr. Thomas Hanke ist seit 2015 hauptberuflicher Dozent für Betriebswirtschaftslehre, insbesondere Logistik, und stellvertretender Direktor am Institut für Logistik und Dienstleistungsmanagement (ild) an der FOM Hochschule für Oekonomie & Management. Schwerpunkte seiner Arbeit liegen in den Bereichen Controlling wissensintensiver Strukturen und Prozesse in Organisationen sowie nachhaltiger Logistik. Parallel zu seiner hauptberuflichen Professorentätigkeit an der FOM ist Thomas Hanke als Berater und Mentor in vielfältige Innovations- und Gründungsvorhaben eingebunden.

Prof. Dr. Dr. h. c. Michael ten Hompel ist Inhaber des Lehrstuhls für Förder- und Lagerwesen an der Technischen Universität Dortmund und geschäftsführender Institutsleiter am Fraunhofer-Institut für Materialfluss und Logistik IML. Neben seiner wissenschaftlichen Tätigkeit ist Michael ten Hompel auch als Unternehmer tätig gewesen. So gründete er 1988 die GamBit GmbH (heute Vanderlande Logistics Software) und führte das Unternehmen bis zu seinem Ausscheiden im Februar 2000 als geschäftsführender Gesellschafter. Er erhielt zahlreiche Ehrungen, unter anderem den Hermes Logistics Award (2019) und den Innovationspreis des Landes NRW in der Kategorie „Ehrenpreis" (2020).

Prof. Dr.-Ing. Bernd Noche übernahm 2000 die Professur für den Lehrstuhl Transportsysteme- und Logistik (TuL) an der Universität Duisburg-Essen. Er konzipiert und optimiert seit mehr als 30 Jahren Supply Chains. Nach seinem Studium der Technischen Kybernetik arbeitete er als wissenschaftlicher Mitarbeiter sowohl an der TU Dortmund als auch am Fraunhofer IML. Seine Arbeitsgebiete umfassen unter anderem die Planung der Distributionslogistik, die Abnahme von Logistiksystemen, Dispositionssystemen, Simulation und Planung von Distributionszentren, Gestaltung intermodaler Transportketten und Überwachung von Supply-Chain-Management-Systemen.

Teil I
Anwendung von Ergonomieunterstützung in der Intralogistik

Nutzung von passiven Exoskeletten bei Kommissionier-, Umpack- und Palettierarbeitsplätzen

Erste Pilotierungsergebnisse und -erfahrungen aus dem Forschungsvorhaben ADINA

Holger Schulz

Inhaltsverzeichnis

2.1	Einleitung	12
2.2	Planung und Ablauf der Pilotierungsphasen	12
	2.2.1 Festlegung der Eckparameter	13
	2.2.2 Auswahl der Industrieunternehmen und der zu untersuchenden Arbeitsprozesse	14
	2.2.3 Entwicklung eines validierten Fragebogens zur Vergleichbarkeit und der Auswertung der Pilotierungsphasen	16
	2.2.4 Einführungsworkshop	19
	2.2.5 Wissenschaftliche und technische Feldtestbegleitung	20
	2.2.6 Start der Pilotierungsphase 1 „Eingewöhnungswoche"	20
	2.2.7 Erstes Feedbackgespräch am Ende der Eingewöhnungswoche	20
	2.2.8 Start der Pilotierungsphase 2 „Zweite Testwoche"	21
	2.2.9 Abschließendes Feedbackgespräch am Ende der Pilotierungsphase	21
	2.2.10 Auswertung der validierten Fragebögen	22
	2.2.11 Qualitative und Quantitative Auswertung und Bewertung des Piloteinsatzes	23
2.3	Prozessspezifische Endbewertung und Gesamtbewertung des Piloteinsatzes	23
	2.3.1 Endbewertung: Unternehmen I	23
	2.3.2 Endbewertung: Unternehmen II	24
	2.3.3 Endbewertung: Unternehmen III	25
	2.3.4 Gesamtbewertung des Piloteinsatzes	25
2.4	Fazit	26
Literatur		27

H. Schulz (✉)
Fraunhofer-Institut für Materialfluss und Logistik IML
Prien am Chiemsee, Deutschland
E-Mail: holger.schulz@iml.fraunhofer.de

Zusammenfassung

Dieser Beitrag zum Thema „Nutzung von passiven Exoskeletten bei Kommissionier-, Umpack- und Palettierarbeitsplätzen – Erste Pilotierungsergebnisse und -erfahrungen" erfolgte im Rahmen des Verbundvorhabens ADINA. Hierbei war hinsichtlich der durchgeführten Piloteinsätze die zugrunde liegende Forschungsfrage, ob mittels der Nutzung eines passiven Exoskelettes Mitarbeitende in der Kommissionierung, speziell bei der manuellen Lastenhandhabung in den Arbeitsprozessen der „Palettierung", der „Kommissionierung" und dem „Umpacken" ergonomisch unterstützt und/oder körperlich entlastet werden können. Um diese Forschungsfrage wissenschaftlich untersuchen zu können, und um belegbare sowie vergleichbare Ergebnisse zu erzielen, wurde bezüglich der durchzuführenden Piloteinsätze ein mehrstufiges, systematisches und einheitliches Vorgehen für Industrieunternehmen erarbeitet. Im Anschluss an das elfstufige Vorgehen bezüglich der Pilotanwendungen erfolgte die prozessspezifische Endbewertung pro Industrieunternehmen und intralogistischen Anwendungsfall sowie eine arbeitsprozessübergreifende Gesamtendbewertung des Piloteinsatzes. Der Beitrag schließt mit einem Fazit bezüglich dem Einsatzpotenzial eines passiven Exoskelettes in ausgewählten intralogistischen Arbeitsprozessen und bei ausgewählten Piloteinsätzen ab.

2.1 Einleitung

Das Forschungsvorhaben ADINA befasst sich mit der Analyse bestehender Techniken zur Automatisierung und Ergonomieunterstützung sowie deren Implementierung in spezifischen Anwendungsfeldern der Logistik.

Der folgende Beitrag zum Thema „Nutzung von passiven Exoskeletten bei Kommissionier-, Umpack- und Palettierarbeitsplätzen – Erste Pilotierungsergebnisse und -erfahrungen" erfolgte im Rahmen des Forschungsprojektes ADINA und wurde vom Fraunhofer IML wissenschaftlich betreut, durchgeführt und ausgewertet.

Die zugrunde liegende Forschungsfrage für die Piloteinsätze innerhalb der untersuchten intralogistischen Arbeitsprozesse hieß:

▶ Können mittels der Nutzung eines passiven Exoskelettes Mitarbeitende in der Kommissionierung, speziell bei der manuellen Lastenhandhabung in den Arbeitsprozessen der „Palettierung", der „Kommissionierung" und dem „Umpacken" ergonomisch unterstützt und/oder körperlich entlastet werden?

2.2 Planung und Ablauf der Pilotierungsphasen

Zu Beginn wurde für die Pilotierungsphasen bei den Industrieunternehmen ein systematisches und einheitliches Vorgehen

- im Vorfeld des Piloteinsatzes,
- während der Pilotierungsphase sowie auch
- für das weitere Vorgehen im Anschluss an die erfolgte Pilotierungsdurchführung erarbeitet.

Der grundsätzliche und identische Ablauf der einzelnen Piloteinsätze lässt sich an folgenden elf Schritten darstellen:

2.2.1 Festlegung der Eckparameter

Im ersten Arbeitsschritt mussten die für alle beabsichtigten Piloteinsätze zugrunde liegenden Eckparameter bzw. deren jeweilige Rahmenbedingungen im Vorfeld der Pilotierungsdurchführung festgelegt werden.

Zusammengefasst beinhaltete dies die:

- Auswahl der drei Industrieunternehmen und der zu untersuchenden Arbeitsprozesse (siehe hierzu auch Abschn. 2.2.2).
- Festlegung der maximalen Probandenanzahl pro Pilotierung.

Die Probandenanzahl ist abhängig von der Anzahl der zur Verfügung stehenden passiven Exoskelette, dem Vorhandensein identischer Arbeitsplätze beim Unternehmen und auch der Möglichkeit von Schichtarbeit beim jeweiligen Industrieunternehmen zum Zeitpunkt der Pilotierungsdurchführung.

- Auswahl der einzelnen, freiwilligen Probanden bei jedem Industrieunternehmen.

Hierbei wurde unter anderem auf verschiedene Altersgruppen, unterschiedliche Körpergrößen, unterschiedliche Nationalitäten und ein Nichtvorhandensein von gesundheitlichen Einschränkungen geachtet. Eine Auswahl von weiblichen und männlichen Probanden war grundsätzlich vorgesehen, allerdings waren aufgrund der ausgewählten Arbeitsprozesse und der dort vorhandenen körperlichen Ansprüche, beispielsweise die einzelnen Packgewichte bzw. das über den Arbeitstag gehobene Gesamtgewicht an Waren, für die Pilotierungsphasen männliche Probanden geeigneter.

- Untersuchung verschiedener Arbeitsprozesse innerhalb von intralogistischen Tätigkeiten.

Für die Pilotierungsphasen wurden folgende drei intralogistische Arbeitsprozesse ausgewählt: „Umpackarbeitsplätze", „Kommissionierarbeitsplätze" und „Palettierarbeitsplätze" (vgl. auch Abschn. 2.2.2).

- Festlegung der Gesamtdauer der einzelnen Pilotierungsphasen auf 14 Tage, mit einer sukzessiven Steigerung der Tragezeit des passiven Exoskelettes pro Arbeitstag (innerhalb der ersten Arbeitswoche).

- Generelle Vergleichbarkeit, Analyse- und Auswertungsmöglichkeit der Pilotierungsergebnisse durch ein standardisiertes Vorgehen, unter anderem auch mittels strukturierten Probandeninterviews sowie der Verwendung eines validierten Fragebogens.

2.2.2 Auswahl der Industrieunternehmen und der zu untersuchenden Arbeitsprozesse

Unternehmen I
Unternehmen I ist ein mittelständisches Unternehmen mit einem Arbeitsschwerpunkt auf dem Gebiet der Kontraktlogistik und offeriert spezifische Dienstleistungen für die Bereiche Warehousing, Transport, IT und Beratung.

Bei Unternehmen I sind die in der Pilotierungsphase zu untersuchenden Arbeitsprozesse sogenannte „Umpackarbeitsplätze". Bei dieser manuellen Tätigkeit werden von den Lagermitarbeitenden des Unternehmens von einem Arbeitsplatz „1" jeweils einzelne Getränkegebinde entnommen und auf einen Arbeitsplatz „2" planmäßig angeordnet und somit während der weiteren Tätigkeitsdurchführung gestapelt. Arbeitsplatz „1" und „2" sind in diesem Prozess jeweils eine Palette. Während der Umpacktätigkeit variieren somit die jeweilige Entnahmehöhe von Palette „1" und die entsprechende Ablagehöhe auf Palette „2" kontinuierlich. Ein Getränkegebinde besitzt das Gewicht von ca. neun Kilogramm. Auf Palette „2" werden vier Ebenen der Getränkegebinde gestapelt, was einer Höhe der Palette inklusive der Getränkegebinde von ungefähr 155 cm entspricht. Die Ablagehöhe auf die dritte Ebene beträgt somit etwa 120 cm. Zur Verbesserung der Stabilisierung der vollständig bestückten Getränkepaletten werden diese von den Mitarbeitenden per Hand mit Folie umwickelt.

Bezogen auf diesen Arbeitsprozess ist das Ziel der Pilotierungsphase die Untersuchung, ob mittels der Anwendung eines passiven Exoskelettes die hierbei jeweils anfallende manuelle Lastenhandhabung unterstützt werden kann bzw. ob für den Lagermitarbeitenden eine körperliche Entlastung während der Durchführung seiner Arbeit erreicht werden kann.

Bei der 14-tägigen Pilotierungsphase wurde das passive Exoskelett bei Unternehmen I an zwei identischen **Umpackarbeitsplätzen** genutzt. Die Anzahl der männlichen Probanden betrug in diesem Unternehmen „2". Es bestand zum Zeitpunkt der Pilotierung im Unternehmen keine Möglichkeit zur Nutzung des passiven Exoskelettes innerhalb eines Zweischichtbetriebes.

Unternehmen II
Unternehmen II ist ein Großunternehmen aus der Logistikbranche und innerhalb der Kontraktlogistik tätig. Das Unternehmen bietet für Branchen wie zum Beispiel Konsumgüter,

Healthcare, Online Retail oder auch Fashion weltweite Logistikdienstleistungen innerhalb der Warenlagerung und -transport, dem E-Commerce oder auch der Zollabwicklung an.

Der für die Pilotierungsphase zu betrachtende Arbeitsprozess bei Unternehmen II ist ein klassischer Kommissionierarbeitsplatz, welcher nach dem Prinzip „Person-zur-Ware" durchgeführt wird. In diesem Falle nimmt der oder die Lagerarbeitende nach einer bestimmten Vorgabe (Packzettel) die spezifisch zu kommissionierende Ware bei den jeweiligen Lagerorten im Lager des Unternehmens auf, entnimmt an dieser Stelle die Ware in der vorgegebenen Anzahl und legt anschließend diese entsprechende Warenmenge bzw. Anzahl der Packstücke auf einer Europalette ab. Unternehmen II ermöglicht den Lagermitarbeitenden bei der Durchführung dieser Tätigkeit die Nutzung von Flurförderzeugen (FFZ), um somit effizienter zu den einzelnen Entnahmeorten im Lager zu gelangen und nicht alles zu Fuß abgehen zu müssen. Bei diesem Arbeitsprozess variieren abhängig vom spezifischen Kommissionierauftrag die jeweiligen Entnahmehöhen am Lagerort und Ablagehöhen auf dem FFZ sowie auch die zu entnehmende Anzahl der einzelnen Packstücke bzw. Warenmengen. Auch das Gesamtgewicht der einzelnen Kommissionieraufträge unterscheidet sich stets. Wenn Kommissionierende einen Arbeitsauftrag vollständig abgearbeitet haben, wird die beladene Europalette zum anschließenden Arbeitsprozess, der automatisierten Verpackung, transportiert.

Bezogen auf diesen Arbeitsprozess ist das Ziel der Pilotierungsphase die Untersuchung, ob mittels der Anwendung eines passiven Exoskelettes die hierbei jeweils anfallende manuelle Lastenhandhabung unterstützt werden kann bzw. ob für Kommissionierende eine körperliche Entlastung während der Durchführung ihrer Arbeit erreicht werden kann.

Bei der 14-tägigen Pilotierungsphase wurde das passive Exoskelett bei Unternehmen II an zwei identischen **Kommissionierarbeitsplätzen** genutzt. Die Anzahl der männlichen Probanden betrug in diesem Unternehmen „2". Es bestand zum Zeitpunkt der Pilotierung im Unternehmen keine Möglichkeit zur Nutzung des passiven Exoskelettes innerhalb eines Zweischichtbetriebes.

Unternehmen III
Bei Unternehmen III handelt es sich um eine mittelständische Unternehmensgruppe, welche in den Bereichen Automobilindustrie, Elektro- sowie Baugewerbe tätig ist und hierfür Lösungen bezüglich Verbindungstechnik realisiert und produziert.

Der zu betrachtende Arbeitsprozess ist bei diesem Unternehmen ebenfalls ein spezifischer Kommissionierprozess, welcher nach einem „Ware-zur-Person-Prinzip" abläuft. Hierbei wird die jeweilige Ware im Lagerbereich über Fördertechnologien zusammengestellt und bis hin zur Entnahmestelle automatisiert transportiert. Die Entnahmestelle liegt auf einer Höhe von ca. 86 cm. An diesem Ausgabebereich des Förderbandes erfolgt nun durch Mitarbeitende (= Kommissionierende) der manuelle Arbeitsprozess, also die Entnahme der Ware, die jeweiligen Kartons und/oder Einzelbehälter, an dieser Stelle und die Ablage dieser Packstücke auf einem anderen Arbeitsbereich. Bei Unternehmen III ist dieser zweite Arbeitsbereich eine Europalette, auf dieser die vom Kommissionierenden entnommene Ware im Laufe seiner Arbeitstätigkeit systematisch ablegt und aufgestapelt wird (= Palettierung). Die Höhe des Ablagebereiches kann der Mitarbeitende individuell anpassen, da die Europalette auf einem Hubwagen platziert ist. Die durchschnittliche Anzahl der Packstücke pro Stunde beträgt 100. Die Packstücke unterscheiden sich zudem in ihren jeweiligen Abmessungen, Gewichten und Stapeleignung. Das Gewicht eines Packstücks beträgt ca. acht bis neun Kilogramm.

Bezogen auf diesen Arbeitsprozess ist das Ziel der Pilotierungsphase die Untersuchung, ob mittels der Anwendung eines passiven Exoskelettes die hierbei jeweils anfallende manuelle Lastenhandhabung unterstützt werden bzw. ob für den Kommissionierenden eine körperliche Entlastung während der Durchführung seiner Arbeit erreicht werden kann.

Bei der 14-tägigen Pilotierungsphase wurde das passive Exoskelett bei Unternehmen III an zwei identischen **Palettierarbeitsplätzen** genutzt. Die Anzahl der männlichen Probanden betrug in diesem Unternehmen, durch die Möglichkeit eines Zweischichtbetriebes innerhalb der Kommissionierung, „4".

2.2.3 Entwicklung eines validierten Fragebogens zur Vergleichbarkeit und der Auswertung der Pilotierungsphasen

Der in diesem Schritt erarbeitete Fragebogen ist die Hauptgrundlage für die im Anschluss an die Piloteinsätze durchzuführende qualitative und quantitative Bewertung der Pilotierungsphasen und der Identifikation eines möglichen Einsatzpotenzials des passiven Exoskelettes in den verschiedenen untersuchten Arbeitsprozessen. An dieser Stelle wird daher kurz auf den Aufbau und die wesentlichen Inhalte des Fragebogens eingegangen.

Die einzelnen Themenblöcke des standardisierten Fragebogens, deren Bewertungsmöglichkeiten sowie die Möglichkeit zur probandenindividuellen Gesamteinschätzung hinsichtlich der Eignung des Gerätes im jeweilgen intralogistischen Arbeitsprozess sind wie folgt aufgebaut:

- Aufgabenschwierigkeit und Arbeitsbeanspruchung
  In diesem Abschnitt wird einerseits die grundsätzliche Aufgabenschwierigkeit der Tätigkeit bzw. des Arbeitsprozesses des Probanden anhand einer speziellen Bewertungsskala aufgenommen. Diese visuelle Analogskala reicht hierbei von sehr einfach (0) bis sehr schwierig (10) (vgl. Baltrusch et al., 2018, S. 94–106).
  Andererseits erfolgt in dieser Kategorie ebenso die Bewertung der geistigen und körperlichen Arbeitsbeanspruchung. Ebenfalls wird auch auf zeitliche und weitere subjektive Arbeitsanforderungen, wie beispielsweise Leistung, Anstrengung und Frustration eingegangen. Die Einstufung und Bewertung dieser Parameter erfolgt anhand dem sogenannten NASA-Task-Load-Index, mit einer Einstufung von gering (0) bis sehr hoch (100) (vgl. Staveland & Hart, 1988, S. 139–183).

- Allgemeiner und lokaler Tragekomfort
In diesem Teil des Fragebogens wird ganz gezielt auf die subjektive Einschätzung des Probanden bezüglich des generellen Tragekomforts des passiven Exoskeletts eingegangen.
Des Weiteren werden im Detail weitere einzelne Körperbereiche, wie der obere und untere Rücken, der hintere und vordere Oberschenkel sowie der Brust- und Bauchbereich, nach deren jeweiligem Tragekomfort bewertet. Diese Kategorien werden ebenfalls nach der visuellen Analogskala mit einer Skala von sehr bequem/ohne Beschwerden (0) bis sehr unbequem/maximales Unbehagen (10) ermittelt (vgl. Baltrusch et al., 2018, S. 94–106).
- Handhabung und Einstellungsmöglichkeiten
Innerhalb dieser Kategorie des Fragebogens wird auf die Bewertung der Einstellungsmöglichkeiten und der generellen Handhabung des passiven Exoskelettes eingegangen. Die einzelnen Aspekte hierbei sind die Schwierigkeit bei Änderungen der Größenanpassungen und Einstellungen am Gerät oder auch das An- und Ablegen des Exoskelettes selbst. Diese Einstufung erfolgt auch hier über eine visuelle Analogskala mit einer Bewertungsskala von sehr einfach (0) bis sehr schwierig (10) (vgl. Baltrusch et al., 2018, S. 94–106).
Ergänzend sind in diesem Abschnitt auch Fragen hinsichtlich der Beeinträchtigung des Probanden während der Ausführung seiner Tätigkeit, bezüglich Einschränkungen bei der generellen Bewegungsfreiheit durch Tragen des Exoskelettes und ebenfalls der gefühlten Unterstützungsleistung des Gerätes (einerseits während der Durchführung der Tätigkeit sowie andererseits gezielt im Rückenbereich des Probanden), beinhaltet. Diese Aspekte werden analog den anderen Kriterien dieser Kategorie mit der visuellen Analogskala bewertet (vgl. Baltrusch et al., 2018, S. 94–106). Von nicht eingeschränkt/keine Beeinträchtigung/hohe Unterstützung/starke Verringerung (0) bis hin zu stark eingeschränkt/starke Beeinträchtigung/keine Unterstützung/keine Verringerung (10).
- Gesamtbewertung aus Sicht des Probanden
An dieser Stelle bewertet der Proband seine persönliche Zufriedenheit bezüglich der Nutzung des passiven Exoskelettes während der Ausübung seiner Tätigkeit innerhalb der Pilotierungsphase. Die Einstufung erfolgt nach dem Schulnotensystem von sehr gut (1) bis ungenügend (6). Die abgegebenen Schulnoten der einzelnen Probanden eines Unternehmens werden für die Endbenotung des Gerätes gemittelt, um hierüber eine abschließende Gesamtbewertung zu erhalten.
- Technologieaffinität und persönlicher Umgang mit Technologien
Innerhalb dieses Fragebogenabschnitts wird in Erfahrung gebracht, wie beim jeweiligen Probanden dessen Einstellung und Akzeptanz bezüglich der Anwendung von innovativen und modernen Technologien bzw. Hilfsmitteln ist (= Technikeinstellung (vgl. Claßen, 2012, S. 139)). Zusätzlich wird auch der subjektive Umgang mit neuartigen Gerätschaften ermittelt (= Technikbereitschaft (vgl. Neyer et al., 2016)). Durch die Bewertungen dieser Kategorie wird die probandenspezifische Technologieaffinität ermittelt.

- Soziodemografischer Fragenblock
  Innerhalb dieses Frageblocks werden bestimmte Daten des Probanden, beispielsweise Geschlecht, Alter, schulischer Werdegang sowie gegebenenfalls auch vorhandene Berufsausbildungsabschlüsse aufgenommen.

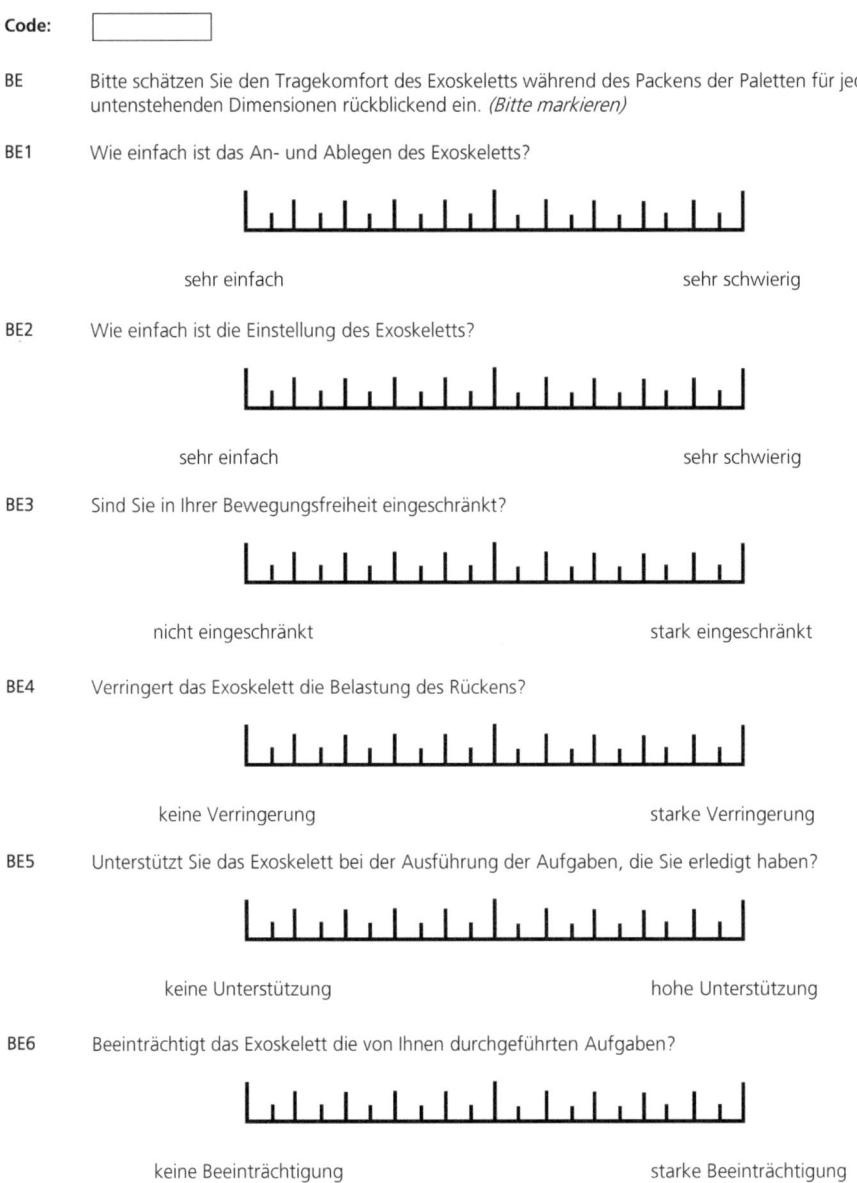

Abb. 2.1 Exemplarischer Auszug aus dem Fragebogen „Themenblock – Handhabung und Einstellungsmöglichkeiten"

- Abschließender Fragenblock
  In diesem letzten Abschnitt des Fragebogens werden den Probanden offene Fragen zu den von ihnen festgestellten positiven und negativen Eigenschaften des passiven Exoskelettes, die sie während der Anwendung innerhalb der Pilotierungsphase bei der Durchführung der Arbeitstätigkeit wahrgenommen haben, gestellt.

Der erarbeitete Fragebogen besitzt in der finalen Version ungefähr 45 Fragen. Abb. 2.1 zeigt exemplarisch einen Auszug aus dem Fragebogen zum Themenblock „Handhabung und Einstellungsmöglichkeiten".

2.2.4 Einführungsworkshop

Bei diesem Vor-Ort-Termin beim Industrieunternehmen wurden den potenziellen Probanden und Vertretern des jeweiligen Unternehmens die Ziele, das Vorgehen sowie der Ablauf der Pilotierungsphase ausführlich vorgestellt.

Detaillierte Inhalte des Einführungsworkshops waren beispielsweise:

- Die Vorstellung des Forschungsvorhabens ADINA sowie das im Piloteinsatz zu nutzende passive Exoskelett mittels Präsentationsfolien.
- Die Einführung in das korrekte Anlegen und Tragen des Exoskelettes sowie auch die Handhabung der individuellen Anpassungsmöglichkeiten am Tragegurtsystem für Schulter, Becken und Hüfte oder den Brust- und Rückenbereich.
- Hinweise auf besonders zu beachtende Themen hinsichtlich der Funktionalität und Nutzbarkeit des Exoskelettes, wie zum Beispiel dem Ein- und Ausschalten des Gerätes.
- Die ausführliche Geräteeinweisung in das passive Exoskelett, inklusive der einzelnen Funktionen sowie auch der verschiedenen Einstellungsmöglichkeiten am Exoskelett, wie zum Beispiel die verschiedenen Winkeleinstellungen für die Beinschalen.
- Das selbstständige An- und Ablegen des Exoskelettes durch die Probanden selbst, inklusive der Überprüfung auf das korrekte Sitzen des Exoskelettes und funktionierenden geräteseitigen Einstellungen.
- Erste Testabläufe und -übungen der Probanden mit eingeschaltetem Exoskelett. Hierbei führten die einzelnen Probanden beispielsweise bestimmte Bewegungen, wie zum Beispiel Kniebeugen, Auf- und Abgehen durch. Bei auftretenden Komplikationen oder Schwierigkeiten wurde an den betroffenen Stellen nachjustiert und erneut getestet, bis die Funktionalität des Gerätes sichergestellt war.
- Abschließend wurden die finalen Funktions- und Größeneinstellungen des Exoskelettes probandenspezifisch dokumentiert.
- Es wurde auch nochmals auf die Freiwilligkeit bei der Teilnahme an der Pilotierung hingewiesen und die Probanden darauf aufmerksam gemacht, dass individuelle Anpassungen bei den Geräteeinstellungen sowie auch am Tragesystemen jederzeit vor-

genommen werden können sowie auch, dass bei auftretenden Schwierigkeiten direkt mit den Vertretern des Unternehmens gesprochen werden soll, um diese zu beheben bzw. bei weiterhin auftretenden Komplikationen natürlich auch das Tragen des Gerätes beendet werden und somit die Pilotierungsphase abgebrochen werden kann.

2.2.5 Wissenschaftliche und technische Feldtestbegleitung

Für die nun in den nächsten Schritten anstehenden Pilotierungsphasen standen jeweils eine Vertreterin bzw. ein Vertreter des jeweiligen Industrieunternehmens sowie auch Vertreterinnen und Vertreter des Fraunhofer IML durchgängig als Ansprechpartner hinsichtlich der wissenschaftlichen Feldtestbegleitung und bei technischen Rückfragen bzw. Schwierigkeiten zur Verfügung, um hierüber einen reibungslosen Pilotierungsablauf zu gewährleisten.

2.2.6 Start der Pilotierungsphase 1 „Eingewöhnungswoche"

Die Eingewöhnungswoche (Phase 1 der Pilotierung) begann direkt im Anschluss an den Einführungsworkshop und dauerte fünf Arbeitstage. Die Tragezeit des passiven Exoskelettes wurde in dieser ersten Phase sukzessive gesteigert und lief wie folgt ab:

- Am ersten Tag eine Arbeitsstunde,
- am zweiten Tag zwei Arbeitsstunden,
- am dritten Tag vier Arbeitsstunden sowie
- am vierten und fünften Tag jeweils acht Arbeitsstunden.

Dass der Beginn der Eingewöhnungsphase direkt im Anschluss an den Einführungsworkshop begann, erfolgte aus dem Grund, dass hierbei der oder die Probanden direkt mitbeobachtet werden konnten, um bei Schwierigkeiten, wie beispielsweise einem nicht korrekt getragenen Gerät oder einer falschen Handhabung des Exoskelettes, die während der Durchführung der jeweiligen Arbeitstätigkeit möglicherweise auftraten, direkt helfend eingreifen zu können.

2.2.7 Erstes Feedbackgespräch am Ende der Eingewöhnungswoche

Am Ende der Pilotierungsphase 1 fand mit jedem einzelnen Probanden ein erstes Feedbackgespräch statt. Hierbei wurde ein erster Eindruck der Testperson bezüglich der Handhabung, Nutzung bzw. auch dem Tragegefühl des passiven Exoskelettes während der jeweiligen Durchführung seines Arbeitsprozesses erfragt. Ebenfalls wurden erste individuelle Eindrücke, wie zum Beispiel aufgetretene Schwierigkeiten bei der Ausübung der Tätigkeit oder Probleme, die durch das Tragen des Gerätes identifiziert wurden, sowie auch positiv wahrgenommene Veränderungen während der Tätigkeitsdurchführung aufgenommen. Auch konnte bei den Gesprächen nochmals bei einer möglichen Fehlbedienung des Gerätes oder sonstigen Komplikationen, beispielsweise mit dem Tragegurt, unterstützend eingegriffen bzw. diese behoben werden.

Die Einzelgespräche mit den Probanden erfolgten nach einem strukturierten Ablauf und wurden nach folgenden sechs Fragekategorien gegliedert:

- Erster individueller Eindruck des passiven Exoskelettes.
- Wie wird der Tragekomfort in der Eingewöhnungswoche empfunden, beispielsweise hinsichtlich Gewicht, Bewegungseinschränkungen, festgestellte Veränderungen innerhalb der ersten Woche.
- Wie ist der Proband mit der Handhabung des Gerätes zurechtgekommen, zum Beispiel beim An- und Ausziehen, notwendige Änderungen bei den Tragegurt- oder Winkeleinstellungen, lange oder kurze Anlegezeit oder ob das Gerät manuell ausgeschaltet werden musste.
- Bereits empfundene ergonomische Unterstützung bzw. körperliche Entlastung durch das Gerät bei der Durchführung der Tätigkeit innerhalb der Eingewöhnungswoche. Und falls ja, an welcher Stelle am Körper diese besonders aufgetreten sind oder bei welcher Tätigkeit bzw. Bewegung diese explizit festgestellt worden sind.
- Hat das passive Exoskelett in der Eingewöhnungswoche schon Auswirkungen auf den jeweiligen Arbeitsprozess gehabt. Beispielsweise eine persönlich festgestellte positive, neutrale oder negative Einschätzung auf die Arbeitseffizienz oder auf besondere Schwierigkeiten bei bestimmten Arbeitsschritten innerhalb des Arbeitsprozesses.
- Eine erste Einschätzung, ob eine dauerhafte Nutzung eines passiven Exoskelettes für den untersuchten Arbeitsprozess vorstellbar ist.

2.2.8 Start der Pilotierungsphase 2 „Zweite Testwoche"

In der zweiten Testwoche wurde das passive Exoskelett von den einzelnen Probanden für weitere fünf Arbeitstage in Folge mit einer täglichen Tragezeit von acht Arbeitsstunden genutzt.

2.2.9 Abschließendes Feedbackgespräch am Ende der Pilotierungsphase

Nach Beendigung der zweiten Pilotierungsphase fand mit jedem Probanden ein abschließendes Einzelinterview statt. Bei diesen ausführlichen Gesprächen ging es beispielsweise darum zu erfahren, welche Schwierigkeiten oder Probleme beim Tragen des Exoskelettes während seiner Arbeitstätigkeit aufgetreten sind oder auch welche Aspekte des Gerätes von den Probanden besonders positiv aufgenommen worden sind.

Auch diese Gespräche fanden analog dem ersten Feedbackgespräch in strukturierter Form statt.

Zusätzlicher Hauptinhalt des Abschlussgesprächs war jedoch die quantitative und qualitative Befragung der Probanden mittels des validierten Fragebogens (siehe hierzu auch Abschn. 2.2.3).

Die Dauer der Befragung der Probanden beim abschließenden Feedbackgespräch betrug durchschnittlich 30 Minuten. Allerdings war diese Zeitdauer auch davon abhängig, ob die jeweilige Probandin bzw. der jeweilige Proband deutsche Muttersprachlerin bzw. deutscher Muttersprachler war. Andernfalls wurden zu den Abschlussgesprächen eine Übersetzerin bzw. ein Übersetzer hinzugezogen, was wiederum zu längeren Befragungszeiten von bis zu einer Stunde pro Probandin bzw. Probanden führte.

2.2.10 Auswertung der validierten Fragebögen

Die innerhalb von Schritt 9 „Abschließendes Feedbackgespräch am Ende der Pilotierungsphase" (Abschn. 2.2.9) aufgenommenen Daten bezüglich des Fragebogens wurden im Anschluss an die 14-tägige Pilotierungsphase hinsichtlich der einzelnen Probanden des jeweiligen Unternehmens ausgewertet und dienen als Hauptgrundlage für den folgenden Schritt 11 „Qualitative und Quantitative Auswertung und Bewertung des Piloteinsatzes" (Abschn. 2.2.11).

Abb. 2.2 zeigt exemplarisch den ausgewerteten Fragebogen von Unternehmen III zum Themenblock „Handhabung und Einstellungsmöglichkeiten".

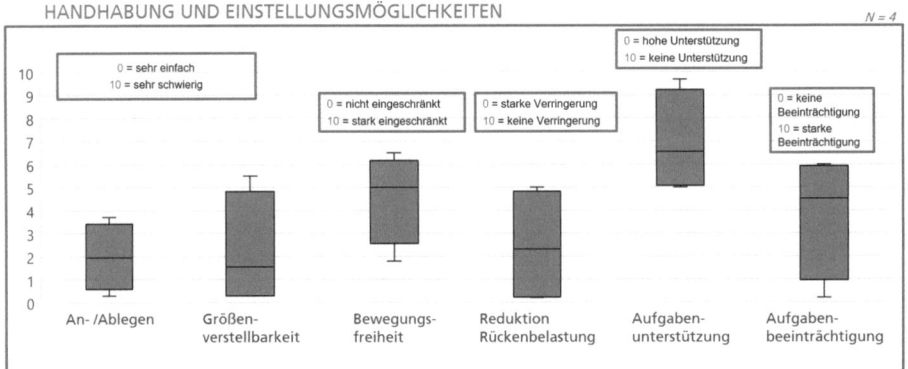

Abb. 2.2 Auswertung Fragebogen „Themenblock – Handhabung und Einstellungsmöglichkeiten/Unternehmen III". (Quelle: Schulz et al., 2020, S. 32)

2.2.11 Qualitative und Quantitative Auswertung und Bewertung des Piloteinsatzes

Alle Informationen und Daten, die während Schritt 7 „Erstes Feedbackgespräch am Ende der Eingewöhnungswoche" (Abschn. 2.2.7) und Schritt 9 „Abschließendes Feedbackgespräch am Ende der Pilotierungsphase" (Abschn. 2.2.9) mündlich und schriftlich ermittelt wurden, sowie die vollständigen Ergebnisse von Schritt 10 „Auswertung der validierten Fragebögen" (Abschn. 2.2.10), bilden die Grundlage für den abschließenden Arbeitsschritt 11, der „Qualitativen und Quantitativen Auswertung und Bewertung des Piloteinsatzes" (Abschn. 2.2.11).

Siehe hierzu auch Abschn. 2.3, in welchem die jeweilige Endbewertung pro untersuchtem Arbeitsprozess sowie die Gesamtbewertung des Piloteinsatzes vorgestellt wird.

2.3 Prozessspezifische Endbewertung und Gesamtbewertung des Piloteinsatzes

Innerhalb dieses Abschnittes wird auf die jeweilige prozessspezifische Endbewertung der Piloteinsätze für jedes Industrieunternehmen eingegangen und die dort erzielten Haupterkenntnisse vorgestellt. Des Weiteren wird die Gesamtbewertung des Piloteinsatzes über alle drei Unternehmen hinweg dargestellt[1].

Der jeweilige Benotungswert des passiven Exoskelettes erfolgte hierbei durch die Bildung eines Notendurchschnitts der an der Pilotierung teilgenommenen Probanden des jeweiligen Unternehmens. Ebenfalls wurden in die Endbenotung einzelne Erkenntnisse, welche aus den jeweiligen Feedbackgesprächen der ersten und zweiten Pilotierungswoche sowie auch aus den Informationen der einzelnen Fragebögen hervorgingen, berücksichtigt.

2.3.1 Endbewertung: Unternehmen I

Bei Unternehmen I und dem untersuchten Arbeitsprozess **„Umpackarbeitsplätze"** wurde das passive Exoskelett mit der Gesamtendnote **„5"** bewertet.

Die wesentlichen positiven wie negativen Gründe, welche zu dieser Bewertung geführt haben, sind folgende:

---

[1] An dieser Stelle wird auch auf die Veröffentlichung von Schulz et al. (2020) „Anwendung von passiven Exoskeletten in der Intralogistik" hingewiesen, in welcher neben den prozessspezifischen Endbewertungen und der Gesamtbewertung ebenfalls auch die einzelnen Detailergebnisse der jeweiligen Pilotierungsphasen bei den drei untersuchten Industrieunternehmen vorgestellt werden.

- (+) Sehr einfaches An- und Ablegen des passiven Exoskelettes.
- (–) Von den Probanden war kaum ein Nutzen des Geräts feststellbar.
- (–) Schwierigkeiten mit der Bedienung der verschiedenen Einstellungsmöglichkeiten am Gerät von manchen Probanden.
- (–) Eigengewicht des Gerätes von ca. drei Kilogramm ist hinderlich bzw. sehr störend bei der Durchführung der Tätigkeit.
- (–) Probleme mit dem Tragegurt und den Beinpolstern des passiven Exoskelettes.
- (–) Allgemeine Behinderung beim Arbeitsprozess „Umpacken" durch das Gerät.

Vor allem beim tief in die Hocke gehen (Beinschalen springen heraus bzw. verrutschen stark) und beim Foliervorgang (hängen bleiben mit den Beinschalen des Gerätes).

2.3.2 Endbewertung: Unternehmen II

Bei Unternehmen II und dem untersuchten Arbeitsprozess **„Kommissionierarbeitsplätze"** wurde das passive Exoskelett in der Kombination mit einem Flurförderzeug mit der Gesamtendnote „5" bewertet. Ohne Berücksichtigung des FFZ, also nur das passive Exoskelett innerhalb der Kommissionierung („nur-gehender-Arbeitsprozess"), wurde eine Gesamtendnote „4" erreicht.

Die wesentlichen positiven wie negativen Gründe, welche zu dieser Bewertung geführt haben, sind folgende:

- (+) Sehr einfaches An- und Ablegen des passiven Exoskelettes.
- (+) Individuell wahrgenommene Unterstützung bzw. körperliche Entlastung im Rückenbereich während der manuellen Lastenhandhabung (1 Proband).
- (+) Keine Beschwerden wegen des Eigengewichts des Gerätes von ca. drei Kilogramm.
- (–) Langsamere Arbeitsgeschwindigkeit/niedrigere Arbeitseffizienz.
- (–) In Kombination mit einem Flurförderzeug ist das passive Exoskelett nicht zweckmäßig. Keine Eignung des Gerätes bei einer kombinierten „fahrenden" und „gehenden" Tätigkeit.

Hier kommt es durch das Gerät zu unbeabsichtigten Fehlbedienungen am Fahrzeug. So betätigten beispielsweise die Beinschalen den „Not-Aus-Schalter" am Flurförderzeug.

- (–) Einschränkungen in der Bewegungsfreiheit, vorrangig beim tiefen Bücken der Probanden.
- (–) Individuelle Probleme mit den Brust- und Beinpolstern des passiven Exoskelettes.

Wie beispielsweise ein Verrutschen des Gerätes, vereinzelte Druckschmerzen, aber auch aufgetretene Schweiß- und Hautprobleme bei einzelnen Probanden.

2.3.3 Endbewertung: Unternehmen III

Bei Unternehmen III und dem untersuchten Arbeitsprozess **„Palletierarbeitsplätze"** wurde das passive Exoskelett mit der Gesamtendnote **„4+"** bewertet.

Die wesentlichen positiven wie negativen Gründe, welche zu dieser Bewertung geführt haben, sind folgende:

- (+) Individuell wahrgenommene Unterstützung bzw. körperliche Entlastung im Rückenbereich während der manuellen Lastenhandhabung.
- (+) Vielseitige Einstellungsmöglichkeiten am Gerät.
- (+) Sehr einfaches An- und Ablegen des passiven Exoskelettes.
- (+) Keine Beschwerden wegen dem Eigengewicht des Gerätes von ca. drei Kilogramm.
- (–) Probleme mit dem Tragegurt des passiven Exoskelettes.

   Teilweise ist dieses Problem allerdings auch durch nicht akkurates Anziehen einzelner Probanden selbst bedingt.

- (–) Allgemeine Behinderung beim Arbeitsprozess Palettierung durch das Gerät.

   Beim Ziehen und Aufstellen von leeren Paletten bleiben diese teilweise an den Beinschalen des Gerätes hängen.

- (–) Aufgetretene Schweiß- und Hautprobleme bei einzelnen Probanden durch die Brust- und Beinpolster des Exoskelettes.
- (–) Bei einzelnen Probanden teilweise aufgetretene Schmerzen durch die Nutzung bzw. durch den Tragegurt des Gerätes.
- (–) Verrutschen des Exoskelettes am Körper bei der Durchführung der Arbeitstätigkeit.

▶ **Wichtige Anmerkung** Das passive Exoskelett konnte bei diesem untersuchten Arbeitsprozess bei der manuellen Lastenhandhabung nicht sein volles Potenzial ausschöpfen, da bei Unternehmen III durch einen individuell anpassbaren Höhenausgleich der Warenablagebereich eine nahezu identische Entnahme- und Ablagehöhe für den Kommissionierenden ermöglichte. Somit fanden beim Kommissionierenden tiefe Beugungen bzw. weite Streckungen des Oberkörpers bei der Durchführung seiner Arbeitstätigkeit kaum statt.

2.3.4 Gesamtbewertung des Piloteinsatzes

Die zusammengefasste Gesamtbewertung des Piloteinsatzes hinsichtlich des Einsatzes des passiven Exoskelettes innerhalb der drei untersuchten Arbeitsprozesse „Umpacktätigkeit", „Kommissionierung" und „Palettierung" ergibt eine Gesamtnote von **„4"**.

Die wesentlichen positiven wie negativen Gründe, welche zu dieser Bewertung geführt haben, sind folgende:

- (+) Wahrgenommene Unterstützung bzw. körperliche Entlastung im Rückenbereich während der manuellen Lastenhandhabungen von großen Teilen der Probanden.
- (+) Sehr einfaches An- und Ablegen des passiven Exoskelettes.
- (+) Mehrheitlich keine Beschwerden wegen dem Eigengewicht des Gerätes von ca. drei Kilogramm.
- (–) Langsameres Arbeitstempo bei einem Unternehmen feststellbar.
- (–) Mehrmalig/häufig aufgetretene Probleme mit den Einstellungsmöglichkeiten, dem Tragegurt, den Bein- und Brustpolster des passiven Exoskelettes.

  Oftmals ein Verrutschen des Gerätes, aber auch Druckstellen und -schmerzen sowie aufgetretene Haut- und Schweißprobleme an unterschiedlichen Körperpartien der Probanden.

- (–) Allgemeine Behinderungen und Schwierigkeiten bei den einzelnen Arbeitsprozessen und während der Durchführung der spezifischen Arbeitstätigkeiten.

2.4   Fazit

Die in den einzelnen untersuchten Arbeitsprozessen ermittelten Ergebnisse sowie auch die Gesamtbewertung des Piloteinsatzes legen die Aussage nahe, dass das getestete passive Exoskelett in keinem dieser Bereiche eine deutliche ergonomische Unterstützung des Mitarbeitenden während der Durchführung seiner Tätigkeit ermöglicht und somit uneingeschränkt empfehlenswert ist.

Eine körperliche Entlastung der Mitarbeitenden während der manuellen Lastenhandhabung oder auch ein fühlbarer Tragekomfort bei der Nutzung des Gerätes ist bei der innerhalb der durchgeführten Piloteinsätze verwendeten Geräteversion des passiven Exoskelettes für Mitarbeitende im Umpack-, Kommissionier- sowie Palettierbereich lediglich vereinzelt festgestellt worden.

Bei einem bestehenden Höhenunterschied zwischen der Entnahme- und Ablagestelle von Waren und Packstücken sowie bei einer hohen Anzahl von tiefen Beugungen bzw. häufigen Streckungen des Oberkörpers bei der manuellen Lastenhandhabung innerhalb logistischer Kommissionierprozesse werden allerdings gute Einsatzchancen eines Exoskelettes gesehen und hierbei auch deutlichere ergonomischere Unterstützungsleistungen sowie körperliche Entlastungen für den Kommissionierenden erwartet.

An dieser Stelle wird auf den Beitrag von Nicole Bednorz zum Thema „Überprüfung der Eignung von aktiven und passiven Exoskeletten für die Intralogistik" (Kap. 3) hingewiesen, in welchem exakt diese Annahmen im Rahmen einer Laborstudie im Detail untersucht wurden.

Allerdings muss abschließend auch explizit darauf hingewiesen werden, dass die hier in diesem Beitrag vorgestellten Endergebnisse und Gesamtbewertungen bezüglich der Nutzung von passiven Exoskeletten bei Kommissionier-, Umpack- und Palettierarbeitsplätzen, auf den einzelnen Bewertungen und Aussagen von insgesamt acht Probanden beruhen. Aus diesem Grund dürfen diese hier ermittelten End- bzw. Gesamtbewertungen nicht hinsichtlich einer generellen Eignung und/oder möglichen Einsatzpotenzialen von passiven Exoskeletten in den betrachteten Arbeitsprozessen bzw. als eine allgemeingültige Aussage diesbezüglich verstanden werden. Jedoch sind bei allen untersuchten Arbeitsbereichen Tendenzen hinsichtlich einer Aussage bezüglich der Eignung sowie des grundsätzlichen Einsatzpotenzials von passiven Exoskeletten in intralogistischen Prozessen erkenn- und ableitbar.

Literatur

Baltrusch, S. J., van Dieën, J. H., van Bennekom, C. A. M., & Houdijk, H. (2018). The effect of a passive trunk exoskeleton on functional performance in healthy individuals. *Applied Ergonomics, 72*, 94–106.

Claßen, K. (2012). Zur Psychologie von Technikakzeptanz im höheren Lebensalter: Die Rolle von Technikgenerationen. Dissertation.

Neyer, F., Felber, J., & Gebhardt, C. (2016). *Kurzskala Technikbereitschaft (TB, technology commitment)*. ZIS – Zusammenstellung sozialwissenschaftlicher Items und Skalen.

Staveland, L., & Hart, S. (1988). Development of NASA-TLX (Task Load Index): Results of empirical and theoretical research. *Advances in Psychology, 52*, 139–183.

Schulz, H., Bednorz, N., Lückmann, P., & Hauser, S. (2020). *Anwendung von passiven Exoskeletten in der Intralogistik – Ergebnisse und Tendenzen aus ersten Piloteinsätzen* (Bd. 66). ild Schriftenreihe der FOM.

Holger Schulz (M. Systems Eng.) ist seit 2009 wissenschaftlicher Mitarbeiter am Fraunhofer-Institut für Materialfluss und Logistik (IML). Am Projektzentrum „Verkehr, Mobilität und Umwelt" in Prien am Chiemsee ist er als langjähriger Projektmanager und Projektleiter in verschiedenen nationalen und internationalen Forschungs- und Industrieprojekten vorrangig in den Bereichen der Verkehrs-, Sicherheits- und Informationslogistik tätig. Aktuelle Forschungsfelder und Themenbereiche seiner Tätigkeit sind „Innovative Automatisierungstechnologien", „Digitalisierung und Anwendung von Ortungslösungen im Verkehrs- und Sicherheitsbereich" sowie das „(Hoch-)Automatisierte und Autonome Fahren".

Überprüfung der Eignung von aktiven und passiven Exoskeletten für die Intralogistik

Bewertung mechanischer Hilfsmittel verschiedener Hersteller für intralogistische Tätigkeiten

Nicole Bednorz, Semhar Kinne und Veronika Kretschmer

Inhaltsverzeichnis

3.1	Die typischen körperlichen Belastungen im Logistiklager und ihre Wirkungen	30
3.2	Das Potenzial von (elektro-)mechanischen Hilfsmitteln zur körperlichen Entlastung	32
3.3	Erkenntnisse zu einem passiven Exoskelett am Beispiel des Palettierens	32
3.4	Untersuchung der Individualisierungsmöglichkeiten eines passiven Exoskeletts	34
3.5	Untersuchung eines aktiven Exoskeletts am Beispiel eines Intralogistikparcours	39
Literatur		40

Zusammenfassung

Am Fraunhofer IML werden sowohl aktive als auch passive Exoskelette unterschiedlicher Hersteller auf ihre Eignung für Logistiktätigkeiten überprüft. Die (elektro-)mechanischen Hilfsmittel werden zur ergonomischen Unterstützung von Beschäftigten im industriellen Bereich entwickelt. Durch die am Körper getragenen Stützstrukturen soll die physische Gesamtbelastung bei der Ausübung von bestimmten Haltungen und Bewegungen reduziert und langfristig körperlichen

---

N. Bednorz (✉)
ALDI Einkauf SE & Co. oHG, Essen, Deutschland
E-Mail: Nicole.Bednorz@aldi-nord.de

S. Kinne · V. Kretschmer
Fraunhofer-Institut für Materialfluss und Logistik IML, Dortmund, Deutschland
E-Mail: semhar.kinne@iml.fraunhofer.de

V. Kretschmer
E-Mail: veronika.kretschmer@iml.fraunhofer.de

© Der/die Autor(en), exklusiv lizenziert an Springer Fachmedien Wiesbaden GmbH, ein Teil von Springer Nature 2022
M. Klumpp et al. (Hrsg.), *Ergonomie in der Intralogistik,* FOM-Edition,
https://doi.org/10.1007/978-3-658-37547-8_3

Beeinträchtigungen und/oder Erkrankungen vorgebeugt werden. Unter dem Einsatz von Methoden der Kognitiven Ergonomie wurden bereits Probandenstudien, sowohl im Feld als auch im Labor, durchgeführt. Im folgenden Beitrag werden bisherige Erkenntnisse zu einem passiven Exoskelett des Herstellers LAEVO zusammengefasst, die im Zuge der Kooperation der Forschungsprojekte ADINA und INNOVATIONS-LABOR gewonnen wurden. Ebenso wird eine geplante Studie zur Überprüfung eines aktiven Exoskeletts des Herstellers German Bionic vorgestellt.

3.1 Die typischen körperlichen Belastungen im Logistiklager und ihre Wirkungen

Eine repräsentative Erhebung der Erwerbsbevölkerung in Deutschland gibt einen Überblick über Tätigkeitsschwerpunkte, Arbeitsanforderungen, Arbeitsbeanspruchungen, Ressourcen und gesundheitliche Beeinträchtigungen von Erwerbstätigen (vgl. BAuA, 2012; Zeidler et al., 2015). Auf Basis der gesammelten Daten lassen sich in Analysen Aussagen über häufig auftretende Arbeitsanforderungen von Erwerbstätigen in der Intralogistik in Deutschland treffen. Neben häufigen Arbeitsumgebungsbedingungen und psychischen Arbeitsanforderungen sind die Erwerbstätigen in der Lagerwirtschaft mit verschiedenen physischen Arbeitsbedingungen konfrontiert (vgl. Kretschmer, 2017): Allen voran wird dabei von der großen Mehrheit der interviewten Lagerarbeitenden das Arbeiten im Stehen genannt. Nahezu die Hälfte der Erwerbstätigen im intralogistischen Bereich führen häufig manuelle Tätigkeiten aus oder heben und tragen oft schwere Lasten. Fast jeder fünfte Erwerbstätige im Lager muss häufig in Zwangshaltungen arbeiten. Gesundheitsgefährdende erzwungene Körperhaltungen oder -bewegungen ergeben sich im Lager beispielsweise, wenn Güter in einem Fachbodenregal entweder gebückt aus dem untersten Fach oder über Kopf aus dem obersten Fach entnommen werden müssen. Die genannten Arbeitsanforderungen treten nicht nur häufig auf, sie können die Lagerarbeitenden auch beanspruchen. Das schwere Heben und Tragen führt bei fast zwei Dritteln der befragten Erwerbstätigen im Lager zu einer gefühlten Beeinträchtigung. Infolge des stehenden Arbeitens und der häufigen manuellen Arbeit fühlen sich immerhin gut ein Drittel beansprucht. Die Belastungssituation in deutschen Lägern deutet darauf hin, dass die Erwerbstätigen nicht nur häufig körperlichen Arbeitsanforderungen ausgesetzt sind, sondern dadurch auch eine gefühlte Beanspruchung wahrnehmen, die sich negativ auf das Wohlbefinden, die Gesundheit oder die Arbeitsleistung auswirken kann.

Die Zahlen in Abb. 3.1 zeigen, dass fast jede fünfte Person im Logistiklager einen schlechten oder weniger guten allgemeinen Gesundheitszustand aufweist (vgl. BAuA, 2012). Spitzenreiter bei den gesundheitlichen Beschwerden sind muskuloskelettale Beschwerden oder Erschöpfungszustände. Fast zwei Drittel der befragten Lagerarbeitenden klagen über häufig auftretende Kreuzschmerzen, das heißt Schmerzen im unteren Rücken. Dicht gefolgt mit fast der Hälfte der Lagerarbeitenden sind häufige

3 Überprüfung der Eignung von aktiven …

Abb. 3.1 Häufig auftretende gesundheitliche Beschwerden von Erwerbstätigen in der Lagerwirtschaft. (Quelle: Bundesanstalt für Arbeitsschutz und Arbeitsmedizin, 2012)

Schmerzen im Nacken-/Schulterbereich sowie eine allgemeine Müdigkeit, Mattigkeit oder Erschöpfung vertreten. Körperliche Erschöpfung tritt bei fast 44 % der Befragten auf. Nahezu jeder dritte Erwerbstätige im Lager berichtet über häufig vorkommende Schmerzen in den Armen, Knien oder in den Beinen und Füßen. Vergleichsweise häufig leiden die erwerbstätigen Lagerarbeitenden unter Kopfschmerzen. Etwas weniger oft klagen die Befragten über schmerzende Hände oder Hüften. Jede fünfte interviewte Person im operativen Logistikbereich gibt diese Beschwerden an.

Insgesamt ist davon auszugehen, dass sich die körperlichen Arbeitsanforderungen im Lager nicht reduzieren werden, sondern weiter ansteigen. Ursächlich können die Zunahme von Stress und Arbeitsdruck im Lager sein, die von immerhin jedem Dritten im operativen Bereich der Intralogistik wahrgenommen werden (vgl. Kretschmer, 2017). Trotz der zunehmenden Digitalisierung und Automatisierung von Lagerprozessen wird die Ressource Mensch dank ihrer unter anderem Flexibilität und Problemlösungskompetenz bei vor allem manuellen Tätigkeiten wie dem Kommissionieren, Verpacken, Palettieren, Etikettieren, der Warenein- sowie Warenausgangsbearbeitung oder Regalpflege weiterhin unverzichtbar sein. Vor dem Hintergrund belastender Arbeitsanforderungen im Logistiklager sollten zur langfristigen Erhaltung der Arbeitsfähigkeit und Gesundheit von Arbeitskräften präventive Arbeitsschutz- oder Gesundheitsförderungsmaßnahmen am Arbeitsplatz umgesetzt werden. Die Situation in deutschen Lagern offenbart, dass betriebsinterne Gefährdungsbeurteilungen oder Maßnahmen der Gesundheitsförderung nur selten durchgeführt werden oder den Lagerarbeitern und Lagerarbeiterinnen im eigenen Unternehmen nicht bekannt sind (vgl. Kretschmer, 2017).

3.2 Das Potenzial von (elektro-)mechanischen Hilfsmitteln zur körperlichen Entlastung

Um unergonomischen Arbeitsplätzen und den sich daraus ergebenden gesundheitsgefährdenden oder ermüdenden Körperhaltungen und -bewegungen im Logistiklager zu begegnen, werden (elektro-)mechanische Hilfsmittel zur ergonomischen Unterstützung von Beschäftigten im industriellen Bereich entwickelt. Die sogenannten Exoskelette werden am Körper getragen und bieten das Potenzial, bei körperlich beanspruchenden Tätigkeiten bestimmte Körperregionen zu entlasten sowie zu unterstützen.

Es können passive von aktiven Exoskeletten unterschieden werden. Passive Exoskelette bestehen ausschließlich aus mechanischen Elementen, wie Feder- oder Seilzugsystemen, welche die auftretende körperliche Belastung in Form von Kräften abfangen und auf andere Körperregionen umverteilen. Gerade beim dynamischen Heben oder Senken schwerer Lasten sowie bei statischen Haltetätigkeiten kann die gesundheitsgefährdende Belastung auf Muskeln bzw. die Wirbelsäule reduziert werden (vgl. Bosch et al., 2016; de Looze et al., 2016; Motmans et al., 2019). Aktive Exoskelette unterstützen den Tragenden durch Elektromotoren oder pneumatische Systeme, die mit externer Kraft an Gelenken einwirken. Der höhere Unterstützungsgrad geht dabei zulasten eines höheren Eigengewichts der aktiven Anzüge, da diese neben dem Motor auch Akkus für eine Energieversorgung verbaut haben.

Ob das Tragen von Exoskeletten bei den Nutzenden langfristig eine gesteigerte Leistung und Gesunderhaltung bewirkt, ist noch zu untersuchen. Es sollte in den Blick genommen werden, ob die Kraftumverteilung im Falle passiver Exoskelette oder das Tragen der schweren aktiven Exoskelette eher andere Körperbereiche beansprucht oder zu unnatürlichen Körperhaltungen und -bewegungen und langfristig somit zu anderen Gesundheitsgefährdungen führt. Dabei sollten auch potenzielle Risiken, wie mögliches Unbehagen beim Tragen von Exoskeletten oder Beeinträchtigungen der Arbeitsleistung durch wahrgenommene Einschränkungen, untersucht werden.

3.3 Erkenntnisse zu einem passiven Exoskelett am Beispiel des Palettierens

Im Zuge einer Forschungskooperation der Projekte ADINA (Automatisierungstechnik und Ergonomieunterstützung für innovative Kommissionier- und Umschlagkonzepte der Logistik in Nordrhein-Westfalen) und INNOVATIONSLABOR (Innovationslabor für Hybride Dienstleistungen in der Logistik) wurde am Fraunhofer IML eine Laborstudie zur Testung eines Exoskeletts durchgeführt. In der Studie wurde in Anlehnung an eine vorangegangene Feldstudie im Rahmen des ADINA-Projekts eine Palettierungsaufgabe so realistisch wie möglich nachgestellt (vgl. Bednorz et al., 2019 und vgl. Kap. 2). Dabei wurde das neueste Modell eines passiven Exoskeletts des Herstellers LAEVO (Modellreihe 2.5, Größen S bis XL) mit den in Abb. 3.2 dargestellten Eigenschaften

3 Überprüfung der Eignung von aktiven …

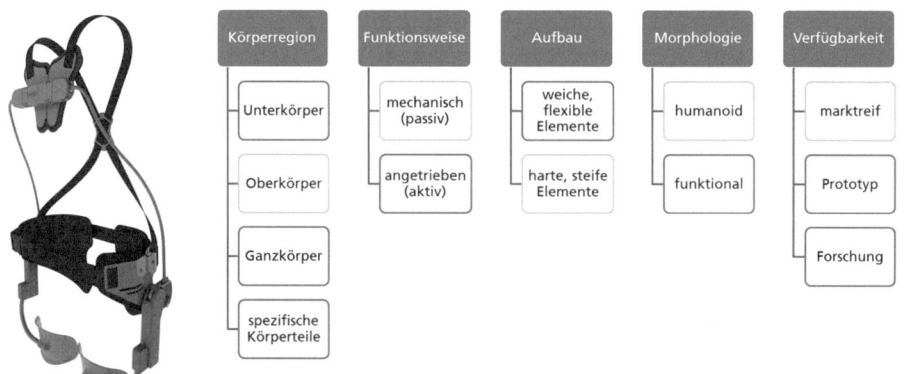

Eigengewicht: 2,8 kg | Entlastung: ca. 20 bis 30 % | Kosten: ca. 3.000 €

Abb. 3.2 Klassifizierung des passiven Exoskeletts Laevo. (Quellen: Foto: Laevo; Grafik: Fraunhofer IML)

von 37 Personen getestet und auf seine Eignung für die intralogistische Tätigkeit des Palettierens überprüft.

Im Rahmen der Studie hatten die Probanden die Aufgabe, acht kg schwere Kartons von einer Palette auf eine andere Palette umzupacken (Abb. 3.3). Hierbei gab es zwei Testbedingungen: Jede teilnehmende Person vollzog die Tätigkeit des Palettierens zunächst mithilfe des passiven Exoskeletts und zur Kontrolle – ohne mechanische Unterstützung. Die Reihenfolge der beiden Untersuchungsbedingungen wurde über die Probanden hinweg randomisiert, um Positions- und damit Lerneffekte zu kontrollieren. Zudem wurden die Gruppen ausgewogen nach Geschlecht und Alter zusammengestellt. Die Details der Studiendurchführung finden sich in Kinne et al. (2020).

Zur Bewertung des eingesetzten Exoskeletts sowie des Arbeitsprozesses der Palettierung mit und ohne mechanische Unterstützung wurden Methoden der Kognitiven

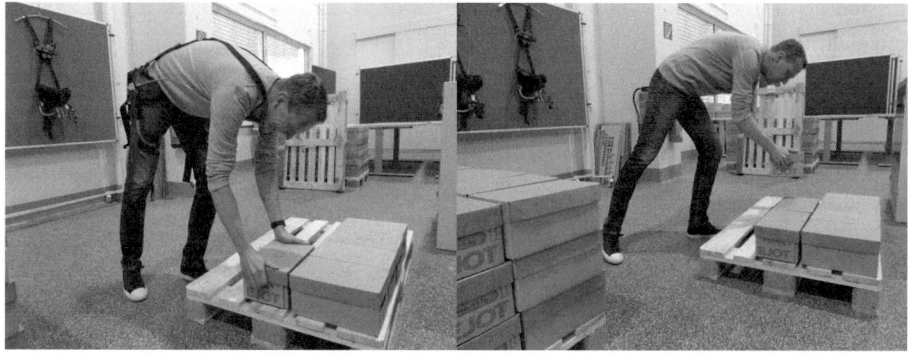

Abb. 3.3 Untersuchungsaufbau der Exoskelettstudie (links: Proband mit Exoskelett während des Palettierens, rechts: Proband ohne Exoskelett während des Palettierens). (Quelle: Fraunhofer IML)

Ergonomie eingesetzt (vgl. Kretschmer & Spee, 2018). Die verwendeten Befragungsinstrumente wurden bereits in einer vorangegangenen Feldstudie im Rahmen des ADINA-Projektes erprobt (vgl. Bednorz et al., 2019). Die Tätigkeit des Umpackens wurde hinsichtlich der subjektiven Aufgabenschwierigkeit und Arbeitsbelastung bewertet, während das Exoskelett selbst im Hinblick auf allgemeine und lokale Beschwerden in verschiedenen Körperteilen bewertet wurde. Darüber hinaus wurde ein subjektiver Gesamteindruck bei der Anwendung bezüglich verschiedener Handhabungseigenschaften, wie das An- und Ablegen oder Einstellmöglichkeiten in Bezug auf die individuelle Größenanpassung, Bewegungsfreiheit, Effizienz bezüglich der Rückenentlastung, Aufgabenunterstützung sowie Aufgabenbeeinträchtigung, erfasst (vgl. Kinne et al., 2020).

Die Ergebnisse der Evaluierungsstudie deuten darauf hin, dass unter Verwendung eines passiven Exoskeletts die Aufgabe des Umpackens einer Palette als einfacher sowie weniger körperlich beanspruchend oder auch weniger anstrengend bewertet wurde (vgl. Kinne et al., 2020). Darüber hinaus scheinen die Probanden während der Nutzung des Exoskeletts ihre Bewegungen langsamer und somit bewusster ausgeführt zu haben, was auf einen positiven Effekt auf die Körperhaltung hindeuten würde. Dies geht damit einher, dass mit einer wahrgenommenen Entlastung im Rückenbereich auch die gefühlte körperliche Anstrengung abnahm. Trotz des großen Potenzials der mechanischen Hilfen sollte vor allem der Tragekomfort und die Handhabung weiterentwickelt werden. Je größer das allgemeine Unbehagen durch das Exoskelett empfunden wurde, desto größer wurde auch die Gesamtarbeitsbelastung sowie die Schwierigkeit der Aufgabenerledigung eingeschätzt. Gerade die Kraftumverteilung des passiven Exoskeletts auf den vorderen Oberschenkel wurde mit einer erhöhten Stresswahrnehmung und gefühlten Leistungsbeeinträchtigung assoziiert. Ebenso hing die körperliche Beanspruchung mit einem unangenehmen Gefühl in der Brustgegend zusammen, wo weitere Kontaktpunkte des Exoskeletts lagen. Daneben zeigt sich, dass die verschiedenen Handhabungseigenschaften des Exoskeletts mit der Arbeitslast, der wahrgenommenen Anstrengung oder gefühlten Beeinträchtigung während der Aufgabenerledigung zusammenhängen können. Schlussfolgernd sollten zukünftig Hardwarekomponenten der passiven Exoskelette des Herstellers LAEVO noch verbessert und die gesamte Benutzerfreundlichkeit sowie der Tragekomfort der mechanischen Hilfsmittel erhöht werden.

3.4 Untersuchung der Individualisierungsmöglichkeiten eines passiven Exoskeletts

Für eine gewünschte Wirksamkeit und einen guten Tragekomfort müssen Exoskelette an die jeweiligen Nutzerinnen und Nutzer angepasst werden. Dies ist vor allem relevant, wenn sich mehrere Beschäftigte ein Exoskelett teilen. Je nach Modell verfügen die Exoskelette über verschiedene Möglichkeiten, welche die Individualisierung des Assistenzsystems ermöglichen. Oftmals erfordert die richtige Einstellung Übung und gegebenenfalls auch mehrere Personen, die beim Anlegen des Geräts Hilfestellungen leisten. Um die Anlern- und Einweisungsphase von ungeübten Anwenderinnen und Anwendern zu unterstützen, wurden die eingestellten Parameter des passiven Exoskeletts des Herstellers LAEVO untersucht.

Das in der zuvor genannten Laborstudie verwendete Modell verfügt dafür über auswechselbare Stützstäbe, die zusätzlich in drei Stufen in Breite und Länge adaptiert werden können. Darüber hinaus verfügt es über ein stufenlos verstellbares Gurtsystem am Rücken und an der Hüfte. Es lagen die Größen S bis XL vor, die laut Herstellerempfehlung für Körpergrößen von 1,64 bis 1,96 m männlicher Personen geeignet sind. Im Rahmen der Laborstudie wurden Geschlecht, Gewicht, Körpergröße, Brust- und Hüftumfang der Probandinnen und Probanden erfasst (vgl. Kinne et al., 2020). Entsprechend der Körpergröße wurde auf Basis der Herstellerempfehlung eine Modellgröße ausgewählt. Da in den Übergangsbereichen zwischen den Körpergrößen mehrere Modellgrößen infrage kommen, wurde in Abhängigkeit von den jeweiligen Proportionen des Oberkörpers eine Größe ausgewählt und im Einzelfall geändert. Das Exoskelett wurde sorgfältig justiert, bis die Probandinnen und Probanden einen guten Sitz bestätigten. Anschließend wurden die eingestellten Parameter dokumentiert.

Von den 37 Testpersonen trugen fünf die Größe S (alle weiblich), 15 die Größe M (davon fünf weiblich), elf die Größe L (alle männlich) und sechs die Größe XL (alle männlich). Abb. 3.4 zeigt die Auswertung der Modellauswahl nach der Körpergröße. Dabei zeigen die farbigen Quadrate die ausgewählten Modellgrößen und die gestrichelten Quadrate die Herstellerempfehlung. In den Übergangsbereichen zwischen zwei Modellgrößen zeigt sich ein Einfluss des Body-Mass-Index (BMI): Trotz gleicher Körpergröße kam hier bei einem BMI im unteren Normalbereich die kleinere Modellgrößen zum Einsatz. Bei einem BMI im oberen Normalbereich wurde die größere

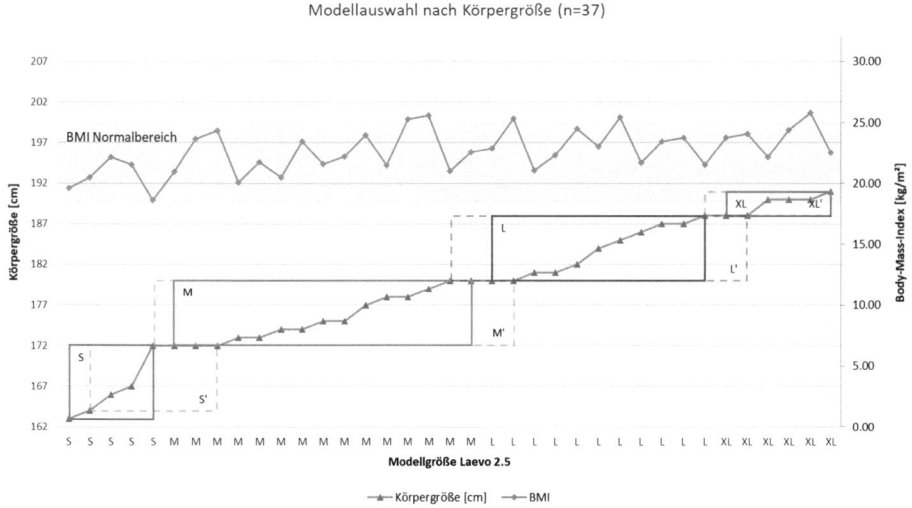

Abb. 3.4 Auswahl der Modellgröße anhand der Körpergröße (n = 37)

Modellgröße als passend empfunden und ausgewählt. Lag der BMI im mittleren Normalbereich und handelte es sich um eine weibliche Testperson, wurde ebenfalls die größere Größe ausgewählt. Da die Position der Brustplatte tendenziell etwas oberhalb der Brust saß, fühlten sich die Probandinnen dadurch weniger beeinträchtigt. Zusammenfassend lässt sich sagen, dass die Modellauswahl primär von der Körpergröße bestimmt wird, es jedoch einen Einfluss durch den BMI und durch das Geschlecht gibt.

Um den Einstellaufwand in der Laborstudie gering zu halten, wurde die Teilnahme auf Probandinnen und Probanden mit einem BMI im Normalbereich (18,5 bis 24,9 kg/m^2) beschränkt (vgl. Kinne et al., 2020). Der beschriebene Effekt des BMI auf die Auswahl der Modellgröße ist daher nur bei einer kleinen Stichprobe erkennbar. Die Bedeutung des BMI wird ebenfalls deutlich, wenn die dokumentierten Ergebnisse der Feldstudie sowie einer intern durchgeführten Vorstudie in das Diagramm integriert werden (siehe Abb. 3.5, integrierte Daten rot umrandet) (vgl. Bednorz et al., 2019, Kap. 10).

Im Übergang zwischen Größe M und L ist erkennbar, dass vier Probanden (davon eine weiblich) bereits die Größe L tragen, obwohl sie von der Körpergröße teilweise mehrere Zentimeter unterhalb der empfohlenen Mindestgröße von 1,81 m liegen. Dies ist auf ein höheres Gewicht zurückzuführen, welches sich im BMI durch einen höheren Wertebereich widerspiegelt.

Um zu erörtern, ob eine Modellauswahl auch ausschließlich auf Basis des BMI möglich ist, wurde Abb. 3.4 innerhalb der Modellgrößen aufsteigend nach dem BMI sortiert (siehe Abb. 3.6). Es wird deutlich, dass eine Modellauswahl ausschließlich auf Basis des BMI nicht möglich ist. So kann ein BMI von beispielsweise 23,5 kg/m^2 allen vier Modellgrößen zugeordnet werden. Die Körpergröße bleibt somit das entscheidende Kriterium.

Für die weitere Individualisierung des LAEVO Exoskeletts können die Stützstäbe in der Breite und der Länge in drei Rasterstufen justiert werden. Die Breiteneinstellung

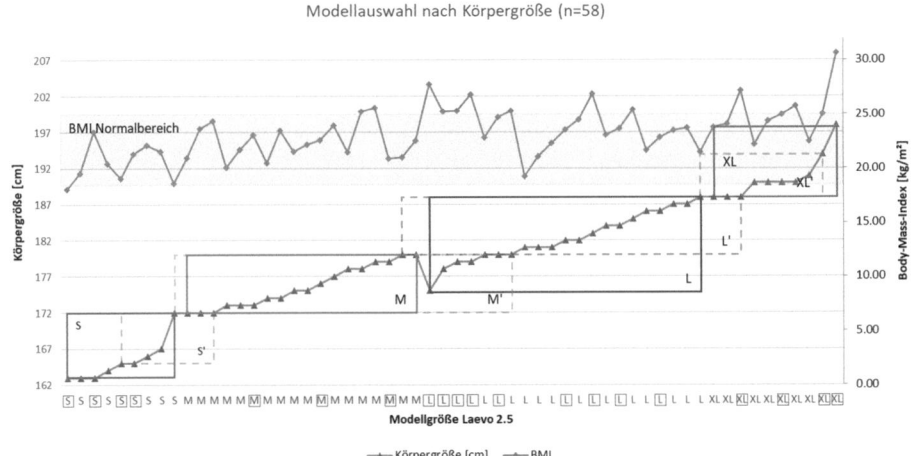

Abb. 3.5 Auswahl der Modellgröße anhand der Körpergröße (n = 58)

3 Überprüfung der Eignung von aktiven …

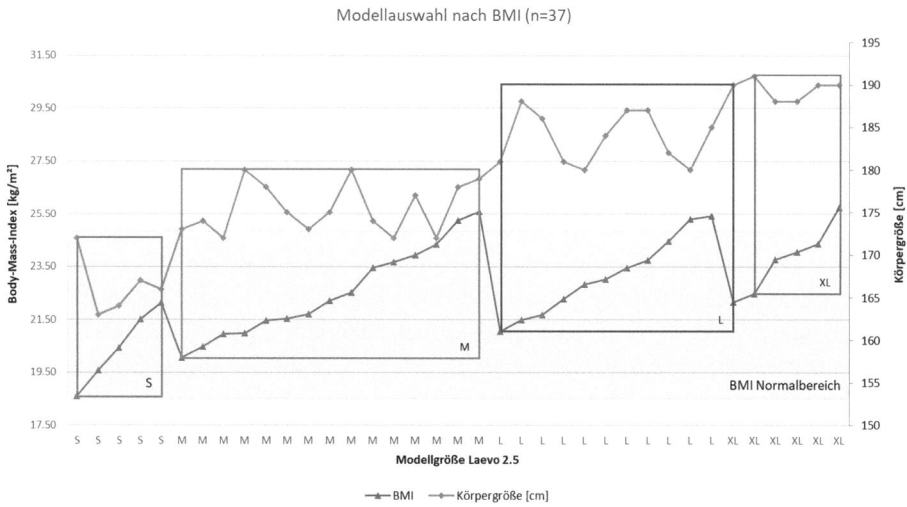

Abb. 3.6 Auswahl der Modellgröße anhand des BMI (n=37)

wurde lediglich bei zwei Probanden genutzt. Bei allen weiteren teilnehmenden Personen war die schmalste Einstellung passend.

Der Zusammenhang zwischen der Körpergröße und der Rastereinstellung zur Längenveränderung (0=ganz eingefahren, 1=Mitteleinstellung, 2=ganz ausgefahren) ist in Abb. 3.7 dargestellt. Es ist kein Muster feststellbar, welches beispielsweise in den Übergangsbereichen zu der nächsten Größe durch ein Ausfahren des Rasters erkennbar wäre.

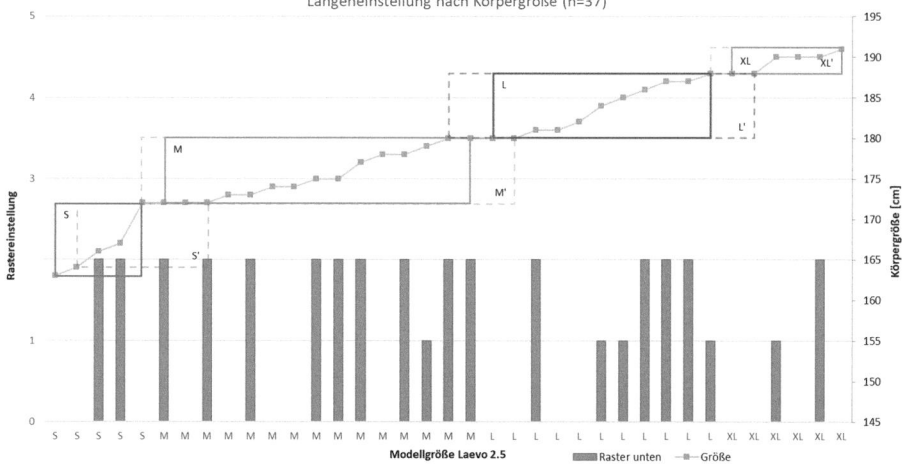

Abb. 3.7 Zusammenhang zwischen Körpergröße und Längeneinstellung der Stützstäbe (n=37)

Die Nachjustierung über das Längenraster scheint daher von individuellen Körpermerkmalen abzuhängen, die im Rahmen der Studie nicht erfasst wurden.

Das untersuchte Exoskelett verfügt über ein Gurtsystem, über welches die Brustplatte an den Oberkörper angepasst wird. Es wird am Rücken über ein Verbindungselement geführt und kann beim erstmaligen Anlegen nicht ohne fremde Hilfe eingestellt werden. Eine Auswertung der dokumentierten Längenmaße von der Brustplatte zur Rückenplatte und von der Rückenplatte zum Hüftgurt ist in Abb. 3.8 dargestellt. Ein erwarteter Zusammenhang zwischen dem Brustumfang zu der Trägereinstellung oder zu der ausgewählten Modellgröße, aus denen Empfehlungen zur Längeneinstellung bei bestimmten Modellgrößen oder geschlechtsspezifisch abgeleitet werden könnten, konnte nicht bestätigt werden. Die Werte erscheinen zufällig und sind daher vermutlich von individuellen, in der Studie nicht erfassten Parametern abhängig.

Zusammenfassend wurde in der Auswertung der dokumentierten Individualisierungseinstellungen im Hinblick auf die Größenauswahl des Modells lediglich die Wechselwirkung zwischen Körpergröße, Geschlecht und BMI deutlich. Der Wirkzusammenhang diente als Grundlage für ein Assistenzsystem zur Auswahl der Exoskelettgröße, welches im Rahmen des INNOVATIONSLABORS entwickelt wurde (Kap. 10). Darüber hinaus konnten mit den erfassten Parametern keine weiteren Regelmäßigkeiten ermittelt werden, die für ein Assistenzsystem zur Erleichterung der individuellen Adaption des Exoskeletts genutzt werden könnten. Folglich sind eine sorgfältige Einweisung der Nutzenden und eine Sensibilisierung für die Relevanz eines optimalen Sitzes von großer Bedeutung.

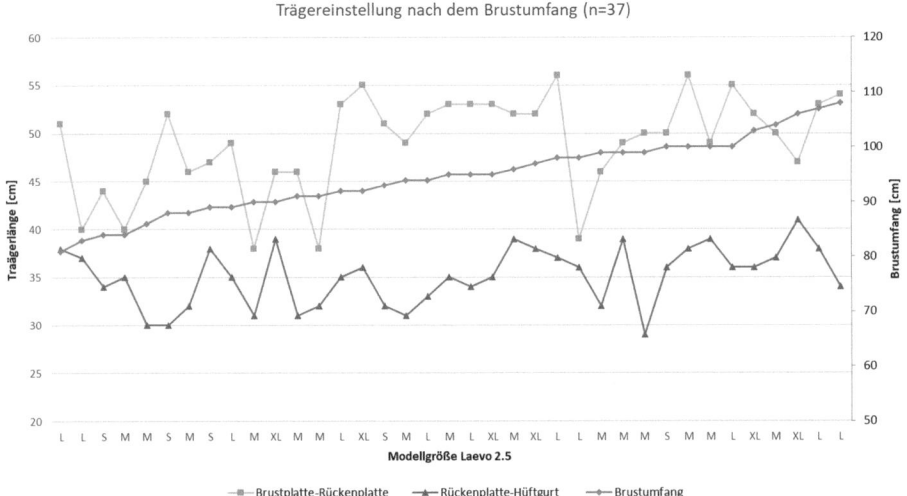

Abb. 3.8 Zusammenhang von Brustumfang und Trägereinstellungen (n = 37)

3.5 Untersuchung eines aktiven Exoskeletts am Beispiel eines Intralogistikparcours

Aufgrund der unzureichenden Datenbasis zur Bewertung des Effektes von Exoskeletten auf die einzelnen Körperregionen der Nutzerinnen und Nutzer ist die Durchführung von weiteren Studien unabdingbar. Zwar konnten bereits erste Tendenzen aus Feld- sowie Laborstudien zum Einsatz von passiven Exoskeletten für den Einsatz im industriellen Umfeld gesammelt werden, aber das Potenzial für den langfristigen Einsatz von aktiven Geräten zur Entlastung einzelner Körperregionen bei beanspruchenden Arbeitstätigkeiten ist nur schwer zu bewerten. Aus diesem Grund plant das Fraunhofer IML weitere Laborstudien zur Untersuchung dieses Sachverhalts. Vor dem Hintergrund demografischer Entwicklungen und der damit einhergehenden alternden Erwerbsbevölkerung rücken (elektro-)mechanische Unterstützungshilfen zur körperlichen Entlastung, vor allem die Reduktion von Wirbelsäulenbelastungen, weiter in den Fokus der Forschung.

In einer geplanten Laborstudie soll das aktive Exoskelett Cray X des Herstellers German Bionic (Abb. 3.9) eingesetzt werden, um Schlussfolgerungen abzuleiten, bei welchen Arbeitstätigkeiten der Einsatz einer elektromechanischen Unterstützung empfehlenswert ist. Im Rahmen eines Logistik-Parcours werden dafür typische Arbeitstätigkeiten und -abläufe der operativen Logistik ausgewählt und im Rahmen der Laborstudie so kombiniert, dass sowohl ein positiver Effekt beim Einsatz der Exoskelette erwartet wird, als auch diejenigen Tätigkeiten betrachtet werden, bei welchen ein Exoskelett eher zu Beeinträchtigungen führen kann. Dazu zählen das Heben und Tragen von Lasten, die Rumpfbeugung und -drehung und das Arbeiten über Schulterhöhe. Durch die Ergänzung um eine ausgewogene Verteilung zwischen Gehen, Stehen und Sitzen wird ebenfalls das Einsatzpotenzial für das Laufen von weiten Strecken untersucht.

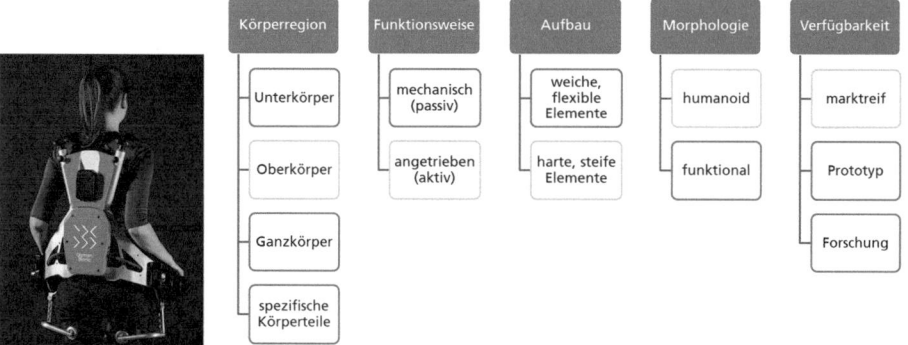

Abb. 3.9 Klassifizierung des aktiven Exoskeletts Cray X. (Quellen: Foto: German Bionic; Grafik: Fraunhofer IML)

Bewertet wird der Einsatz des Exoskeletts im Logistik-Parcours anhand unterschiedlicher Parameter: Eine Zeitmessung ermöglicht eine Ableitung des Effekts auf die erbrachte Leistung der Nutzerinnen und Nutzer. Verglichen wird die Zeit zur Durchführung des Logistik-Parcours mit und ohne die Verwendung des aktiven Exoskeletts. Durch die begleitende Überwachung echtzeitgenauer Vitaldaten (zum Beispiel Pulsmessung) wird das Stresslevel bei der Durchführung der Tätigkeiten analysiert. Des Weiteren werden Methoden der Kognitiven Ergonomie eingesetzt, um beispielsweise den Tragekomfort oder gefühlte körperliche Entlastung durch die Nutzerinnen und Nutzer bewerten zu lassen. Zum Einsatz kommen in diesem Zusammenhang die bereits in vorangegangenen Feld- und Laborstudien genutzten Fragebögen. Aufgrund des vermuteten positiven Effekts auf die Körperhaltung, liegt ein weiterer Fokus der Laborstudie auf der objektiven Bewertung des Bewegungsablaufs. Die objektive Untersuchung wird durch die Nutzung von Motion-Capturing-Technologien sowie zusätzlicher Software gewährleistet.

Neben der Laborstudie zur Bewertung des Einsatzpotenzials des aktiven Exoskeletts soll der Logistik-Parcours auch in weiteren Laborstudien zum Einsatz kommen. Der Schwerpunkt der weiterführenden Laborstudien liegt dabei vor allem in dem Vergleich unterschiedlicher Modelle von passiven und aktiven Exoskeletten, um unter anderem Antworten auf die Frage zu bekommen, ob die Probanden sich eine langfristige Nutzung für den Arbeitsalltag vorstellen können. Als anwendungsnahes Forschungsinstitut arbeitet das Fraunhofer IML im Rahmen der Laborstudien mit weiteren Forschungspartnern aus Wissenschaft und Wirtschaft zusammen.

Literatur

Bednorz, N., Kinne, S., & Kretschmer, V. (2019). Ergonomieunterstützung in der Logistik. Industrieller Einsatz von Exoskeletten an Palettier- und Kommissionierarbeitsplätzen. Beitrag beim 65. Führungskongress der Gesellschaft für Arbeitswissenschaften e.V. zum Thema Arbeit interdisziplinär analysieren, bewerten, gestalten. DGUV Congress, 27. Februar–1. März 2019.

Bosch, T., van Eck, J., Knitel, K., & de Looze, M. (2016). The effects of a passive exoskeleton on muscle activity, discomfort and endurance time in forward bending work. *Applied Ergonomics, 54*, 212–217.

Bundesanstalt für Arbeitsschutz und Arbeitsmedizin. (2012). BIBB/BAuA-Erwerbstätigenbefragung 2012. https://www.baua.de/DE/Themen/Arbeitswelt-und-Arbeitsschutz-im-Wandel/Arbeitsweltberichterstattung/Arbeitsbedingungen/BIBB-BAuA-2012.html. Zugegriffen: 27. Mai 2020.

Kinne, S., Kretschmer, V., & Bednorz, N. (2020) Palletising support in intralogistics: The effect of a passive exoskeleton on workload and task difficulty considering handling and comfort. In T. Ahram, W. Karwowski, S. Pickl, & R. Taiar (Hrsg.), *Human systems engineering and design II. Advances in intelligent systems and computing* (S. 273–279). Springer.

Kretschmer, V. (2017). Belastungsschwerpunkte von Erwerbstätigen in der Intralogistik. Sicher ist sicher. *Fachzeitschrift für Sicherheitstechnik, Gesundheitsschutz und menschengerechte Arbeitsgestaltung, 12*, 536–540.

Kretschmer, V., & Spee, D. (2018). *Kognitive Ergonomie. Der Mensch – eingebunden in die Logistik 4.0*. Huss.

de Looze, M. P., Bosch, T., Krause, F., Stadler, K. S., & O'Sullivan, L. W. (2016). Exoskeletons for industrial application and their potential effects on physical workload. *Ergonomics, 59*, 671–681.

Motmans, R., Debaets, T., & Chrispeels, S. (2019). Effect of a passive exoskeleton on muscle activity and posture during order picking. *Advances in Intelligent Systems and Computing, 820*, 338–346.

Zeidler, R., Burr, H., Pohrt, A., & Hasselhorn, H. M. (2015). Arbeit und Gesundheit. Eine Übersicht relevanter Datensätze für Deutschland. *Zentralblatt für Arbeitsmedizin, Arbeitsschutz und Ergonomie, 65*(3), 149–160.

Nicole Bednorz (M.Sc.) arbeitet als Projektmanagerin im Bereich International Supply Chain Management für einen bekannten Lebensmitteleinzelhändler und ist für die Planung sowie Realisierungsbegleitung intralogistischer Systeme zuständig. Sie hat an der technischen Universität Dortmund Logistik studiert und war bis zum Projektabschluss als wissenschaftliche Mitarbeiterin am Fraunhofer-Institut für Materialfluss und Logistik in Dortmund tätig. Im Projekt ADINA übernahm Nicole Bednorz die Projektverantwortung für die Pilotierung sowie Validierung von technischen Assistenzsystemen zur Ergonomieunterstützung in der industriellen Praxis sowie im Rahmen von wissenschaftlichen Laborstudien.

Semhar Kinne (Dipl.-Ing.) ist seit 2011 als wissenschaftliche Mitarbeiterin am Fraunhofer-Institut für Materialfluss und Logistik (IML) in der Abteilung Maschinen und Anlagen tätig. Sie befasst sich vorrangig mit Handhabungsprozessen in der Intralogistik von rein manuellen Tätigkeiten bis hin zur Vollautomatisierung. In dem Zusammenhang erforscht sie den Einsatz von Exoskeletten zur Verbesserung der physikalischen Ergonomie sowie die unterschiedlichen Ausprägungen von Mensch-Technik-Interaktion. Semhar Kinne studierte Maschinenbau an der Technischen Universität Dortmund, wo sie im Jahr 2010 ihren Abschluss als Diplom-Ingenieurin erlangte.

 **Dr. Veronika Kretschmer** arbeitet seit November 2011 in der Abteilung Intralogistik und -IT Planung am Fraunhofer-Institut für Materialfluss und Logistik IML in Dortmund und leitet als Senior Scientistin den Forschungs- und Beratungsbereich „Kognitive Ergonomie". Sie studierte an der Technischen Universität Chemnitz von 2003 bis 2009 den Diplomstudiengang Psychologie mit den Schwerpunkten Arbeits- und Organisationspsychologie und Prävention und Psychotherapie. Während ihrer anschließenden Tätigkeit als wissenschaftliche Mitarbeiterin promovierte sie in der Projektgruppe „Chronobiologie" am Leibniz-Institut für Arbeitsforschung an der TU Dortmund (IfADo). Danach war Veronika Kretschmer im Projekt „lidA – leben in der Arbeit" im Bereich empirische Arbeitsforschung am Institut für Sicherheitstechnik der Bergischen Universität Wuppertal beschäftigt. An der Bundesanstalt für Arbeitsschutz und Arbeitsmedizin (BAuA) in Dortmund bearbeitete sie in der Gruppe „Arbeitsweltberichterstattung, Grundsatzfragen Internationales" den Schwerpunkt „BIBB/BAuA-Erwerbstätigenbefragung 2012".

Evaluierung einer tragbaren Ergonomieunterstützungslösung zur passiven Entlastung bei manuellen, intralogistischen Tätigkeiten

4

Andreas Hoene und Mandar Jawale

Inhaltsverzeichnis

4.1	Einleitung	44
4.2	Auswahl der Ergonomieunterstützungslösung	45
4.3	Aufbau und Ablauf der Feldstudie	48
	4.3.1 Auswahl der Prozesse	48
	4.3.2 Auswahl der Probanden und Probandinnen	49
	4.3.3 Ablauf der Pilotierungsphasen	49
	4.3.4 Nutzerevaluation auf Basis fragebogengeführter Interviews	50
4.4	Untersuchungsergebnisse	51
4.5	Diskussion und Fazit	55
Literatur		57

Zusammenfassung

Im Rahmen des aus Mitteln des Europäischen Fonds für regionale Entwicklung (EFRE) und des Landes NRW geförderten Projektes ADINA (Automatisierungstechnik und Ergonomieunterstützung für innovative Kommissionier- und Umschlagkonzepte der Logistik in NRW) werden die Anforderungen an den Einsatz von Automatisierungstechnik und Ergonomieunterstützungslösungen in den relevanten Lager- und Umschlagsbereichen der Logistik untersucht. Dieser Aufsatz beschreibt

A. Hoene (✉) · M. Jawale
Universität Duisburg-Essen, Duisburg, Deutschland

© Der/die Autor(en), exklusiv lizenziert an Springer Fachmedien Wiesbaden GmbH, ein Teil von Springer Nature 2022
M. Klumpp et al. (Hrsg.), *Ergonomie in der Intralogistik,* FOM-Edition,
https://doi.org/10.1007/978-3-658-37547-8_4

ein Verfahren sowie die Ergebnisse der Evaluation einer tragbaren Ergonomieunterstützungslösung im Echtzeiteinsatz. Untersucht wurden die Einsatzpotenziale und die Nutzerakzeptanz eines passiven und elastischen Exoskelettes in intralogistischen Prozessen der Kommissionierung und des Lagerwesens. Solche Prozesse sind bis dato geprägt von manuellen und körperlich belastenden Lastenhandhabungen. Im Rahmen eines zweiwöchigen Echtzeittests konnten Logistikmitarbeiterinnen und -mitarbeiter eine Ergonomieunterstützungslösung testen und im Anschluss hinsichtlich der subjektiv wahrgenommenen Entlastung und des Tragekomforts bewerten.

4.1 Einleitung

Während im Bereich der Produktion, zum Beispiel in der Automobilproduktion oder in Teilbereichen der Logistik und Kommissionierung (Ware-zu-Mitarbeiter oder Picking) elaborierte Automatisierungslösungen bereits zur Anwendung kommen (vgl. Hanke et al., 2018, S. 382–384), sind intralogistische Prozesse der Kommissionierung und des Lagerwesens weiterhin geprägt von manuellen und körperlich anstrengenden Lastenhandhabungen (Heben, Halten, Tragen, Ziehen, Schieben von Lasten) oder Arbeiten in Zwangsbeugehaltungen. Automatisierungs- und Unterstützungslösungen für solche Tätigkeiten scheitern bisher an mangelnder Flexibilität dieser Lösungen unter anderem auch in Bezug auf Platzbedarf, Investitionsrisiken oder erforderliche Variantenvielfalt bei zu bearbeitenden Packstückformen und -größen (vgl. Hanke et al., 2018, S. 386; Schneider et al., 2019, S. 58–60; Gruchmann, Nestler, et al., 2018, S. 1–3; sowie Schulz et al., 2020, S. 1–3).

Logistikbeschäftigte in Kommissionierung und Lager sind einem hohen Risiko ausgesetzt im Verlaufe ihres Berufslebens an Muskel-Skelett-Erkrankungen zu erkranken mit vergleichsweise hohen Krankenständen (vgl. BAG, 2020, S. 2–3 und 12–13; Gruchmann, Klumpp, et al., 2018, S. 7). Durch den Einsatz von Automatisierungs- und Ergonomieunterstützungslösungen sollen sowohl die Potenziale zur Verbesserung der Attraktivität der Logistikberufe als auch der Arbeitsfähigkeit der Fachkräfte gehoben werden, auch im Hinblick auf den durch den demografischen Wandel noch weiter zunehmenden Fachkräftemangel (vgl. Hanke et al., 2018, S. 378–381; Gruchmann, Klumpp, et al., 2018, S. 1).

Das aus Mitteln des Europäischen Fonds für regionale Entwicklung (EFRE) und des Landes NRW geförderte Projekt ADINA (Automatisierungstechnik und Ergonomieunterstützung für innovative Kommissionier- und Umschlagkonzepte der Logistik in NRW) widmet sich der Analyse bestehender Techniken zur Automatisierung und Ergonomieunterstützung sowie deren Implementierung in spezifischen Anwendungsfeldern der Logistik. Die Zielsetzung liegt in einer verbesserten Anpassungsfähigkeit der Logistikwirtschaft auf den bevorstehenden demografischen Wandel. Im Rahmen des Projektes wurden Anforderungen an die technische Integration von Automatisierungstechnik und Ergonomieunterstützungslösungen in intralogistischen Arbeitsprozessen analysiert, erste Ergonomieunterstützungslösungen pilotiert und Anpassungspotenziale für relevante Lager- und Umschlagsbereichen der Logistik identifiziert, insbesondere für die intralogistischen Bereiche Ein- und Auslagerung, Kommissionierung, Umschlag, Ausgangsabfertigung und der Value Added Services (veredelnde Dienstleistungen) in der Kontraktlogistik (vgl. Gruchmann, Nestler, et al., 2018, S. 1–3, Hanke et al., 2018, S. 384).

Dieser Beitrag beschreibt eine Feldstudie sowie die Ergebnisse der Evaluation einer tragbaren Ergonomieunterstützungslösung, die im Rahmen des Projektes ADINA bei drei Unternehmen im Praxisbetrieb getestet und von den Probandinnen und Probanden im Anschluss bewertet wurde. Untersucht wurden die Einsatzpotenziale und die Nutzerakzeptanz in Hinblick auf die subjektiv gespürte Unterstützung und Entlastung als auch der Tragekomfort.

Zunächst wird auf die Wahl der zu pilotierenden Ergonomieunterstützungslösung eingegangen. Im Anschluss werden der Aufbau und Ablauf der Pilotierung beschrieben. Dann geht der Beitrag auf die Auswertung der Feedbackgespräche ein und fasst die Ergebnisse der Feldstudie zum Abschluss zusammen.

4.2 Auswahl der Ergonomieunterstützungslösung

Im Rahmen einer ersten Pilotierung im Projekt ADINA wurde bereits der Einsatz eines passiven Exoskelettes mit festen Elementen (zum Beispiel Beinschalen) untersucht (Kap. 2). Zu den Ergebnissen der ersten Pilotierung siehe Schulz et al. (2020). Unter Exoskeletten sind körpergetragene Assistenzsysteme zu verstehen, die mechanisch auf den Körper oder einzelne Körperbereiche und Gliedmaßen einwirken und den Bewegungsapparat bei Beugebewegungen oder arbeitsbedingten Zwangshaltungen unterstützen (vgl. Schick, 2019, S. 108). Auf den Körper und seine Gliedmaßen einwirkende Kräfte werden abgefangen und physische Belastungen gesenkt. Mit dem Tragen von Exoskeletten soll kurz- und langfristigen Muskel-Skelett-Erkrankungen (MSE) vorgebeugt werden. Zudem wird erwartet, dass infolge der Entlastung bei Lastenhandhabungen der Komfort der Arbeit für den Träger zunimmt und die Produktivität sowie Qualität der durchgeführten Tätigkeiten steigt. Darüber hinaus ergeben sich neue Möglichkeiten zum Einsatz von leistungsgewandelten Fachkräften in Arbeitsbereichen mit hoher Lastenhandhabung oder Zwangsbeugehaltung, zum Beispiel durch das erleichterte, weniger belastende Ausführen von Körperbewegungen und -haltungen (vgl. Schick, 2018, S. 3–4).

Exoskelette lassen sich nach ihrer Bauart (aktive und passive Exoskelette) sowie den unterstützen Körperbereichen (zum Beispiel einzelne Gliedmaßen wie Beine oder Arme, Ober- oder Ganzkörper, Rumpf) unterscheiden. Aktive Exoskelette unterstützen den Körper aktiv mithilfe eines elektrischen oder pneumatischen Antriebes (Aktor) mit einfachen bis hin zu komplexen Regelungs- und Steuerungskomponenten. Passive Exoskelette gewinnen die benötigte Energie aus den Bewegungen des Trägers, zum Beispiel, indem mechanische Federn, Gasdruckfedern oder Elastomere (elastische Kunststoff-/ Gurtsysteme) beim Vorbeugen Energie und Zugkraft aufnehmen, speichern und diese bei der Wiederaufrichtung wieder abgeben und den Nutzer somit in seinen Bewegungen und Haltungen unterstützen oder entlasten (vgl. Schick, 2019, S. 108 f.).

Die Pilotierung eines passiven Exoskelettes mit festen Strukturen und Elementen im Projekt ADINA hat unter anderem folgende Punkte zutage gebracht (vgl. Schulz et al., 2018, S. 92): Ein hohes Eigengewicht von Exoskeletten sowie Kontakt- und Reibungspunkte führten zu Wärme- und Schweißentwicklung und minderten den Tragekomfort der getesteten Lösung. Steife Elemente schränkten die Bewegungsfreiheit ein und erschwerten die Kombination der getesteten Lösung mit Flurförderzeugen. Darüber hinaus war die Bedienbarkeit und Leistung durch häufig notwendiges Nachjustieren zum Beispiel nach Verrutschen von Beinschalen beeinträchtigt.

Für die Auswahl einer zweiten Ergonomieunterstützungslösung ergaben sich aus den Ergebnissen der ersten Pilotierung abgeleitete Anforderungen, die in Tab. 4.1 aufgeführt sind:

Auf Basis eines Technologie-Screenings der zu diesem Zeitpunkt am Markt verfügbaren Lösungen und hinsichtlich der zuvor genannten Kriterien (unter anderem elastisch, ohne steife und kantige Elemente, geringes Eigengewicht, leichte Handhabung) hatte sich das Konsortium für den Test eines passiven Soft-Exoskelett entschieden (vgl. Hoene et al., 2019 und Schulz et al., 2020), dem Soft-EXXO Rücken-Protect-System rakunie des japanischen Herstellers Morita Holding Corporation (vgl. Morita, 2020). Erste Studien zum Einsatz dieses Soft-Exoskelettes konnten für den Bereich der Gesundheitswirtschaft und Pflege recherchiert werden (vgl. zum Beispiel Hein et al., 2016; Projekt EXPERTISE 4.0, o. J.).

Das Soft-EXXO Rücken-Protect-System rakunie wird in Deutschland von der N-IPPIN GmbH (vgl. N-IPPIN, 2020) vertrieben. Es handelt sich um ein System aus elastischem Gurtmaterial (Nylon, Polyurethan, Polyester, Polypropylene, Polyacetal), welches oberhalb (siehe Abb. 4.1) als auch unterhalb der Arbeitskleidung getragen werden kann.

Die elastischen Gurte werden wie ein Rucksack auf den Schultern getragen und zudem unterhalb der Knie mit einem Klettverschluss befestigt. In der Grundspannung liegen die Gurte locker auf, jedoch beim Vorbeugen nehmen sie über die gekreuzten elastischen Bänder am Rücken und entlang der Oberschenkel (Elastomere)

Tab. 4.1 Kriterien zur Auswahl der Ergonomieunterstützungslösung

Anwendungsbereich	Bedienbarkeit/Leistung	Tragekomfort
Flexibel einsetzbar Kombinierbar mit Flurförderzeugen Erhalt der Beweglichkeit	Einfaches Anlegen und Nutzen Individuelle Anpassbarkeit Geringe bis keine Auswirkung auf Arbeitstempo und Prozessqualität	Geringes Eigengewicht Geringe bis keine Brust- und Oberschenkelbelastung Geringe bis keine Hautirritationen/Schweißbildung

Abb. 4.1 Proband mit Soft-EXXO Rücken-Protect-System rakunie. (Quelle: Foto: Universität Duisburg-Essen)

kinetische Energie auf. Über die Materialspannung wird der Oberköper in der Beugeposition gehalten und beim Wiederaufrichten durch Freigabe der gespeicherten Energie unterstützt. Somit werden die Wirbelsäule und die Oberschenkel bei Tätigkeiten in Zwangsbeugehaltungen entlastet. Laut Händlerangaben reduziert das Soft-EXXO Rücken-Protect-System rakunie (2. Generation) sowohl die Belastung des Rückenstrecker-Muskels (*musculus erector spinae*) als auch der Oberschenkelmuskulatur (*musculus biceps femoris*) um durchschnittlich 17 % (vgl. N-IPPIN, 2020). Darüber hinaus wirbt der Hersteller mit einem leichten Eigengewicht (rund 250 g), dem leichten und schnellen An- und Ablegen bzw. Wechsel von Arbeits- in Ruheposition, auch aufgrund einer „Quick-Release"-Funktion am Rücken, die ein Weitertragen auch im Sitzen ermöglicht, sowie dem Einsatz von atmungsaktivem und maschinenwaschbarem Material. Auf den Einsatz von Metall- oder Hartkunststoffmaterialien im Frontarbeitsbereich wurde zudem verzichtet (zum Beispiel durch Weglassen von Korsettstützen oder technisch-mechanischen Automatisationselementen), was das Risiko von Auftragungen oder Beschädigung verringert und der Bewegungsfreiheit zugutekommt (vgl. N-IPPIN, 2019a).

Das Soft-EXXO Rücken-Protect-System rakunie (2. Generation) war zum Zeitpunkt der Feldstudie in fünf Unisexgrößen erhältlich (XS, S, M, L, XL), die sich über Klett- und Knopfverschlüsse dann noch individuell auf die Körperstatur der Probandinnen und Probanden (Körpergröße und Brustumfang) anpassen lassen. Bei Bedarf besteht darüber hinaus die Möglichkeit, das rakunie der Größe XL mithilfe von Verlängerungsstücken auf eine größere Körperstatur anzupassen.

4.3 Aufbau und Ablauf der Feldstudie

Die Untersuchung erfolgte als Feldstudie unter realen Arbeitsbedingungen im Praxisbetrieb von drei Industrieunternehmen. Untersucht wurden das Einsatzpotenzial zur physischen Entlastung, die Handhabung und der Tragekomfort eines passiven und elastischen Soft-Exoskelettes bei intralogistischen Arbeitstätigkeiten der Kommissionierung und des Lagerwesens, speziell bei der Palettierung in der Produktionsausgangslogistik sowie in der Kommissionierung und bei Umpacktätigkeiten.

4.3.1 Auswahl der Prozesse

Bei Unternehmen I wurde die Ergonomieunterstützungslösung in der Produktionsausgangslogistik im Teilprozess Palettierung kommissionierter Packstücke für den Versand getestet. Die Packstücke (Kartons, Behälter) mit einem durchschnittlichen Gewicht von 8 kg werden zwar über Förderbänder der Fachkraft angedient (im Schnitt 100 Packstücke pro Stunde), die Palettierung erfolgt dann aber manuell durch entsprechendes Heben des versandfertigen Packstücks (KLT, Standard-Packkartons) von der Förderband-Höhe von 86 cm, Tragen über eine kurze Distanz und Ablegen und Anordnen auf Zielpaletten (Palettierung). Vereinzelt kommen Hubwagen zum Einsatz, die einen Niveauausgleich ermöglichen, aber es sind auch Ablagen in Bodenhöhe ab ca. 14 cm aufwärts mit Vorbeugen über die Zielpalette erforderlich (vgl. Schulz et al., 2020, S. 18–19).

Bei Unternehmen II wurde die Ergonomieunterstützungslösung zur Unterstützung bei der manuellen Kommissionierung (Mitarbeiter-zur-Ware) eingesetzt. Als Hilfsmittel kamen Flurförderzeuge zum Einsatz, mit dem sich der Proband im Lager fortbewegte. Die Packstücke (Modulregalkartons unterschiedlicher Größe und Gewichte bis zu 12 kg, Displays bis 25 kg) mussten in der bestellten Menge von den Einlagerungspaletten entnommen und auf der Warenausgangspalette angeordnet werden. Je nach Füllgrad der Quell- und Zielpalette mussten hierbei die Packstücke über Höhenunterschiede von 0,20 m bis 1,20 m gegriffen und abgelegt werden. Zum Teil war auch ein Vorbeugen über die Palette hinweg erforderlich.

Bei Unternehmen III wurde die Ergonomieunterstützungslösung im Bereich manueller Auslagerung und Kommissionierung (Mitarbeiter-zu-Ware) aus dem Regal sowie bei Co- und Re-Packing-Tätigkeiten (veredelnde Umpackprozesse nach kundenspezifischen Bedürfnissen, zum Beispiel Etikettierung nach Wunsch des Kunden) getestet. Hierbei befand sich die Lagerware, Getränkekisten mit durchschnittlichem Gewicht von 16–20 kg, zumeist auf Palettenhöhe aufwärts (unterste Regalebene im Lager, ca. 0,20 m bis 1,70 m) und mussten auftragsspezifisch auf die Transportpalette des Flurförderfahrzeuges (ab 0,20 m aufwärts) gehoben werden.

Die in den drei Cases betrachteten logistischen Teilprozesse der Kommissionierung und Palettierung haben gemeinsam, dass sie von lastenhandhabenden Tätigkeiten geprägt sind, die häufiges und wiederkehrendes Heben, Halten, Tragen, Bücken und Senken von Packstücken und Lasten mit unterschiedlicher Größe, Anzahl und Gewicht erfordern (vgl. Schulz et al., 2020, S. 2). Ergonomische Optimierungspotenziale bestehen entsprechend in der Unterstützung von Rücken, Schultern und Armen (vgl. Gruchmann, Klumpp, et al., 2018, S. 18).

4.3.2 Auswahl der Probanden und Probandinnen

Aufgrund der Konstellation des Studienaufbaus erfolgte keine randomisierte Zuordnung der Probanden und Probandinnen, sondern die Teilnehmer wurden nach vorhandenen Eigenschaften ausgewählt (quasi-experimentelle Studie; vgl. Eid et al., 2013, S. 63–65; Döring & Bortz, 2016, S. 193–194): Logistikfachkräfte aus den drei Praxisunternehmen, unterschiedlichen Alters, Körpergröße und Nationalität sowie mit einem natürlichen, je nach Unternehmen abweichenden Arbeitsumfeld. Die Teilnahme erfolgte auf freiwilliger Basis. Je Unternehmen nahmen zwei bis drei Personen am Test der Ergonomieunterstützungslösung teil. Die Stichprobengröße fiel mit sieben Probanden klein aus und es nahmen nur männliche Probanden an der Pilotierungsphase teil. Da der Anteil männlicher sozialversicherungspflichtiger Beschäftigter in Berufen der Lagerwirtschaft allgemein hoch ausfällt (laut BAG, 2020, S. 6–7, liegt dieser bei rund 75 % in 2018), kann die Stichprobe für die betrachteten Prozesse durchaus als repräsentativ angesehen werden.

Die Rückmeldungen der Probanden erlauben daher trotz der kleinen Stichprobengröße erste Schlussfolgerungen auf die Einsatzpotenziale eines Soft-Exoskelettes bei intralogistischen Arbeitstätigkeiten sowie den Tragekomfort und die Nutzerakzeptanz.

4.3.3 Ablauf der Pilotierungsphasen

Die Probanden, sieben Logistik- und Lagerfacharbeiter aus drei Praxisunternehmen, konnten im Rahmen einer zweiwöchigen Testphase die Ergonomieunterstützungslösung kennenlernen, während ihrer gewohnten Arbeitstätigkeiten ausprobieren und im Anschluss im Rahmen eines fragebogenbasierten Feedbackgespräches subjektiv bewerten.

Den individuellen Praxistests ging jeweils ein Einführungsworkshop voraus, in welchem den Probanden die Ziele und der Ablauf des Echtzeittestes erläutert, die Ergonomieunterstützungslösung ausführlich vorgestellt und das Soft-Exoskelett individuell auf den Probanden eingestellt wurde. Hierzu konnte auf die Expertise des Vertriebspartners und ein offizielles Erklärvideo zur Nutzung der Ergonomieunterstützungslösung zurückgegriffen werden, welches auch online zur Ansicht steht (vgl. N-IPPIN, 2019b).

Im Rahmen der dann folgenden zweiwöchigen Testphase konnte die Tragezeit pro Tag individuell nach Wunsch des Probanden sukzessive gesteigert werden. Zudem hatten alle Probanden die Möglichkeit, den Test jederzeit abzubrechen.

Nach der ersten Pilotierungswoche fand eine kurze Feedbackrunde statt, in denen die Probanden von ihren ersten Erfahrungen mit der Ergonomieunterstützungslösung berichteten. Bei Bedarf erfolgte eine Anpassung oder Nachjustierung der Soft-Exoskelette. Hierzu stand den Probanden aufseiten der Unternehmen ein Ansprechpartner jederzeit bereit, der ebenfalls mit der getesteten Lösung vertraut war.

4.3.4 Nutzerevaluation auf Basis fragebogengeführter Interviews

Zum Abschluss der Pilotierungs- und Testphase wurde ein ausführliches qualitatives Feedback der Probanden eingeholt auf Basis eines persönlichen, halbstandardisierten Interviews mit Fragebögen und der Möglichkeit zum offenen Erfahrungsaustausch.

Der Fragebogen war zwecks Vergleichbarkeit der Ergebnisse in Anlehnung an den Fragebogen der ersten Pilotierungsphase des ADINA-Projektes (vgl. Schulz et al., 2020) konzipiert worden. Der Fragebogen war in sechs Daten- und Themenblöcke aufgeteilt. Die Bewertung der unterschiedlichen Kriterien erfolgte überwiegend mithilfe einer visuellen Analogskala in 5-er Schritten von 0 (negative Ausprägung) bis 100 (positive Ausprägung). Die Gesamtbewertung der getesteten Lösung erfolgte auf Schulnotenbasis mit sehr gut (1) bis ungenügend (6):

- Datenblock zu Größe und Einstellungen der Ergonomieunterstützungslösung, dem Arbeitsbereich der Person sowie soziodemografischen Daten.
- Frageblock zur Handhabbarkeit, den individuellen Einstellmöglichkeiten sowie der Bewegungsfreiheit bei Nutzung des passiven Exoskelettes: Beispielsweise wie einfach das An- und Ablegen des Exoskelettes und das Einstellen der Ergonomieunterstützungslösung war oder wie stark sich die Probanden durch die Lösung in ihrer Bewegungsfreiheit eingeschränkt sahen. Bewertet werden konnte auf einer Skala von 0 (sehr schwierig, stark eingeschränkt) bis 100 (sehr einfach, nicht eingeschränkt).
- Frageblock zum subjektiv bewerteten Tragekomfort bezüglich spezifischer Körperbereiche (Brust, Bauch, oberer und unterer Rücken, Oberschenkel, Kniebereich) sowie des Gesamttragekomforts, den die Probanden auf einer Skala von 0 (maximales Unbehagen) bis 100 (ohne Beschwerden) bewerten konnten.
- Frageblock zur Bewertung der subjektiv gespürten Unterstützung und Entlastung durch Nutzung der Ergonomieunterstützungslösung, zum Beispiel bei der Ausführung

der Arbeitstätigkeiten (Kommissionieren, Palettieren), ob die Ergonomieunterstützungslösung die Muskelermüdung und Belastung des Rückens verminderte oder eine aufrechte Köperhaltung unterstütze. Bewertet werden konnte auf einer Skala von 0 (keine Verringerung oder Unterstützung) bis 100 (starke/hohe Verringerung oder Unterstützung).
- Darüber hinaus hatten die Probanden die Möglichkeit, eine Gesamtbewertung der getesteten Ergonomieunterstützungslösung durch Vergabe einer Schulnote vorzunehmen sowie auf einer Skala von 0 (sehr geringe) bis 100 (sehr hohe) ihre Bereitschaft zur nochmaligen Nutzung der Ergonomieunterstützungslösung angeben.
- Ein abschließender Frageblock mit offenen Antwortmöglichkeiten bot die Möglichkeit zu freiem positivem und negativem Feedback als auch Verbesserungsvorschläge.

4.4 Untersuchungsergebnisse

Insgesamt haben im Rahmen der Pilotphasen sieben Probanden die Ergonomieunterstützungslösungen testen und im Rahmen der Feedbackgespräche bewerten können. Die subjektive Beurteilung erfolgte auf Basis von fragebogengeführten Interviews mit der Möglichkeit zum offenen Erfahrungsaustausch zum Ende des Interviews. Bewertet wurden unter anderem die Handhabung, die subjektiv wahrgenommene Ent- bzw. Belastung beim Ausführen der Arbeiten, der Tragekomfort als auch die Bereitschaft zur erneuten Nutzung der Ergonomieunterstützungslösung.

Aufgrund der geringen Stichprobengröße erfolgt die Auswertung der Rückmeldungen mithilfe von Kastendiagrammen (Boxplots) und auf Basis statistischer Größen wie Median, Median der Abweichungsbeträge (MAD) und Spannweiten (Range) (in Anlehnung an Hein et al., 2016).

In Abb. 4.2 sind die Bewertungsergebnisse hinsichtlich **Handhabung und Beeinflussung** von Arbeitsdurchführung und Bewegungsfreiheit in einem Boxplot (Kastendiagramm) mit verschiedenen Lageparameter der Bewertungsausprägungen (Maximum und Minimum als oberes und unteres Ende der Antennen, Median als vertikaler Strich und Quartil als Endpunkte der Balken) in einer Grafik dargestellt. Die Ausprägungen sind auf einer Skala 0 bis 100 dargestellt, mit der Ausprägung 0 für zum Beispiel „sehr schwierig" oder „stark beeinträchtigt" und der Ausprägung 100 für „sehr einfach" oder „keine Beeinträchtigung".

Die Handhabung und Bewegungsfreiheit der getesteten Ergonomieunterstützungslösung wird von den sieben Probanden sehr positiv bewertet:

- das An- und Ablegen des rakunie Gurtsystems wurde als sehr einfach bewertet (Median: 100)
- die Einstellbarkeit des Gurtes wird, mit einer Ausnahme, als einfach bewertet (Median: 85)

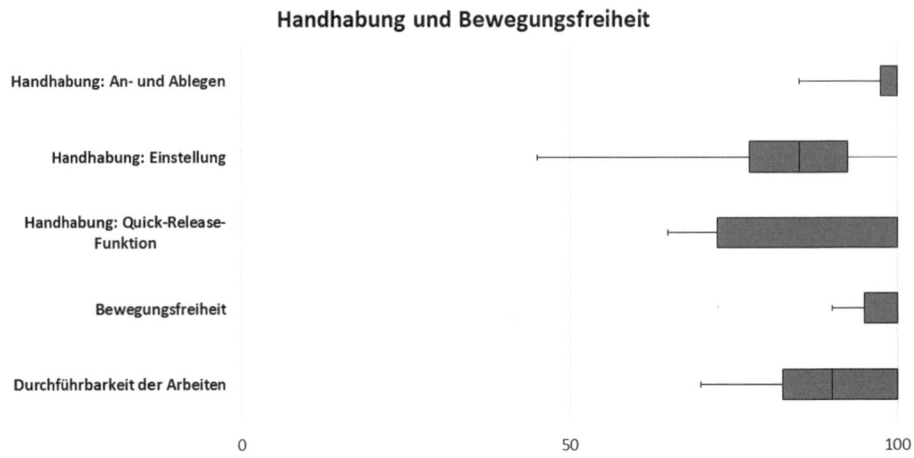

Abb. 4.2 Bewertungsergebnisse Handhabung und Bewegungsfreiheit. (Eigene Erhebung)

- die Bedienbarkeit der Quick-Release-Funktion, mit der zwischen Arbeits- und Ruheposition gewechselt werden kann, wird ebenfalls als sehr einfach bewertet (Median: 100)
- die Probanden fühlten sich zudem in ihrer Bewegungsfreiheit kaum oder nicht eingeschränkt (Median: 100)
- ebenfalls bewerteten die Probanden die Beeinträchtigung der durchgeführten Arbeitsaufgaben als gering (Median: 90)

Die subjektive Bewertung von Handhabung und Bewegungsfreiheit lässt den Schluss zu, dass die getestete Ergonomieunterstützungslösung kaum oder nur geringen Einfluss auf die Durchführung der gewohnten Arbeiten der Probanden hatten, die Gurte ließen sich leicht an- und ablegen und die Bewegungsfreiheit der Probanden im gewohnten Umfeld kaum oder nicht eingeschränkt war. Auch die Einstelloptionen wurden positiv bewertet, jedoch zeigt sich im Feedback, dass auf eine korrekte Auswahl der Gurtgrößen nach Körperstatur zu achten ist, um insbesondere in den Übergangsbereichen zwischen den verschiedenen Größen der Gurtmodelle mehr Spielraum bei der Einstellbarkeit des Gurtes zu haben. Einzelne Probanden wünschten sich beispielsweise mehr Spielraum zur Steigerung der Zugkraft der Gurte bzw. entsprechender Entlastung in der Zwangsbeugehaltung. Diese Erwartung spiegelte sich auch in der Bewertung der subjektiv gespürten Entlastung wider (siehe Abb. 4.4).

Die Bewertungsausprägungen des **Tragekomforts nach Körperbereichen und gesamt** sind ebenfalls in einem Kastendiagramm in Abb. 4.3 dargestellt. Auch hier sind wieder verschiedene Lageparameter der Bewertungsausprägungen (Maximum und Minimum als oberes und unteres Ende der Antennen, Median als vertikaler Strich und Quartile als Endpunkte der Balken) in einer Grafik abzulesen. Die Ausprägungen sind

4 Evaluierung einer tragbaren Ergonomieunterstützungslösung ...

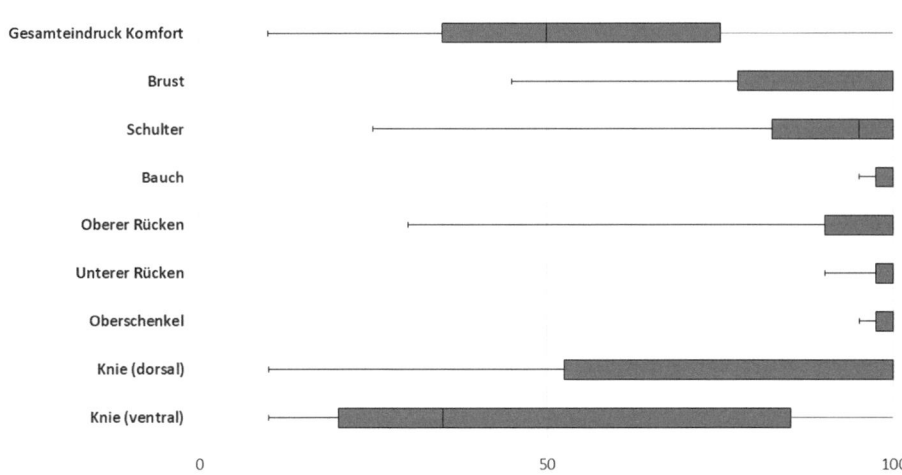

Abb. 4.3 Bewertungsausprägungen des Tragekomforts nach Körperbereich und allgemein. (Eigene Erhebung)

auf einer Skala 0 bis 100 dargestellt, mit der Ausprägung 0 zum Beispiel für „maximales Unbehagen" und der Ausprägung 100 für „ohne Beschwerden".

Der allgemeine Tragekomfort der getesteten Ergonomieunterstützungslösung wird von den Probanden durchschnittlich bewertet mit sehr positiven sowie negativen Ausprägungen, was das Streuungsmaß (Abweichung zwischen dem größten und dem kleinsten Ausprägungswert, Spannweite = 90) der Antworten deutlich macht.

Die Bewertung des Gesamtkomforts liegt im moderaten Komfortbereich (Median: 50). Zwar wird der lokale Tragekomfort an Brust (Median: 100), Schulter (95), Bauch (100), Rücken (100), Oberschenkel (100) sowie im dorsalen Kniebereich (100) überwiegend positiv bewertet, jedoch führten von den Probanden geäußerte leichtere bis schwerere Komforteinschränkungen im ventralen Bereich des Knies (Median: 35) zur verhaltenen Bewertung des Gesamttragekomforts der untersuchten Ergonomieunterstützungslösung.

Dem Kastendiagramm in Abb. 4.4 sind die Bewertungsausprägungen des Feedbacks der Probanden zur subjektiv wahrgenommenen **Unterstützung und Entlastung** zu entnehmen. Die Ausprägungen sind auch hier wieder auf einer Skala 0 (keine Entlastung oder Unterstützung) bis 100 (hohe Entlastung/starke Unterstützung) dargestellt.

- Demnach bot Ergonomieunterstützungslösung bei der Ausführung der Aufgaben in den betrachteten Arbeitsprozess „Palettierung" und „Kommissionierung" eine moderate Unterstützung (Median: 55). Dies spiegelt auch das offene Feedback der Probanden wider, die die Ausführung ihrer Arbeit durch das getestete System weder wesentlich eingeschränkt noch wesentlich unterstützt sahen.

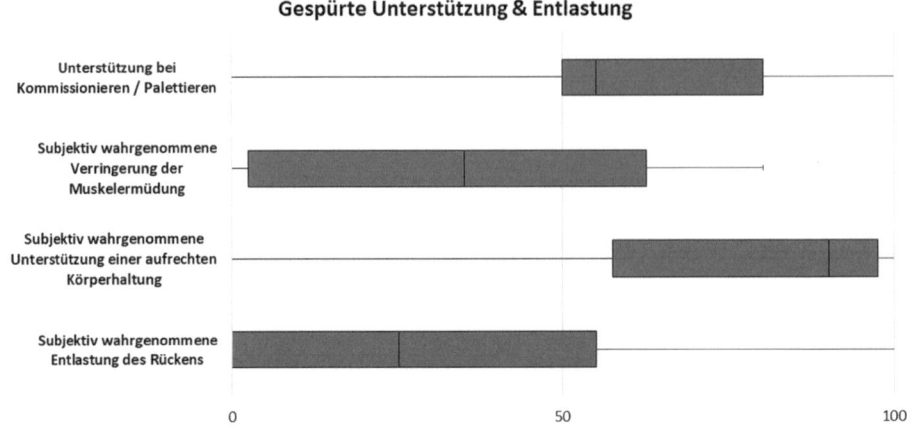

Abb. 4.4 Bewertungsausprägungen der subjektiv wahrgenommenen Unterstützung und Entlastung (Eigene Erhebung)

- Positiv bewertet wurde die subjektiv wahrgenommene Unterstützung bei einer aufrechten Körperhaltung (Median: 9).
- Hingegen wurde von den Probanden nur eine geringe bis moderate Verringerung der Muskelermüdung (Median: 35) sowie eine geringe Entlastung des Rückens (Median: 25) wahrgenommen.

Zum Abschluss wurden die Probanden noch gebeten, die getestete Ergonomieunterstützungslösung insgesamt zu bewerten durch Vergabe einer Schulnote sowie die Bereitschaft zur erneuten Nutzung anzugeben auf einer Skala zwischen sehr geringe (0) bis sehr hohe (100) Bereitschaft. Die Ausprägungen der Antworten zur weiteren **Nutzungsbereitschaft** und **Gesamtbewertung** sind in Abb. 4.5 dargestellt.

Die Gesamtbewertung der getesteten Ergonomieunterstützungslösung fällt moderat bis leicht positiv aus, jedoch mit einem entsprechend hohen Streuungsmaß

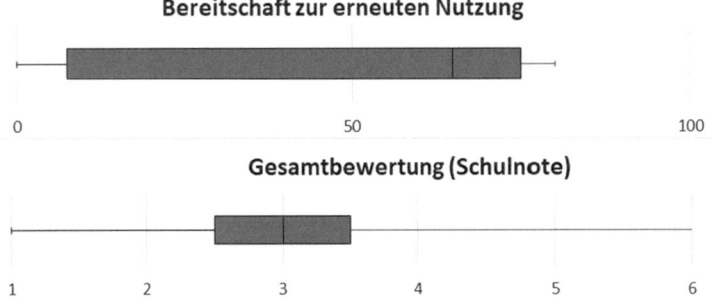

Abb. 4.5 Bewertungsausprägungen Nutzungsbereitschaft und Gesamtbewertung

Tab. 4.2 Übersicht Bewertungen nach statistischen Größen Median, MAD sowie Spannweite

		Median	MAD	Spannweite
Handhabung	Durchführbarkeit der Arbeiten	90	9	30
	Bewegungsfreiheit	100	3	10
	Quick-Release-Funktion	100	13	35
	Einstellung	85	12	55
	An- und Ablegen	100	3	15
Komfort	Knie (ventral)	35	31	90
	Knie (dorsal)	100	26	90
	Oberschenkel	100	1	5
	Unterer Rücken	100	2	10
	Oberer Rücken	100	13	70
	Bauch	100	1	5
	Schulter	95	16	75
	Brust	100	14	55
	Gesamtkomfort	50	24	90
Subjektiv wahrgenommene Unterstützung, Entlastung	Rückenbereich	25	30	100
	Aufrechte Körperhaltung	90	26	100
	Verringerung der Muskelermüdung	35	29	80
	Bei Kommissionieren/Palettieren	55	23	100
Bereitschaft zur nochmaligen Nutzung		65	31	80
Gesamtbewertung (Schulnote 1–6)		3	1	5

der Bewertungsausprägungen, sowohl was die Bewertung nach Schulnote (Median: 3, Spannweite: 5) als auch die weitere Nutzungsbereitschaft anbelangt (Median: 65, Spannweite: 80). Vier von sieben Probanden äußerten positive Bereitschaft zur erneuten Nutzung der Ergonomieunterstützungslösung.

Tab. 4.2 fasst nochmal die Bewertungsausprägungen nach statistischen Größen Median, MAD sowie Spannweite zusammen. Aufgrund des geringen Stichprobenumfangs wird auf die Spannweite als Streuungsmaß zurückgegriffen, die die Abweichung zwischen dem größten und dem kleinsten Ausprägungswert wiedergibt (Xmax – Xmin).

4.5 Diskussion und Fazit

Das aus Mitteln des Europäischen Fonds für regionale Entwicklung (EFRE) und des Landes NRW geförderte Projekt ADINA (Automatisierungstechnik und Ergonomieunterstützung für innovative Kommissionier- und Umschlagkonzepte der Logistik in

NRW) widmet sich der Analyse bestehender Techniken zur Automatisierung und Ergonomieunterstützung sowie deren Implementierung in spezifischen Anwendungsfeldern der Logistik.

Dieser Aufsatz beschreibt das Vorgehen und die Ergebnisse der Evaluation einer tragbaren Ergonomieunterstützungslösung, die im Rahmen des Projektes ADINA bei drei Unternehmen im Praxisbetrieb getestet und von den sieben Probanden im Anschluss bewertet wurde. Im Rahmen der Feldstudie wurden die Einsatzpotenziale und die Nutzerakzeptanz im Hinblick auf die subjektiv gespürte Unterstützung und Entlastung als auch den Tragekomfort untersucht.

Die Ergonomieunterstützungslösung wurde vom Großteil der Probanden für sinnvoll bewertet und der überwiegende Teil der Nutzer hat auch eine leichte Entlastung bzw. subjektiv positive Lenkung zu aufrechter Körperhaltung wahrgenommen. Sehr positiv bewertet wurde zudem, dass die getestete Lösung ein geringes Eigengewicht hat sowie flexibel im gewohnten Arbeitsumfeld, auch in Kombination mit Flurförderzeugen, einsetzbar ist. Das Arbeitstempo und die Prozessqualität wurden zudem nicht oder nur unwesentlich tangiert.

Der Einsatz des getesteten Soft-Exoskelettes ist dort sinnvoll, wo regelmäßig Tätigkeiten in Zwangshaltungen durchgeführt werden, zum Beispiel bei regelmäßigem Vorbeugen. Es bietet jedoch keine Unterstützung für die Arme beim Heben schwerer Lasten und sollte daher als Ergänzung zu organisatorischen und technischen (zum Beispiel Hubwagen, Kran, Vakuumheber) Maßnahmen gesehen werden. Die Erwartungen an die direkt wahrnehmbare Entlastung und Kraftunterstützung eins Exoskeletts sind zum Teil sehr hoch, was auch in den persönlichen Feedbacks zum Ausdruck kam.

Reagierten die Probanden mit einer deutlichen Erhöhung der Zugspannung der Gurte, hatte das wiederum Auswirkungen auf den Tragekomfort. Sehr unterschiedlich wurde der Tragekomfort im Kniebereich bewertet. Vereinzelt berichteten die Probanden zudem von leichten Druckstellen im Brust- oder oberen Rückenbereich, was auch auf eine enge Einstellung des Gurtes zurückzuführen war und durch Lockerung der Zugspannung oder Auswahl einer alternativen Größe behoben werden konnte.

Im Rahmen der Pilotierung wurde darauf geachtet, dass jeder Proband ein eigenes auf ihn angepasstes Soft-Exoskelett testen durfte und somit kein Wechsel des Soft-Exoskelett zwischen Arbeitsschichten und Probanden stattfinden musste. Somit waren Neueinstellungen der Gurte zu Beginn der Arbeitszeiten nur in Ausnahmen notwendig. Ebenfalls konnte auf einen Wechsel von getragenen Gurten zwischen Probanden verzichtet werden. Jedoch lässt sich nicht gänzlich ausschließen, dass es im Rahmen des Tests bei zwei Probanden desselben Unternehmens zu Verwechslungen der Gurte kam und dies die Bewertung des Komforts beeinträchtigt hat. Daher ist es ratsam, den Nutzerinnen und Nutzern die Möglichkeit zu bieten, ihre Ergonomieunterstützungslösung zum Beispiel unter Zuhilfenahme eines Kleiderbügels im eigenen Spint aufzubewahren.

Trotz der zuvor genannten Einschränkungen im Tragekomfort lag die subjektive Bewertung des Gesamtkomforts im moderaten Bereich. Vier von sieben Probanden äußerten positive Bereitschaft zur erneuten Nutzung der Ergonomieunterstützungslösung. Weitere wünschen sich eine Verbesserung des Tragekomforts im Kniebereich oder mehr Entlastung bzw. Unterstützung bei der Arbeit. Der Hersteller des pilotierten Soft-Exoskelettes hat auf Basis der Rückmeldungen und Ergebnisse der Pilotierung einen optionalen Kniegurt entwickelt, der zu einer Verbesserung des Tragekomforts im Kniebereich beitragen soll.

Eine weitere, länger andauernde Pilotierung unter Begutachtung der Muskelaktivitäten wäre sinnvoll, um weitere Erkenntnisse hinsichtlich der langfristigen Entlastungswirkung eines Soft-Exoskelettes zu gewinnen. Mit Nutzerinnen und Nutzern von Ergonomieunterstützungslösungen sollten die Erwartungen realistisch besprochen und es sollte auf die möglichen langfristigen Vorteile der Nutzung von Ergonomieunterstützungslösung hin sensibilisiert werden.

Aufgrund der Konstellation des Studienaufbaus fiel die Stichprobengröße klein aus und es nahmen nur männliche Probanden an der Pilotierungsphase teil, was durchaus repräsentativen Charakter für die betrachteten Arbeitsprozesse hat. Zwecks Ausweitung der Stichprobengröße und Einbeziehung weiterer Nutzergruppen wäre ein Labortest denkbar. Ebenfalls gilt es zu untersuchen, inwieweit die getestete Exoskelett-Lösung auch weiteren Mitarbeitergruppen (zum Beispiel Leistungsgewandelten) die Arbeit in den durch hohe Lastenhandhabungen geprägten Tätigkeitsbereichen ermöglichen.

Literatur

BAG Bundesamt für Güterverkehr. (2020). Marktbeobachtung Güterverkehr, Auswertung der Arbeitsbedingungen in Güterverkehr und Logistik 2019-II – Berufe der Lagerwirtschaft, Berufe für Post- und Zustelldienste. https://www.bag.bund.de/SharedDocs/Downloads/DE/Marktbeobachtung/Turnusberichte_Arbeitsbedingungen/AGL_2019-II.pdf?__blob=publicationFile. Zugegriffen: 4. Mai 2020.

Döring, N., & Bortz, J. (2016). *Forschungsmethoden und Evaluation in den Sozial- und Humanwissenschaften*. Springer. https://doi.org/10.1007/978-3-642-41089-5.

Eid, M., Gollwitzer, M., & Schmitt, M. (2013). *Statistik und Forschungsmethoden*. Beltz. ISBN: 9783621278348. https://content-select.com/de/portal/media/view/519cc0c7-24e0-4d29-8d98-23ef5dbbeaba?forceauth=1.

Gruchmann, T., Klumpp, M., Hanke, T., & Nestler, K. (2018a). *Innovative Kommissionier- und Umschlagkonzepte der Logistik – der fachliche Ansatz des Forschungsprojektes ADINA* (Bd. 61). ild Schriftenreihe der FOM. ISSN 1866-0304.

Gruchmann, T., Nestler, K., Brauckmann, A., Schneider, J., Fischer, C., & Hecht, A. (2018b). *ADINA – Hürden und Treiber für die Umsetzung innovativer Automatisierungstechnik und Ergonomieunterstützung der Intralogistik* (Bd. 63). ild Schriftenreihe der FOM. ISSN (Print) 1866-0304, ISSN (eBook) 2569-5355.

Hanke, T., Klumpp, M., Noche, B., Krumme, K., & Kochsiek, J. (2018). Automatisierungstechnik und Ergonomieunterstützung für innovative Kommissionier- und Umschlagkonzepte der Logistik. In H. Proff & T. M. Fojcik (Hrsg.), *Mobilität und digitale Transformation* (S. 377–392). Springer. https://doi.org/10.1007/978-3-658-20779-3_23.

Hein, C. M., Pfitzer, M., & Lüth, T. C. (2016). Evaluierung der Nutzerakzeptanz tragbarer Hilfsmittel zur passiven Kraftunterstützung für Altenpflegekräfte. In R. Weidner (Hrsg.), *Konferenzband Zweite transdisziplinäre Konferenz „Technische Unterstützungssysteme, die die Menschen wirklich wollen"* (S. 79–87).-Schmidt-Universität. https://www.researchgate.net/profile/Robert_Weidner/publication/311669596_Technische_Unterstutzungssysteme_die_die_Menschen_wirklich_wollen_Band_zur_zweiten_transdisziplinaren_Konferenz_2016/links/5853896e08ae0c0f322284e1/Technische-Unterstuetzungssysteme-die-die-Menschen-wirklich-wollen-Band-zur-zweiten-transdisziplinaeren-Konferenz-2016.pdf#page=91. Zugegriffen: 6. Apr. 2020.

Hoene, A., Jawale, M., Neukirchen, T., Bednorz, N., Schulz, H., & Hauser, S. (2019). *Bewertung von Technologielösungen für Automatisierung und Ergonomieunterstützung der Intralogistik* (Bd. 64). ild Schriftenreihe der FOM. ISSN (Print) 1866-0304, ISSN (eBook) 2569-5355.

Morita. (2020). Rakunie support wear products Morita group. https://www.morita119.com/en/products/supportwear/rakunie/001.html. Zugegriffen: 22. Mai 2020.

N-IPPIN. (2019a). *SOFT-EXXO-Rücken-Protect-System*. Produktflyer der N-IPPIN GmbH.

N-IPPIN. (2019b). Rakunie Soft Exo Skelett/Rücken Protect System Anziehen. Erklärvideo zum rakunie Soft Exo Skelett. https://www.youtube.com/watch?v=7yM_uxs_LOM. Zugegriffen: 22. Mai 2020.

N-IPPIN. (2020). Rakunie – bei Rückenschmerzen am Arbeitsplatz. N-Ippin. https://shop.n-ippin.com/rakunie-ruecken-protect-system/. Zugegriffen: 22. Mai 2020.

Projekt EXPERTISE 4.0. (o. J.). https://www.wiqqi.de/de/content/expertise40. Zugegriffen: 22. Mai 2020.

Schick, R. (13. November 2018). Exoskelette in der Arbeitswelt. Präsentation auf dem Fachsymposium „Arbeit 4.0" der Deutschen Gesetzlichen Unfallversicherung e.V. (DGUV) Berlin-Mitte. https://www.dguv.de/medien/landesverbaende/de/veranstaltung/termine/2018/documents/20181113_lv3_schick.pdf. Zugegriffen: 16. Apr. 2020.

Schick, R. (2019). Einsatz von Exoskeletten in Arbeitssystemen: Stand der Technik – Entwicklungen – Erfahrungen. In *Sicher ist sicher 03/19, Fachzeitschrift für Sicherheitstechnik, Gesundheitsschutz und menschengerechte Arbeitsgestaltung* (S. 107–113). Schmidt.

Schneider, J., Gruchmann, T, Hanke, T., & Brauckmann, A. (2019). Arbeitswelten der Logistik im Wandel. Automatisierungstechnik und Ergonomieunterstützung für eine innovative Arbeitsplatzgestaltung in der Intralogistik. In B. Hermeier, T. Heupel, & S. Fichtner-Rosada (Hrsg.), *Arbeitswelten der Zukunft. Wie die Digitalisierung unsere Arbeitsplätze und Arbeitsweisen verändert* (S. 51–66). Springer Gabler. https://doi.org/10.1007/978-3-658-23397-6_4.

Schulz, H., Bednorz, N., Lückmann, P., & Hauser, S. (2020). *Anwendung von passiven Exoskeletten in der Intralogistik – Ergebnisse und Tendenzen aus ersten Piloteinsätzen* (Bd. 66). ild Schriftenreihe der FOM.

Andreas Hoene (Dipl.-Volkswirt) ist wissenschaftlicher Mitarbeiter am Zentrum für Logistik und Verkehr der Universität Duisburg-Essen sowie Koordinator in nationalen und internationalen Verbund- und Industrieprojekten in den Schwerpunktbereichen Logistik, Verkehr und Mobilität, unter anderem zu intelligenter Steuerung von Verkehren, Parkraumbewirtschaftungskonzepten, nachhaltigen Logistik- und Mobilitätskonzepten sowie Automatisierungs- und Ergonomieaspekten in der Intralogistik.

 **Mandar Jawale** (M.Sc. Maschinenbau) ist wissenschaftlicher Mitarbeiter am Lehrstuhl für Transportsysteme und-logistik (TUL) der Universität Duisburg-Essen und Koordinator im Projekt ADINA und Industrieprojekten. Seine Arbeitsschwerpunkte sind Materialflusssimulation für Logistik und Produktion, Maschinelles Lernen und digitale Menschmodellierung.

Ergonomische Bewertung des Arbeitsplatzes mithilfe einer Laborstudie zur Prüfung von Ergonomieunterstützungslösungen

Mandar Jawale, Andreas Hoene und Fuyin Wei

Inhaltsverzeichnis

5.1	Einleitung	62
5.2	Laborstudie	63
	5.2.1 Zielsetzung	64
	5.2.2 Arbeitsplatzbewertung	64
	5.2.3 Testgeräte, Sensoren und Datenaufnahme	65
	5.2.4 Fragebogen und Interaktion mit den Teilnehmern	66
5.3	Laborstudie im Projekt ADINA	66
5.4	Zusammenfassung	70
Literatur		70

Zusammenfassung

Infolge der industriellen Automatisierung führen Maschinen immer mehr Fertigungsprozesse mit hoher Geschwindigkeit, Konsistenz und Genauigkeit durch. Dies hat Kosten gesenkt, die Qualität verbessert und Ausschussmengen reduziert. Die Industrie 4.0 hat ein neues Zeitalter der Digitalisierung und Automatisierung eingeleitet, das durch den Maschineneinsatz in Bezug auf Produktion, Kosten und Zeit profitiert. Die Rolle des Menschen in der Produktion 4.0 hat sich geändert, aber der Mensch wird

---

M. Jawale (✉) · A. Hoene · F. Wei
Universität Duisburg-Essen, Duisburg, Deutschland

© Der/die Autor(en), exklusiv lizenziert an Springer Fachmedien Wiesbaden GmbH, ein Teil von Springer Nature 2022
M. Klumpp et al. (Hrsg.), *Ergonomie in der Intralogistik*, FOM-Edition,
https://doi.org/10.1007/978-3-658-37547-8_5

weiterhin eine Schlüsselrolle insbesondere bei manuellen, Flexibilität erfordernden Tätigkeiten sowie zur Überwachung automatisierter Prozesse einnehmen. In diesem Beitrag wird ein Laboruntersuchungsverfahren beschrieben, mit welchem das biomechanische Risiko einer manuellen Lastenhandhabung in einer Testumgebung bewertet wird. Die Daten aus der Laborstudie können verwendet werden, um das Risiko für Muskel-Skelett-Erkrankungen zu bewerten und eine präventive, ergonomische Lösung zu entwerfen. Die Wirksamkeit der Lösung kann vor der Implementierung beurteilt werden. Zu diesem Zweck werden die Ergebnisse der Studie und deren Implikationen erörtert.

5.1 Einleitung

Durch Technologieeinsatz können Arbeitskräfte bei repetitiven, körperlich anstrengenden und arbeitsintensiven Tätigkeiten unterstützt oder entlastet werden. Auf diese Weise kann eine sicherere und produktivere Arbeitsumgebung geschaffen und gleichzeitig die Technologie in den Arbeitsplatz integriert werden. Dies gilt insbesondere für die Produktions- und Lagerindustrie, in der es einen Mangel an Fachkräften gibt (vgl. BVL, 2017). In der Produktions- und Lagerbranche gibt es betriebliche Herausforderungen wie die Zunahme von Bestandseinheiten (Stock Keeping Units, SKU) und saisonalen Auftragsspitzen. Das bedeutet, dass die Arbeitskräfte schneller und flexibler arbeiten müssen, um auf Auftragsschwankungen reagieren zu können (vgl. Cimini et al., 2019).

Der Liefer- und Fulfillmentbereich stellt eine hohe Belastung für die Arbeitnehmer dar, zum Teil auch mit einem erhöhten Risiko für Verletzungen. Viele davon resultieren aus der Arbeit. Die Kommissionierer im Lager haben ein Risiko, Muskel-Skelett-Erkrankungen, Muskelzerrungen, Verstauchungen oder Verletzungen zu erleiden, verursacht durch sich wiederholende und anstrengende Lastenhandhabungen und Bewegungen, zum Beispiel in Form von seitlichem Verdrehen, Bücken, Greifen oder schwerem Heben. Die Gesundheitsrisiken hindern Arbeitnehmer daran, länger zu arbeiten, und machen das Berufsfeld für eine Karriere weniger attraktiv.

Muskel-Skelett-Erkrankungen sind ein häufig auftretendes Risiko bei Lager- und Produktionsarbeiten. Die am häufigsten berichteten Beschwerden in solchen Arbeitsbereichen sind Schmerzen in den oberen Gliedmaßen, Nackenschmerzen und Schmerzen im unteren Rücken. Diese Muskel- und Skelett-Erkrankungen entstehen, wenn über einen längeren Zeitraum das Muskel-Skelett-System belastet wird. Die häufigsten Vorkommnisse sind auf schweres Heben oder wiederholtes Picken zurückzuführen. In Tab. 5.1 sind Ursachen für Muskel- und Skelett-Erkrankungen aus dem Lagerbereich dargestellt.

Manuelle Handhabungen, ungünstige Arbeitspositionen und bestehende Gesundheitsbeschwerden können Muskel- und Skelett-Erkrankungen verstärken. Die manuellen

Tab. 5.1 Ursachen für Muskel- und Skelett-Erkrankungen bei Lagerfachkräften. (Quelle: HSE Warehousing and storage, 2007, S. 53)

Bewegung/Ladung	Körperhaltung	Arbeitsumgebung	Psychologische Faktoren
Schweres Heben	Beugen	Temperaturbedingt (Kälte oder Hitze)	Hohe Arbeitsbelastung
Häufig wiederholende Tätigkeiten	Verdrehen	Luftfeuchtigkeit/Lufttrockenheit	Termin-/Fristendruck
	Lange Standposition/Zwangsbeugehaltungen	Fehlende Lüftung	Arbeitsdruck

Lastenhandhabungen können einzeln oder als Kombination aus Ziehen, Schieben, Tragen, Heben, Drehen oder Senken klassifiziert werden. Auch einfache, wiederholende Bewegungen, zum Beispiel harmlos erscheinendes Hin- und Herbewegen kann auf Dauer den Körper einseitig belasten (vgl. Colombini, 2002, S. 43–45). Ebenso schnelle, sich wiederholende Bewegungen. Der Hebeaktivität geht meist eine Beugeaktivität voraus, gefolgt von einer Platzierung des gehobenen Objektes. Wie beim Tragen oder Verdrehen wirkt sich hier auch das Gewicht der Last auf den Hebevorgang aus (vgl. Thomas et al., 2013, S. 24). Daher ist es wichtig, das Risiko am Arbeitsplatz zu minimieren, um medizinische Kosten, Arbeitsausfälle und Produktivitätsverluste zu vermeiden, zum Beispiel durch den Einsatz von Automatisierungs- und Ergonomieunterstützungstechnologien.

5.2 Laborstudie

Die Implementierung einer Automatisierungs- und Ergonomieunterstützungslösung am Arbeitsplatz sollte machbar, praktikabel und einfach sein. Es ist wichtig, jede Lösung über einen angemessenen Zeitraum zu testen. Im realen Betrieb herrscht in der Regel Zeitdruck bei der Ausführung der Tätigkeiten. Lagerleiter müssen Produktivitätsverluste für das Testen und Bewerten jeglicher Lösungen am Arbeitsplatz rechtfertigen. Daher ist es wichtig, dass der Testprozess begrenzte Zeit- und Mitarbeiterressourcen in Anspruch nimmt. Teilnehmer müssen für den Test motiviert, vorbereitet und abgestellt werden. Der Erfolg der Implementierung hängt auch davon ab, wie die Idee präsentiert und ob Bedenken ausgeräumt werden können.

Aus der Sicht der Mitarbeiter stellt sich die Frage der Akzeptanz. Die Technologieeinführung am Arbeitsplatz wird mit Skepsis betrachtet, insbesondere im Hinblick auf mögliche Automatisierung manueller Prozesse und damit verbundenen Vorstellungen die Technologie betreffend, der Sorge vor der Bewertung ihrer Arbeitsleistung oder dem Verlust des Arbeitsplatzes (vgl. Eric, 2019). Dies wiederum verhindert die nutzerorientierte

Bewertung einer Lösung. Aufgrund verzerrten Feedbacks können bestimmte Probleme der Lösung nicht vorhergesehen werden bzw. kommt es zu einer negativen Bewertung der Technologie aufgrund unzureichender Erklärung dieser.

Lösungsansätze, die in realen Arbeitsumgebungen schwer vorhersehbar sind, können daher mithilfe einer Laborstudie überprüft und validiert werden.

Die Regeln zur Festlegung einer Laborstudie sollten zielorientiert, strukturiert und nicht komplex sein. Sie sollten sich auf das Ziel des Tests, die zu emulierende Arbeitsumgebung, die zu verwendende Ausrüstung und die Analyse der Ergebnisse konzentrieren.

5.2.1 Zielsetzung

Einer der Gründe für die Durchführung eines Labortests ist die Erhebung genügend statistischer Daten. Außerdem sollte es eine klare Fragestellung geben, die im Test untersucht wird. Es ist wichtig, die Parameter und Experimente klar zu definieren. Jede Unklarheit in den Zielen des Tests kann zu einer falschen Interpretation der Ergebnisse führen. Dies kann zu einer falschen Entscheidungsfindung führen.

5.2.2 Arbeitsplatzbewertung

Bevor eine Testumgebung eingerichtet wird, ist der Arbeitsplatz zu beurteilen. Diese Beurteilung hilft bei der Emulierung der Umgebung, was für den Erfolg der Forschung wichtig ist. Die folgenden Faktoren sollten in Betracht gezogen werden (vgl. HSE, 2007, S. 55):

- Arbeitsprozess
- Last
- Arbeitsplatz
- Mitarbeiter und Mitarbeiterinnen
- Verschiedenes

Bei der Aufzeichnung des **Prozesses** sollte den Körperhaltungen und -bewegungen größte Bedeutung beigemessen werden, da diese das Layout der Laborstudie bestimmen:

- Stehend: auf beiden Beinen, Dauer des Stehens (viele oder wenige Stunden)
- Vorwärtsbeugen, teilweises Beugen
- Verdrehen in der Hüfte
- Ziehen und Schieben von Lasten
- Wiederholungen

Die **Last** spielt eine wichtige Rolle bei der Bewegungseinschränkung des Körpers. In der Standardpraxis sind die Lasten (Packstücke, Getränkegebinde) meist rechteckig mit unterschiedlichen Abmessungen. Aus der Variation der Abmessungen resultieren unterschiedliche Griffe beim Tragen, Halten und Bewegen von Objekten. Die Last kann klein, groß, sperrig, schwer oder rutschig sein. Die Arbeiterinnen und Arbeiter müssen die Last entsprechend ihrer Eigenschaften handhaben.

Die physischen Eigenschaften des **Arbeitsplatzes** können ebenfalls zu einer unergonomischen Situation für Mitarbeiterinnen und Mitarbeiter beitragen. Der Arbeitsplatz kann eng, überfüllt, die Position von Zusatzgeräten weit entfernt sein oder der Mitarbeiter muss die Arme weit ausstrecken, um auf Geräte oder verschiedene Ebenen zugreifen zu können.

Arbeitsvorgänge können geschlechtsspezifisch sein oder bestimmte körperliche Fähigkeiten erfordern. Deshalb ist es unerlässlich, die Belastungsfähigkeit der Mitarbeiter und Mitarbeiterinnen zu analysieren, damit die Konformität des gegebenen Prozesses am Arbeitsplatz eine besondere Anforderung darstellt. Diese kann nur von Mitarbeitern und Mitarbeiterinnen mit einer bestimmten körperlichen Eigenschaft, einem bestimmten Prozesswissen oder von einer bestimmten Person erfüllt werden (vgl. Jungsun et al., 2017, S. 75–78).

Externe Einflussfaktoren, die sich nicht klassifizieren lassen, können unter *Verschiedenes* zusammengefasst werden. Zum Beispiel ein Arbeiter, der mit einem Gabelstapler arbeitet oder ein Kommissionierer mit Wearables (Pick-to-Voice-Gerät usw.). Die Berücksichtigung einer solchen externen Beobachtung kann bei einem ganzheitlichen Ansatz helfen.

5.2.3 Testgeräte, Sensoren und Datenaufnahme

Für die Laborstudie ist die Auswahl von Testgeräten und Sensoren von hoher Bedeutung, entscheiden diese doch über das Analyseverfahren und Wirksamkeit. Es ist wichtig, die Funktion der Sensoren und der aufzuzeichnenden Daten zu verstehen. Die folgenden Fragen sollten bei der Verwendung von Sensoren in einem Test beantwortet werden:

- Welche Art von Geräten oder Sensoren sollen verwendet werden?
- Soll das Gerät oder der Sensor am Körper getragen werden?
- An welchem Körperteil soll der Sensor angebracht werden?
- Wie stabil ist das Gerät oder der Sensor während des Prozesses?
- Wie wird das Gerät mit Strom versorgt und wie lange bleibt es in Betrieb?
- Wie weit wird das Gerät vom Arbeitsplatz entfernt positioniert?
- Soll das Gerät in einem bestimmten Winkel aufgestellt werden oder erfordert es ein bestimmtes Beleuchtungssystem?
- Sind die aufgezeichneten Daten anonym?

- Wie werden die Daten verarbeitet?
- Wird der Datenschutz des Teilnehmers respektiert?

5.2.4 Fragebogen und Interaktion mit den Teilnehmern

Dies ist der wichtigste Teil der Studie. Der Fragebogen und die Diskussion bieten eine eingehende Analyse der Ansichten der Teilnehmerinnen und Teilnehmer. Der Erfahrungsaustausch und das Feedback der Teilnehmerinnen und Teilnehmer trägt zum Verständnis der zu testenden Lösung bei und hilft, Stärken und Schwächen aufzuzeigen. Der mögliche Verbesserungsvorschlag kann aufgezeichnet und später angewendet werden. Der Fragebogen kann dabei helfen, qualitative und quantitative Daten auf der Grundlage der formulierten Frage festzulegen. Ein Hinweis zur Vorsicht: Es sollte ein einheitlicher Fragebogen für die Tests am Arbeitsplatz und die Laborstudie verwendet werden. Dadurch sollten Diskrepanzen bei den Ergebnissen vermieden werden. Die qualitativen und quantitativen Daten sollten analysiert werden, um festzustellen, ob die Ziele der Laborstudie erreicht werden. Die aus dem Fragebogen abgeleitete Analytik kann über den Erfolg der Lösung und deren Umsetzung entscheiden. Sie kann auch versuchen, nicht sichtbare Aspekte hervorzuheben, die am tatsächlichen Arbeitsplatz nicht ermittelt werden konnten.

5.3 Laborstudie im Projekt ADINA

Das Ziel der Laborstudie war, die Ergebnisse der Pilotstudie (Kap. 4) zu verifizieren und zu validieren, entsprechend wurde mit den gleichen Fragebögen gearbeitet, um das Feedback der Teilnehmer einzuholen. Die Ergebnisse der Studie wurden zur Analyse der kritischen Fragen verwendet (vgl. Schulz et al., 2020, S. 18–19). Zum Einsatz kam das Soft-EXXO Rücken-Protect-System rakunie (2. Generation) in zwei Unisexgrößen (M, L). Die Altersspanne der Teilnehmer lag zwischen 24 und 35 Jahren.

Die Laborstudie hat folgende Fragen untersucht:

- Kommt es zu einem Verrutschen des Skelettbandes in der Knieposition?
- Erzeugt die Ergonomieunterstützungslösung Druckstellen an den Schultern?
- Wie ist die Rumpfposition?
- Wie ist die Körperstabilität?

Laborstudie Einrichtung Daten
- Abstand zwischen Entnahme- und Abstellfläche: 3 m
- Tragegewicht: circa 9 kg je Sixpack (6 PET-Flaschen Wasser 1,5 L PET-Flaschen Wasser)
- Anzahl Sixpack je Runde: 9 Stück

- Testdauer: Ø 4 bis 5 min (3 Runden)
- Runde 1: Ohne Soft-Skelett
- Runde 2: Mit Soft-Skelett
- Anzahl Probanden (n): 15

In Vorbereitung der Laborstudie wurde die Arbeitsumgebung definiert. Es wurde eine Testumgebung aufgebaut, in der die Teilnehmenden sechs Sixpacks à 1,5 L-Flaschen Wasser von Punkt A nach B tragen mussten, die drei Meter voneinander entfernt lagen. Somit konnten in der Testumgebung die Lastenhandhabungen Beugen, Heben und Tragen nachgebildet und beobachtet werden. Die Teilnehmenden mussten den Test in zwei Runden durchführen. In der ersten Runde ohne Ergonomieunterstützungslösung und in der zweiten Runde mit Soft-Skelett. Nach jeder Runde beantworteten die Teilnehmenden einen Fragebogen und berichteten über die gemachten Erfahrungen. Die Eckdaten zur Laborstudie sind in der vorstehenden Übersicht aufgeführt.

Für die Bewegungserkennung wurde ein Microsoft-Kinect-Sensor verwendet. Der Kinect ist eine Produktlinie von Eingabegeräten mit Bewegungssensorik, die von Microsoft hergestellt und 2010 erstmals veröffentlicht wurde. Die Technologie umfasst eine Hardware mit RGB-Kameras, Infrarotprojektoren und Detektoren, die die Tiefe abbilden. Das Gerät führt Gestenerkennung, Spracherkennung und Skeletterkennung in Echtzeit durch. Auf diese Weise kann Kinect als freihändige natürliche Benutzerschnittstelle zur Interaktion mit einem Computersystem verwendet werden (vgl. Haggag et al., 2013, S. 496). Der Bewegungssensor wurde zur Abbildung von Körperhaltungen und -winkeln verwendet. Die Körperhaltungswinkel bildeten die Grundlage für die Auswertung beim Vergleich der Szenarien ohne und mit Soft-Skelett. Der Bewegungssensor erfordert, dass sich das Testobjekt in einem Bereich von 0,5 m bis 1,5 m vor dem Sensor bewegt. Er kann nicht erkennen, wenn in einem Testfeldbereich eine Störung durch eine zweite Person auftritt. Daher stellt es eine Herausforderung dar, es an einem tatsächlichen Arbeitsplatz einzusetzen, an dem viele Personen in der Nähe arbeiten.

Der Bewegungssensor ist zusammen mit den Infrarotsensoren und der Kamera integriert. Für Laborstudien haben wir die Kamera auf 20 Bilder pro Sekunde eingestellt. Sie nimmt 20 Fotos pro Sekunde von der sich bewegenden Person auf und zeichnet so jede Bewegung des Körpers auf. Der Sensor bildet die Probanden in Form eines menschlichen Skeletts ab. Die Winkel werden aus der Skelettposition des Körpers berechnet.

Die aufgenommenen Fotos sind in zwei Haltungskategorien mit mehreren Positionen unterteilt: Rumpfposition und Beinposition. Die Rumpfposition während der Tätigkeit wird in drei Kategorien definiert. Die Haltungsklassifikationen wurden als neutral definiert (< 20 Grad Biegung oder Verdrehung in jede Richtung), leichte Beugung nach vorn (21–45 Grad), starke Beugung (Beugung > 45 Grad) (vgl. Punnett et al., 1991, S. 336). Für einen vierminütigen Test werden durchschnittlich 4300 Aufnahmen gemacht. Anschließend wurden sie in Positionskategorien, wie in Tab. 5.2 definiert, sortiert.

Tab. 5.2 Rumpfposition und Beinposition. (Quelle: McAtamney & Corlett, 1993)

Rumpfposition	Position 1	Position 2	Position 3
Winkel	0°–20°	21°–45°	>45°
Beinposition	Position 1	Position 2	
Haltung	Beide Beine auf dem Boden	Nicht gut unterstützt und gleichmäßig ausbalanciert	

Die Position 1 ist die akzeptabelste Position. Eine Verbesserung in dieser Position über lange Zeit wird die Ermüdung von Muskeln verringern. Die Sensordaten zeigen, dass das weiche Exoskelett hilft, die aufrechte Rumpfposition zu verbessern. Die verbesserte aufrechte Position des Rumpfes zeigt, dass das Körpergewicht besser ausgeglichen wird. Dies spiegelt sich in den Beobachtungen für die Beinposition wider. Die Analyse der Sensordaten zeigte, dass es eine 3–5 %ige Verbesserung der Rumpfposition gab, die Teilnehmenden den Rücken demnach gerader hielten und weniger belasteten. Die Beinposition der Teilnehmenden verbesserte sich um 2 %. Tab. 5.3 zeigt eine Auswertung ohne und mit Softskellet für Position 1. Die Teilnehmerinnen und Teilnehmer balancierten ihr Körpergewicht auf beiden Beinen aus, wodurch die Ermüdung auf lange Zeit verringert wurde.

Ein ergänzender Fragebogen wurde den Teilnehmenden zum Meinungsaustausch zur Verfügung gestellt. Der Fragebogen umfasste Fragen zu sechs Daten- und Themenblöcken und war zwecks Vergleichbarkeit der Ergebnisse in Anlehnung an den Fragebogen der ersten Pilotierungsphase des ADINA-Projektes (vgl. Schulz et al., 2020) konzipiert worden. Die Bewertung der unterschiedlichen Kriterien erfolgte überwiegend mithilfe einer visuellen Analogskala in 5er-Schritten von 0 (negative Ausprägung) bis 100 (positive Ausprägung). Die Gesamtbewertung der getesteten Lösung erfolgte auf Schulnotenbasis mit sehr gut (1) bis ungenügend (6). Die detaillierte Methodik der Fragebögen und Bewertung wurde bereits in Kap. 4 erläutert. Tab. 5.4 fasst die Bewertungsausprägungen nach statistischen Größen Median, Median der Abweichungsbeträge (MAD) sowie Spannweite zusammen.

Die Beobachtungen aus dem Fragebogen zeigen, dass das Soft-Exoskelett positiv bewertet wird. die Bewertung für den Kniekomfort ist etwas ungünstig bewertet worden. Dies entspricht der früheren Aussage von Beschwerden im Kniebereich aus dem Kap. 4.

Tab. 5.3 Auswertung der Sensordaten

	Position	Ohne Soft-Skelett	Mit Soft-Skelett	Verbesserung
Rumpfposition	Position 1	27,6 %	31,4 %	3,8 %
Beinposition	Position 1	15,4 %	17,7 %	2,3 %

5 Ergonomische Bewertung des Arbeitsplatzes …

Tab. 5.4 Übersicht Bewertungen nach statistischen Größen Median, MAD sowie Spannweite von Laborstudie

		Median	MAD	Spannweite
Handhabung	Durchführbarkeit der Arbeiten	90	9	30
	Bewegungsfreiheit	80	13	50
	Quick-Release-Funktion	90	7	50
	Einstellung	80	12	70
	An- und Ablegen	80	8	50
Komfort	Knie (ventral)	60	15	50
	Knie (dorsal)	80	15	70
	Oberschenkel	80	13	50
	Unterer Rücken	70	16	70
	Oberer Rücken	80	15	80
	Bauch	80	8	30
	Schulter	80	12	40
	Brust	80	10	40
	Gesamtkomfort	70	11	80
Subjektiv wahrgenommene Unterstützung, Entlastung	Rückenbereich	70	13	50
	Aufrechte Körperhaltung	70	8	40
	Verringerung der Muskelermüdung	70	11	60
	Bei Kommissionieren/Palettieren	80	14	50
Gesamtbewertung (Schulnote 1–6)		2	0,6	3

Der Fragebogen bestätigte auch die Beobachtungen des Verrutschens des Soft-Skeletts und der Druckstellen an den Schultern während der Pilotstudie. Neun von 15 Teilnehmenden berichteten über ein Verrutschen des Soft-Exoskeletts in der Knieposition. Sechs von 15 Teilnehmenden berichteten von Druckstellen an den Schultern. Die Teilnehmenden haben das Soft-Skelett positiv bewertet. 13 von 15 Teilnehmenden würden das Soft-Skelett gerne noch einmal ausprobieren. Die Ergebnisse der Befragung und der Sensordaten zeigen, dass die Probanden das Soft-Skelett positiv bewerten und es akzeptabel zu tragen ist.

5.4 Zusammenfassung

Die Laborstudie hilft bei der Erprobung innovativer Lösungen unter verschiedenen Bedingungen und mit größerer Anzahl an Probanden zu testen, was im normalen Industriebetrieb schwer zu realisieren gewesen wäre. Die Laborstudie kann dabei helfen, neue Aspekte der Lösung zu finden. Sie kann auch mögliche Schwächen aufzeigen, die sonst erst später nach der Implementierung entdeckt worden wären. Die Laborstudie kann bei der Produktentwicklung der getesteten Lösung helfen; jede Laborstudie hat aber auch ihre Grenzen. Eine Laborstudie wird unter stark kontrollierten Bedingungen durchgeführt, da die Teilnehmerinnen und Teilnehmer zum Testen in eine Laborumgebung eingeladen werden. Wenn Teilnehmerinnen und Teilnehmer sich bestimmten Aspekten der Experimente bewusst sind, können sie versuchen, sich so zu verhalten, wie es ihrer Meinung nach von ihnen erwartet wird. Ebenso kann es andere Variablen geben, deren Wirkungen sich Forschende nicht bewusst sind. Ein positiv hervorzuhebender Aspekt der Laborstudie ist, dass die Testparameter kontrolliert werden und somit Ursache und Wirkung nachvollzogen werden können. Es ist wichtig, diese zu verstehen und die Tests sorgfältig und geplant durchzuführen.

Literatur

BVL. (2017). Fachkräftemangel in der Logistik – BVL Umfrage von 2017. https://www.bvl.de/dossiers/arbeitgeber-logistik/umfrage-fachkraeftemangel-2017. Zugegriffen: 17. Nov. 2020.

Cimini, C., Alexandra, L., Fabiana, P., & Roberto P. (2019). *Exploring human factors in Logistics 4.0: Empirical evidence from a case study*. 9th IFAC Conference on Manufacturing Modelling, Management and Control MIM 2019.

Colombini, D. (2002). *Risk assessment and management of repetitive movements and exertions of upper limbs* (S. 43–45). Elsevier.

Eric, D. (2019). Are robots stealing our jobs? *Socius: Sociological Research for a Dynamic World, 5*, 1–14.

Haggag, H., Hossny, M., Nahavandi, S., & Creighton, D. (2013). *Real time ergonomic assessment for assembly operations using kinect*. UK Sim 15th International Conference on Computer Modelling and Simulation 2013, S. 495–500.

HSE Warehousing and storage. (2007): A guide to health and safety. ISBN: 9780717662258.

Jungsun, P., Yangho, K., & Boyoung, H. (2017). Work sectors with high risk for work-related musculoskeletal disorders in Korean men and women. *Safety and Health at Work, 9*, 75–78.

McAtamney, L., & Corlett, N. (1993). RULA: A survey method for the investigation of work-related upper limb disorders. *Applied Ergonomics., 24*, 91–99.

Punnett, L., Fine, L., Keyserling, W., Herrin, G., & Chaffin, D. (1991). Back disorders and non-neutral trunk postures of automobile assembly workers. *Scandinavian Journal of Work, Environment & Health, 1991*, 337–346.

Schulz, H., Bednorz, N., Lückmann, P., & Hauser, S. (2020). *Anwendung von passiven Exoskeletten in der Intralogistik – Ergebnisse und Tendenzen aus ersten Piloteinsätzen* (Bd. 66). ild Schriftenreihe der FOM.

Thomas, R., Colombini, D., Occhipinti, E., & Alvarez, E. (2013). *Manual lifting: A guide to the study of simple and complex lifting tasks* (S. 24–30). Taylor and Francis.

Mandar Jawale (M.Sc. Maschinenbau) ist wissenschaftlicher Mitarbeiter am Lehrstuhl für Transportsysteme und -logistik (TUL) der Universität Duisburg-Essen und Koordinator im Projekt ADINA und Industrieprojekten. Seine Arbeitsschwerpunkte sind Materialflusssimulation für Logistik und Produktion, Maschinelles Lernen und digitale Menschmodellierung.

Andreas Hoene (Dipl.-Volkswirt) ist wissenschaftlicher Mitarbeiter am Zentrum für Logistik und Verkehr der Universität Duisburg-Essen sowie Koordinator in nationalen und internationalen Verbund- und Industrieprojekten in den Schwerpunktbereichen Logistik, Verkehr und Mobilität, unter anderem zu intelligenter Steuerung von Verkehren, Parkraumbewirtschaftungskonzepten, nachhaltigen Logistik- und Mobilitätskonzepten sowie Automatisierungs- und Ergonomieaspekten in der Intralogistik.

Fuyin Wei (M.Sc. Technische Logistik) ist wissenschaftliche Mitarbeiterin am Lehrstuhl für Transportsysteme und -logistik (TUL) sowie Koordinatorin der deutsch-chinesischen Abteilung des Zentrums für Logistik und Verkehr (ZLV) der Universität Duisburg-Essen. Zudem koordiniert sie das Verbundprojekt Pro-DigiLog. Ihre Arbeitsschwerpunkte sind die Entwicklung und Erprobung von Standards „guter digitaler Arbeit" für Dispositions- und Dokumentationsaufgaben in der Logistik.

Leitfaden zur Anwendung von technischen Lösungen zur Ergonomieunterstützung in der Intralogistik

Gesammelte Erkenntnisse aus dem ADINA-Projekt

Simon Hauser und Thomas Hanke

Inhaltsverzeichnis

6.1	Ausgangslage, Vorgehensweise und Projektverlauf	74
6.2	Leitfaden zur Anwendung von technischen Lösungen	76
	6.2.1 Schritt 1: Ermittlung/Erhebung des Bedarfs	76
	6.2.2 Schritt 2: Abwägung der Optionen	77
	6.2.3 Schritt 3: Evaluation des Einsatzes einer ausgewählten technischen Lösung: Exoskelett	77
	6.2.4 Schritt 4: Evaluation	79
6.3	Ergänzende Handlungsempfehlungen	79
6.4	Fazit und Ausblick	81
Literatur		82

Zusammenfassung

Ausgehend vom demografischen Wandel und dem Fachkräftemangel fehlt es in der Intralogistik immer mehr an geeignetem Personal, da beispielsweise Kommissionierungs- und Umschlagprozesse mit umfangreichen Bück- und Hebevorgängen verbunden sind – und damit alles andere als ergonomisch. Die Frage, wie diese Arbeit durch Automatisierung erleichtert und gleichzeitig attraktiver gestaltet werden

---

S. Hauser (✉) · T. Hanke
FOM Hochschule, Essen, Deutschland
E-Mail: simon.hauser@online.de

T. Hanke
E-Mail: thomas.hanke@fom.de

© Der/die Autor(en), exklusiv lizenziert an Springer Fachmedien Wiesbaden GmbH, ein Teil von Springer Nature 2022
M. Klumpp et al. (Hrsg.), *Ergonomie in der Intralogistik,* FOM-Edition,
https://doi.org/10.1007/978-3-658-37547-8_6

kann, stand seit Beginn im Zentrum eines Forschungsprojektes: ADINA. Untersucht wurden technische Lösungen zur Ergonomieunterstützung sowie deren Zusammenspiel mit weiterer Automatisierungstechnik in der Intralogistik. Ein wesentlicher Schwerpunkt lag in der Untersuchung von Exoskeletten, um dem Forschungsstand in diesem Bereich weiteren Vorschub zu leisten. Im Verlauf des ADINA-Projekts wurden verschiedene technische Lösungen zur Ergonomieunterstützung bei den Praxispartnern untersucht und mit Ergebnissen aus einer Laborstudie abgeglichen. In diesem zusammenfassenden Beitrag sollen daher vor allem die Projektergebnisse akzentuiert werden, aus denen sich Empfehlungen für einen Leitfaden ableiten lassen. Dieser Beitrag richtet sich vor allem an Praktikerinnen und Praktiker, die es in Erwägung ziehen, eine solche Technologie einzusetzen. Er soll Erfahrungen weitergeben, um Fehler bei der Einführung zu vermeiden. Der Beitrag folgt einem typischen Einführungsprozess und beschreibt Handlungsempfehlungen für jeden Schritt.

6.1 Ausgangslage, Vorgehensweise und Projektverlauf

Kommissionierungs- und Umschlagprozesse mit umfangreichen Bück- und Hebevorgängen stellen in der Logistik nach wie vor eine große Herausforderung dar, da diese noch nicht in allen Anwendungsbereichen voll automatisiert stattfinden. Die Frage, wie diese Arbeit durch Automatisierung erleichtert und gleichzeitig attraktiver gestaltet werden kann, stand seit Beginn im Zentrum des Forschungsprojektes ADINA. Das Projekt hat mit umfangreichen Untersuchungen im Projektverlauf zeigen können, inwieweit technische Lösungen zur Ergonomieunterstützung sowie deren Zusammenspiel mit weiterer Automatisierungstechnik in der Intralogistik helfen können, die Tätigkeiten sicherer und leichter und damit auch Arbeitsplätze attraktiver zu gestalten.

ADINA folgt methodisch einem fallstudienorientierten Vorgehen. Als Fallstudien werden Forschungs- bzw. Untersuchungsdesigns bezeichnet, die sich detailliert mit einem oder mehreren empirischen Fällen befassen (vgl. Döring & Bortz, 2016, S. 214). Die im ADINA-Projekt durchgeführten Fallstudien basierten teilweise auf ähnlichen Ausgangssituationen, teilweise variierten die Anforderungen. Bei den im Projekt zugrunde liegenden Fallstudien handelt es sich um ausgewählte Kontexte bzw. Unternehmen und Anwendungsgebiete, über die bisher keine empirischen Erkenntnisse vorliegen. Das Fallstudiendesign birgt die Möglichkeit, in einer empirischen Untersuchung verschiedene Fallbeobachtungen bei den jeweiligen Praxispartnern in die Studie mit einzubeziehen. Yin (2014, S. 56) spricht in diesem Zusammenhang von Multiple-Case-Designs, während Döring und Bortz (2016, S. 215) den Begriff der Gruppenfallstudien nutzen. Dabei ist es entscheidend festzuhalten, ob es sich bei den zusätzlichen Fällen vom Konzept her um Replikationsstudien handelt oder die Beobachtung mehrerer Fälle zur besseren Verallgemeinerbarkeit aus Stichprobenerwägungen geschieht. Komparative Fallstudien zielen darauf ab, verschiedene empirische Beobachtungen zu vergleichen und Schlüsse zu ziehen (vgl. Yin, 2014, S. 56; Bryman, 2012, S. 56). Für die Ableitungen dieses Beitrags wird das gesamte im ADINA-Projekt erhobene Primär-Datenmaterial für die komparative, fallübergreifende Fallstudienanalyse herangezogen.

Zum Start des Projekts ADINA wurde mit der Erfassung des Stands der Technik hinsichtlich des Projektziels, die Intralogistik als Arbeitgeberin attraktiver, sicherer und effizienter zu machen, begonnen. Hierzu wurden zunächst bei den Praxisunternehmen eine Aufnahme der Ist-Prozesse durchgeführt. Dies geschah durch die Erstellung einer Anforderungsanalyse je Anwendungsfeld, welche jeweils verschiedene Lösungsalternativen je Partnerunternehmen vorschlug. Diese wurden anschließend bewertet.

Im nächsten Arbeitspaket erfolgte mittels Technologiescreening die Evaluation und Selektion geeigneter technischer Lösungen je nach Anwendungsfeld. Basierend auf den zuvor ermittelten Bewertungskriterien wurden die Möglichkeiten der Übertragbarkeit, Adaption und Konzeptualisierung erörtert. Anschließend sollten mittels einer Befragung der Mitarbeitenden geeignete Lösungen ausgewählt werden. Nachdem zur Erhebung zunächst die Methode des Analytic Hierarchy Process angewandt wurde, stellte sich heraus, dass die Methode unter anderem aufgrund von Komplexität und der Sprachbarriere der Befragten wenig zielführend war, weshalb stattdessen später eine Nutzwertanalyse durchgeführt wurde. Wesentliches Ergebnis der Befragung war, dass ein ergonomischer Arbeitsplatz bei Mitarbeitenden eine sehr hohe Priorität hat (vgl. Hoene et al., 2019). Basierend auf den Ergebnissen der Befragung wurde beschlossen, Exoskelette als zu verwendende Technologie für die erste Pilotierungsphase zu testen, da diese in der Befragung eine der am besten zu implementierenden Technologien waren.

In der ersten Pilotierung wurde ein passives Exoskelett bei allen Praxispartnern erprobt. Das Feedback durch die Probanden fiel durchwachsen aus. Dies hatte sowohl prozessbezogene als auch allgemeine Gründe. So kam es bei fast allen Probanden vor, dass ein Gerät an einer bestimmen Körperstelle Unannehmlichkeiten wie Schweißbildung und/oder Reibungen verursachte. Diese wurden vor allem durch aufliegende Polsterungen verursacht und führte zu hohen Akzeptanzverlusten seitens der Probanden. Weiterhin waren prozessbezogene Hürden festzustellen: Beim Bedienen eines Flurförderzeugs kam es zur Betätigung der Not-Aus-Schalter und bei mobilen Prozessen an verschiedenen Arbeitsstätten kam es immer wieder vor, dass Probanden in der unmittelbaren physischen Prozessumgebung hängen blieben. Da die Befragten einer solchen ergonomieunterstützenden Technologie trotzdem ein hohes Potenzial (bei Eliminierung der Nachteile) bescheinigten, wurde in der anschließenden Evaluation eine ähnliche Technologie gesucht, welche die beschriebenen Probleme adressierte. Mit einer flexibleren Orthese wurde ein sogenanntes Soft-Exoskelett ausgewählt, welches den Bereich der unteren Lendenwirbelsäule durch Gummizüge unterstützt. Da dieses Gerät auch unter der Kleidung getragen werden kann und nicht über potenziell drückende Polster oder Schalen verfügt, wurde erwartet, die Probleme aus der ersten Pilotierung beseitigen zu können.

Das zweite getestete Gerät wurde von den Probanden insgesamt positiver bewertet, da die Probleme aus der ersten Pilotierungsphase nicht auftraten. Allerdings wurde das Gerät von einzelnen Probanden sehr unterschiedlich bewertet, da eine Befestigung unterhalb der Knie immer wieder hochrutschte. Dies störte die Probanden unterschiedlich stark, weshalb die Bewertungen entsprechend unterschiedlich ausfielen. In einem an die Pilotierung anschließenden Workshop wurde das Feedback über den Vertriebspartner in Deutschland weitergegeben, der anschließend zusammen mit der Herstellerfirma eine Lösung suchte. Mittlerweile wurde ein aktualisiertes Design vorgestellt, welches mittels einer Befestigung am Fuß die festgestellten Probleme adressiert.

Auf Basis der umfangreichen im Projekt erhobenen Ergebnisse möchten wir Empfehlungen für die Anwendung von am Körper getragenen Ergonomieunterstützungen in der Intralogistik formulieren. In den Praxisanwendungen sind hier vor allem Exoskelette zum Einsatz gekommen. Zwischen einer Vielzahl von Methoden ist der einfachste Weg zumeist auch der effektivste: Die Konstruktion einer Matrix (vgl. Voss et al., 2002, S. 214). Die Matrix wird konstruiert, indem zwischen den Fallstudien Muster (cross case patterns) gesucht und verglichen werden, indem eine Gruppe oder Kategorie gewählt wird und innerhalb der gewählten Gruppe nach Gemeinsamkeiten oder Unterschieden gesucht wird (vgl. Voss et al., 2002, S. 214). Dieser Vergleich ist zum Beispiel in Schulz et al. (2020) zu finden. Die in diesem Beitrag erstandenen Empfehlungen resultieren aus einer Suche nach sich wiederholenden Mustern entlang der Piloteinsätze. Basierend auf der Gesamtheit der im ADINA-Projekt erhobenen Daten werden nun fallübergreifend Schlussfolgerungen aus den beiden Pilotphasen des ADINA-Projektes gezogen.

6.2 Leitfaden zur Anwendung von technischen Lösungen

6.2.1 Schritt 1: Ermittlung/Erhebung des Bedarfs

Vor der Anwendung einer technischen Lösung wird seitens des Unternehmens in unterschiedlicher Form der Bedarf für den Einsatz festgestellt. Strukturelle Gründe für den Einsatz sind beispielsweise ein vorhandenes Gesundheitsmanagementsystem (vgl. Kap. 8), ein betriebliches Vorschlagswesen oder auch regelmäßige Befragungen der Mitarbeiterinnen und Mitarbeiter. Bedarf für Verbesserungen hinsichtlich Ergonomie muss von Entscheidungstragenden erkannt und angegangen werden. Ein ergonomisches Arbeitsplatzdesign hat nach Hoene et al. (2019) unterschiedliche Vorteile:

- Eine Steigerung der Wirtschaftlichkeit und Wettbewerbsfähigkeit durch geringere Prozesskosten bei Umschlag und Kommissionierung
- Anpassung von Unternehmen, Arbeitsplätzen und Beschäftigte an die Herausforderungen des demografischen Wandels
- Mehr Ressourceneffizienz und Nachhaltigkeit durch Reduktion von Arbeitsunfällen, Gesundheitsschäden und Ausfallzeiten
- Förderung der Attraktivität des Berufsbildes und der sozialen Teilhabe von/an gewerblichen Berufsbildern durch höhere Technik und Automatisierungseinsatz

Mit dem allgemeinen Fachkräftemangel und der demografischen Entwicklung in Deutschland ist abzusehen, dass es zunehmend schwieriger wird, Arbeitsplätze in der Logistik adäquat zu besetzen (vgl. Klumpp et al., 2015). Hier können Unterstützungssysteme unterschiedlicher Form ansetzen. Durch eine geringere Belastung des Körpers können Muskel-Skelett-Erkrankungen vermieden werden. Dies resultiert in weniger Arbeitsunfähigkeitstagen, da Muskel-Skelett-Erkrankungen die häufigste Ursache für Berufsunfähigkeitstage in der Branche sind (vgl. Marschall et al., 2018). Begünstigend kommt die Tatsache hinzu, dass Arbeiterinnen und Arbeiter später aus dem Beruf ausscheiden, oder auch später einsteigen können. Unterstützungssysteme können auch dazu beitragen, Mitarbeiterinnen und Mitarbeiter für Tätigkeiten zu qualifizieren und Sprachbarrieren zu überwinden. Aufgrund der im Projekt gesammelten Erfahrungen versteht sich dieser Beitrag vor allem als Leitfaden zu Anwendung von am Körper getragener Ergonomieunterstützung.

6.2.2 Schritt 2: Abwägung der Optionen

Ist Verbesserungspotenzial an einem Arbeitsplatz identifiziert, muss zunächst die Frage beantwortet werden, wie dieses realisiert werden kann und wie groß der damit verbundene Aufwand ist. Grundsätzlich stellt sich bei fast jedem Arbeitsplatz die Frage, ob ein solches Problem entweder durch die ergonomische Verbesserung der Rahmenbedingungen (ergo des Arbeitsplatzdesigns) oder durch die jeweilige technische Lösung wie beispielsweise ein Exoskelett lösen lassen. Exoskelette und andere am Körper getragene Unterstützungen bieten den Vorteil, dass in der Regel keine Veränderungen am Arbeitsplatz oder an bereits etablierten Prozessen vorgenommen werden müssen. Anpassungen im Arbeitsplatzdesign können vielerlei Gestalt sein. Dabei kann ein Höhenausgleich per verstellbaren Hubwagen eine sehr einfache Lösung sein oder ein wesentlich aufwendigeres, vollständiges Re-Design des Arbeitsplatzes. Die Erfahrungen im ADINA-Projekt haben gezeigt, dass die ergonomischen Hilfen am Arbeitsplatz keinen großen Zusatzaufwand für die Mitarbeiterinnen und Mitarbeiter verursachen dürfen, da es sonst zu großen Akzeptanzproblemen kommt. Dabei ist es eine ganz entscheidende Frage, inwieweit sich entweder eine technische Lösung an den vorhandenen Arbeitsplatz anpasst oder inwieweit sich der Arbeitsplatz an eine gewünschte technische Lösung anpasst. Die Erfahrung zeigt allerdings auch, dass die Akzeptanz und Diffusion von Ergonomieunterstützung in die Breite der Belegschaft ein längerer Prozess sein kann.

6.2.3 Schritt 3: Evaluation des Einsatzes einer ausgewählten technischen Lösung: Exoskelett

Bei der Auswahl einer passenden technischen Lösung gilt es einige Punkte zu beachten. Im ADINA-Projekt sind auf Basis der Anforderungsanalysen (Arbeitspaket Nummer 1) und dem Technologiescreening (Arbeitspaket Nummer 2) Exoskelett-Lösungen identifiziert und bei den Praxispartnern eingesetzt worden. Als junge Technologie ist der Markt von Exoskeletten hoher Fluktuation, Technologiesprüngen und Designänderungen unterworfen. Deshalb wird in den folgenden Unterpunkten nicht explizit auf einzelne Fabrikate eingegangen, sondern allgemeine Hinweise gegeben.

Schritt 3.1: Welches Körperteil soll entlastet werden?
In der in Schritt 1 erfolgten Erhebung des Bedarfs sollte ermittelt worden sein, welches Körperteil im betrachteten Prozess am meisten belastet wird. In logistischen Prozessen wie Palettieren ist das oft der Bereich in der unteren Lendenwirbelsäule (vgl. Walch, 2011, S. 81). Bei Montagetätigkeiten und Überkopfarbeiten sind die Bereiche um die Schultern besonders stark belastet. Ziel der eingesetzten Technologie sollte sein, besonders anfällige und besonders beanspruchte Körperteile zu entlasten.

Schritt 3.2: Gewünschter Grad der Unterstützung
Wichtig ist festzuhalten, dass Exoskelette nicht dafür sorgen, dass Personen mehr Gewicht bewegen können. Sie entlasten lediglich den Körper bei dieser Aufgabe. Verschiedene Fabrikate können einen unterschiedlichen Grad an Unterstützung leisten. In der Regel bieten aktive Exoskelette die meiste Unterstützung, haben dafür ein höheres Eigengewicht und tragen stärker auf. Passive Exoskelette sind zumeist leichter und günstiger, können aber zumeist nicht denselben Grad der Entlastung bieten (vgl. Kap. 3).

Schritt 3.3: Prozessspezifische Anforderungen an das Gerät
Unbedingt zu beachten ist das Umfeld, in welchem das Gerät und die Person eingesetzt werden. Hier spielt eine Vielzahl von Faktoren eine Rolle. So kann es in nicht klimatisierten Lagerhallen im Sommer sehr heiß werden. Wird ein Gerät ausgewählt, das stark am Körper anliegt, kommt es an diesen Stellen nachgewiesenermaßen zu stärkerer Schweißbildung (vgl. Kap. 2). Die Akzeptanz einer verstärkten Schweißbildung ist von Person zu Person unterschiedlich. Im ADINA-Projekt konnte dem Problem mit einem anderen Gerät begegnet werden (vgl. Kap. 4). So ist auch die unmittelbare physische Umgebung des Arbeitsprozesses genau zu betrachten. Wenn dieses beengt ist, ist zu beachten, wie viel die Anwenderinnen und Anwender sich bewegen müssen, um ihre Tätigkeit auszuführen. Wird lange in einer Position verharrt, stört ein „auftragendes" Gerät weniger, als wenn ein dynamischer Bewegungsablauf erforderlich ist, da seltener die Möglichkeit besteht, hängen zu bleiben.

Auch das Ausführen von Nebentätigkeiten ist entscheidend. Bei einem Pilotversuch kamen die Probandinnen und Probanden mit den Beinschalen eines Geräts häufig an den Not-Aus-Schalter eines Flurförderzeugs, dies führt auch bei nur gelegentlichem Auftreten zu einem starken Akzeptanzverlust. Deshalb ist zu empfehlen, im Vorhinein auch alle sonstigen Tätigkeiten neben dem hauptsächlichen Arbeitsprozess und die potenziellen Auswirkungen des Gerätes zu erfassen. Darunter fallen auch Dinge wie Toilettengänge, Mittagspausen und kleinere Pausen zwischendurch. Sind diese mit einem größeren Aufwand, wie zum Beispiel durch langwieriges An- und Ablegen verbunden, beeinträchtigt das zwar nicht direkt den Arbeitsprozess, jedoch die Zufriedenheit der Anwenderinnen und Anwender mit der Technologie im Allgemeinen.

6.2.4 Schritt 4: Evaluation

Es ist zu empfehlen, die Geräte über einen längeren Zeitraum zu testen, denn zum einem machen sich Entlastungen zumeist nicht direkt bemerkbar, zum anderen treten Probleme wie zum Beispiel Hautreizungen durch verstärkte Reibung erst nach einer gewissen Zeit auf. Des Weiteren stellt sich die Frage nach der Größe des Roll-outs. Werden viele Geräte angeschafft, ist zu erwarten, dass auch mehr Mitarbeiterinnen und Mitarbeiter diese weiterhin nutzen wollen. Ebenso wird auch die Zahl derer steigen, die die Geräte ablehnen. Ein kleiner Roll-out bietet die Möglichkeit, technologieaffine Mitarbeiterinnen und Mitarbeiter herauszusuchen, da diese nach den Erfahrungen im Projekt eher bereit sind, Trade-offs zwischen Entlastung und Einschränkung zu akzeptieren. Dabei ist jedoch zu beachten, dass falls der erste Eindruck nicht gut ist, sich dies unter der Belegschaft verbreitet und dazu führen kann, dass die Bereitschaft eine solche Ergonomieunterstützung auszuprobieren insgesamt beeinträchtigt werden kann. Die im Projekt gemachten Erfahrungen legen zudem nahe, dass die Akzeptanz für neue Technologien im Allgemeinen und besonders für Ergonomieunterstützung im Speziellen oftmals nach und nach in die Belegschaft „diffundiert", es also durchaus mehrere Monate dauern kann, bis die Inanspruchnahme von technischer Unterstützung als der neue Normalzustand wahrgenommen wird.

Wir empfehlen regelmäßig anonymisiertes Feedback seitens Mitarbeiterinnen und Mitarbeitern abzufragen und die Möglichkeit zu geben, Verbesserungsvorschläge einzubringen. Wichtig ist ebenso eine Evaluation nach längerer Zeit, um Effekte, die erst nach einem längeren Zeitraum und/oder nach Gewöhnung auftreten. So ist beispielsweise im ADINA-Anwendungsfall denkbar, dass erst nach einem Langzeittest eine Entlastung des Körpers oder eine Zunahme von Hautreizungen festgestellt werden. Auch die Bewertung von Tragekomfort kann sich durch Gewöhnung verbessern oder auch verschlechtern. Weiter ist anzuraten, einen Arbeitsprozess nicht nur isoliert zu betrachten, sondern auch das Kosten-Nutzen-Verhältnis bezüglich Prozessqualität und Geschwindigkeit langfristig zu beobachten.

6.3 Ergänzende Handlungsempfehlungen

Auf Basis der Erkenntnisse aus den Pilotierungsphasen wurden im weiteren Verlauf des Projektes ergänzend zu den konkreten Schritten im Leitfaden ergänzende Überlegungen und Handlungsempfehlungen zur Einführung erstellt, die nachstehend vorgestellt werden.

- **Identifikation von Personen und Prozessen:** Zunächst müssen Personen und Prozesse identifiziert werden, die von manuellen und körperlich anstrengenden Arbeiten betroffen sind, beispielsweise hinsichtlich der Belastungen im Bereich der unteren Lendenwirbelsäule oder hinsichtlich Überkopfarbeiten.
- **Techniklösung dem Prozess anpassen oder Prozess der Techniklösung anpassen:** Ist dieser Bedarf erkannt, ist der nächste Schritt, mögliche Verbesserungspotenziale zu formulieren. Hier gibt es zwei große Teilbereiche, die sich voneinander abgrenzen lassen: (a) Inwieweit passt sich die eingesetzte Technologie den Anforderungen an den Arbeitsplatz an oder (b) inwieweit passt sich der Arbeitsplatz an die verfügbare Technologie an. Die Fragestellung mag sich vergleichsweise trivial anhören, verweist aber auf ein grundsätzliches Problem, welches gelöst werden muss. Nicht zuletzt ist der Rückgriff auf bereits bestehende „Standardlösungen" auch kostengünstiger als eine „maßgeschneiderte" Variante. Grundsätzlich ist es vorteilhaft, einen Arbeitsplatz von Grund auf neu zu designen, wenngleich dies auch mit hohen Kosten verbunden ist. Daher bietet sich bei bestehenden Arbeitsplätzen oft eine Unterstützungslösung an, die so gut wie möglich in den Arbeitsplatz hineinpasst. Zudem ist es auch in manchen Prozessen gar nicht möglich, den Arbeitsplatz ergonomisch zu gestalten, weshalb eine Ergonomieunterstützung oftmals die einzige Option darstellt. Beispielsweise findet man in der Automobilindustrie viele Arbeitsplätze, in denen Arbeitende vornübergebeugt in den Karosserien arbeiten müssen. Dieser Arbeitsplatz kann nicht weiter ergonomisch gestaltet werden. Deswegen werden in diesen Arbeitsbereichen bereits heute entsprechende Unterstützungslösungen wie Exoskelette oder Orthesen eingesetzt.
- **Welche Körperteile/-bereiche sollen unterstützt werden?** Eine wesentliche Frage, die bei der Identifizierung der Verbesserungspotenziale aufgegriffen wurde, ist, welcher Körperteil unterstützt werden sollte. Oftmals bieten Exoskelette und Orthesen nur Unterstützung für einen spezifischen Körperteil oder Körperbereich an. Zumeist ist das auch der Wirbelsäulen- oder der Schulterbereich bei Überkopfarbeiten.
- **Akzeptanz schaffen:** Akzeptanz ist ein wichtiges Thema. Die technologischen Lösungen sind entwickelt, mitunter bereits ausgereift und stehen für die Anwendung bereit. Häufig stoßen Unterstützungstechnologien oder generell auch Automatisierungslösungen auch auf Ablehnung bei den Beschäftigten, da mit jeder neuen „Technologie" auch immer Rationalisierungsüberlegungen im Raum stehen. Beschäftigte können hierdurch verunsichert sein und die Sinnhaftigkeit des Vorgehens nicht nachvollziehen. Im Projekt ist daher auch thematisiert worden, wie sich eine Technologie innerhalb der Prozesse implementieren lässt und gleichzeitig eine hohe Akzeptanz bei allen involvierten Stakeholdern erreicht werden kann.
- **Commitment erzeugen:** Ein wichtiger Erfolgsfaktor in einer solchen Transformation und Implementierung ist das Commitment des Managements, Zeit und Geld für die Prozessoptimierung, Techniklösung oder Expertise investiert. Dann geht es aber auch darum, von Beginn an die Mitarbeitenden in diesen Transformationsprozess einzubeziehen, Rahmenbedingungen zu schaffen und in diesem Rahmen im Sinne eines

Employee-Empowerment auch Verantwortlichkeiten zu übertragen. Wir konnten im Projekt ADINA feststellen, dass gerade solche Rahmenbedingungen extrem wichtig sind, um die Akzeptanz für diese Veränderungsprozesse zu schaffen.

6.4 Fazit und Ausblick

Zusammenfassend lässt sich festhalten, dass es sich bei einer am Körper getragenen Ergonomieunterstützung um eine Technologie mit noch immer sehr hohem Potenzial handelt. Trotzdem konnten die Technologien die Erwartungen nicht vollends erfüllen. Dies ist hauptsächlich von der Person abhängig, welche diese Technologie anwendet. Solange Nachteile im Arbeitsprozess bei der Nutzung von Ergonomieunterstützung entstehen, ist es stark von der nutzenden Person abhängig, ob für diese die Nachteile die Vorteile aufwiegen. Zumal der wichtigste Vorteil der körperlichen Entlastung erst langfristig sichtbar wird. Für manche Personen kann ein Exoskelett somit eine hervorragende Lösung darstellen, für andere überhaupt nicht. Durch das Projekt wissen die Praxispartner nun, wo Optimierungspotenzial in den jeweiligen Prozessen besteht. Dieses konnte durch die Technologieanwendung teilweise ausgeschöpft und für die zukünftige Weiterentwicklung erschlossen werden. Im weiteren Verlauf des Forschungsgeschehens bedarf es mehr Langzeitstudien zu am Körper getragener Ergonomieunterstützung, damit diese schließlich in einer Metaanalyse zusammengefasst werden können. Wichtig wäre es, fundierte Aussagen über mehrere Hersteller und Fabrikate hinweg treffen zu können.

Für Unternehmen stellt sich die Frage, ob sie aufwendig und langfristig das Design des Arbeitsplatzes ändern und hinsichtlich Ergonomie optimieren. Ist dies nicht möglich oder gewünscht, stellen die im Projekt getesteten Geräte valide Optionen zur Unterstützung dar, sofern der spezielle Anwendungsfall geeignet ist. Folglich können Exoskelette im von Projekt untersuchten Rahmen zwar nicht als umfassende, jedoch als Teillösung zur Reduzierung von Muskel-Skelett-Erkrankungen, der allgemeinen Belastung der Fachkräfte sowie dem Mangel ebenjener angesehen werden.

Wir haben mit diesem Projekt eine Themenstellung aufgegriffen, die aufgrund verschiedener allgemeiner Trends eine besondere Bedeutung aufweist. Häufig thematisieren wir die Veränderung von Arbeitswelten über Automatisierung und Digitalisierung, der Nutzung von Daten bis hin zur künstlichen Intelligenz. Mit Blick auf konkrete Arbeiten in der Intralogistik stellen wir aber auch fest, dass es nach wie vor sehr viele physische Aufgaben gibt, beispielsweise bei der Paketzustellung oder auch in der Kommissionierung und dem Versand von Waren. Insbesondere für diese spezifischen Arbeiten in der Intralogistik konnten im Projekt ADINA mit Forschungs- und Praxispartnern verschiedene technische Lösungen untersucht und getestet werden, um diese konkret für die Unternehmenskontexte greifbar zu machen.

In den Transferworkshops wurden gemeinsam mit den beteiligten Technologie-, Forschungs- und Praxispartnern die Ergebnisse der einzelnen Pilotierungsphasen ausführlich diskutiert. Die Feedbacks aus den Anwendungsbereichen ließen konkrete Rückschlüsse auf Entwicklungspotenziale für die Technologien zu.

Im Laufe des Projekts haben wir mehrere Technologien getestet und dabei immer wieder zentrale Eigenschaften festgestellt. Die wichtigen zu betrachtenden Aspekte im Rahmen der Implementierung und während des Einsatzes haben wir im Leitfaden und den ergänzenden Handlungsempfehlungen zusammengefasst.

Aus Sicht der Forschenden hat sich für die untersuchten Technologien einiges an Potenzial, aber auch einiges an „Kinderkrankheiten" gezeigt. Für die weitere Forschung besteht Bedarf an Langzeitstudien, mit verschiedenen Geräten und in unterschiedlichen Arbeitsplatzumgebungen und Branchen. ADINA konnte hier einen wichtigen Beitrag leisten. **Aber nicht alle Arbeitsprozesse lassen sich zeitnah weiter automatisieren.** Dies lässt sich an den erläuterten Aufgaben in der Intralogistik und der Produktion belegen, aber auch aus der zunehmenden Aufgabenbreite beispielsweise von Logistikdienstleistern ablesen, da diese auch Aufgaben in Richtung des Versands, des Handels und damit auch der internen Kommissionierung und weiterer Tätigkeiten übernehmen. Im Laufe des Projekts haben wir festgestellt, dass die Technologie noch sehr jung ist, aber auch großes Potenzial bietet. Daher ist es eine Empfehlung, die Marktsituation in den nächsten Jahren weiter zu beobachten und mit Lieferanten und Technikanbietern die passenden Lösungen zu finden. Aus dem Projekt heraus haben wir erkannt, dass eine begleitende Innovationsentwicklung immer neue Herausforderungen und neue Fragen aufwirft.

Literatur

Bryman, A. (2012). *Social research methods* (4. Aufl.). Oxford University Press.
Döring, N., & Bortz, J. (2016). *Forschungsmethoden und Evaluation in den Sozial- und Humanwissenschaften*. Springer.
Hoene, A., Jawale, M., Neukirchen, T., Bednorz, N., Schulz, H., & Hauser, S. (2019). *Bewertung von Technologielösungen für Automatisierung und Ergonomieunstützung der Intralogistik* (ild Schriftenreihe, Bd. 64). MA Akademie Verlags und Druck-Gesllschaft mbH.
Klumpp, M., Sandhaus, G., & Bioly, S. (2015). *Demographischer Wandel in der Logistik*. MA Akademie Verlags und Druck-Gesllschaft mbH.
Marschall, J., Hildebrandt, S., Zich, K., Tisch, T., Sörensen, J., & Nolting, H.-D. (2018). *Analyse der Arbeitsunfähigkeitsdaten. Update: Rückenerkrankungen*. DAK-Gesundheit.
Schulz, H., Bednorz, N., Lückmann, P., & Hauser, S. (2020). *Anwendung von passiven Exoskeletten in der Intralogistik. Ergebnisse und Tendenzen aus ersten Piloteinsätzen* (ild Schriftenreihe, Bd. 66). MA Akademie Verlags und Druck-Gesllschaft mbH.
Voss, C., Tsikriktsis, N., & Frohlich, M. (2002). Case research in operations management. *International Journal of Operations & Production Management, 22*(2), 195–219. https://doi.org/10.1108/01443570210414329
Walch, M. D. (2011). *Belastungsermittlung in der Kommissionierung vor dem Hintergrund einer alternsgerechten Arbeitsgestaltung der Intralogistik*. Fml Lehrstuhl für Fördertechnik Materialfluss Logistik (Zugl.: München, Techn. Univ., Diss., 2011).
Yin, R. K. (2014). *Case study research. Design and methods* (5. Aufl.). Sage.

Simon Hauser (B.Sc.) war bis zum Projektabschluss verantwortlicher wissenschaftlicher Mitarbeiter für das Projekt ADINA am Institut für Logistik und Dienstleistungsmanagement (ild). Er hat an der Hochschule Bochum Nachhaltige Entwicklung mit der Vertiefungsrichtung der Wirtschaftswissenschaften studiert. Nach seiner Anstellung als wissenschaftlicher Mitarbeiter am Zentrum für Nachhaltige Unternehmensführung an der Universität Witten/Herdecke und Tätigkeiten in der Nachhaltigkeitsberatung begann er an der FOM zu arbeiten. Berufsbegleitend absolviert er seinen Master im Fach Sustainability Management (M.Sc.) an der Bergischen Universität zu Wuppertal. Heute arbeitet er bei der GLS Investment Management als Analyst für Nachhaltigkeit.

Prof. Dr. Thomas Hanke ist seit 2015 hauptberuflicher Dozent für Betriebswirtschaftslehre, insbesondere Logistik, und stellvertretender Direktor am Institut für Logistik und Dienstleistungsmanagement (ild) an der FOM Hochschule für Oekonomie & Management. Schwerpunkte seiner Arbeit liegen in den Bereichen Controlling wissensintensiver Strukturen und Prozesse in Organisationen sowie nachhaltiger Logistik. Parallel zu seiner hauptberuflichen Professorentätigkeit an der FOM ist Thomas Hanke als Berater und Mentor in vielfältige Innovations- und Gründungsvorhaben eingebunden.

Lösungen für die Schnittstelle Mensch/Maschine

7

Gernot Maier und Willibald Rabenhaupt

Inhaltsverzeichnis

7.1	Einleitung	86
7.2	Das Konzept ergonomics@work!®	87
7.3	Analysen, Methoden und Messverfahren	90
	7.3.1 Advanced Pick Station one-level	94
	7.3.2 Advanced Pick Station two-level	95
	7.3.3 Bewertung der Advanced Pick Arbeitsstationen	97
7.4	Fazit	97
Literatur		98

Zusammenfassung

„Wir bleiben zu Hause!" Das Motto und die damit einhergehenden Kontaktbeschränkungen im Zuge der Coronavirus-Pandemie 2020 verdeutlichen, welch hohen Stellenwert der Faktor „Mensch" in Industrie, Handel und in der Dienstleistungsgesellschaft einnimmt. Ohne die Mitarbeitenden in Produktion und Logistik stünde die industrielle Herstellung vieler Güter still. Selbst im E-Commerce werden die Aufträge unter den gegebenen Bedingungen und teils hohen Nachfragespitzen verzögert abgearbeitet. Denn es sind die Menschen, die die Waren in den Distributionszentren zusammenstellen. Trotz aller Fortschritte bei der Realisierung von Industrie

---

G. Maier (✉) · W. Rabenhaupt
SSI SCHÄFER, SSI Schäfer Automation GmbH, Graz, Österreich
E-Mail: Gernot.Maier@ssi-schaefer.com

W. Rabenhaupt
E-Mail: Willibald.Rabenhaupt@ssi-schaefer.com

© Der/die Autor(en), exklusiv lizenziert an Springer Fachmedien Wiesbaden GmbH, ein Teil von Springer Nature 2022
M. Klumpp et al. (Hrsg.), *Ergonomie in der Intralogistik,* FOM-Edition,
https://doi.org/10.1007/978-3-658-37547-8_7

4.0 sowie Logistik 4.0, der Automatisierung und digitalen Transformation: Die Mitarbeitenden sind die maßgeblichen Garanten für die Wettbewerbsfähigkeit und den Erfolg der Unternehmen.

7.1 Einleitung

Die Bedeutung der Mitarbeitenden für Wettbewerbsfähigkeit zeigt sich insbesondere in der Intralogistik. Für die Effizienz im Lager sind automatisierte Prozesse und eine leistungsstarke Steuerungssoftware das eine. Bei den vornehmlich operativen Prozessen wie Montage, Kommissionierung und Versandfertigung ist die Ressource „Mensch" unverzichtbar. Zwar übernehmen zunehmend Roboter die Sortierarbeiten und Fahrerlose Transportfahrzeuge (FTF) die innerbetrieblichen Transporte oder die Versorgung von Arbeitsstationen und Montageplätzen. Zudem können Roboter und Handling-Maschinen in der Prozessabfolge einfache, monotone und sich wiederholende Arbeitsschritte übernehmen und so die Mitarbeitenden entlasten. Aber der Mensch vollbringt Tätigkeiten, die automatisierte Systeme und Roboter nur teilweise realisieren können (vgl. Glock et al., 2015): Etwa die Pickgenauigkeit und -geschwindigkeit, die die Mitarbeitenden beim Griff in die Kiste in der Kommissionierung erzielen, sind für automatisierte Geräte gegenwärtig nur eingeschränkt erreichbar. Gleiches gilt in der Montage oder Versandfertigung – beim Kombinieren und Zusammenfügen von Bauteilen ebenso wie etwa bei Auswahl und Zugriff auf volumenoptimierte Verpackungen und das Umlagern kommissionierter Artikel. Vollautomatisierte Lagersysteme, FTF und Fördertechnik bieten enorme Lagerkapazitäten und an den Bedarf angepasste Geschwindigkeiten bei den innerbetrieblichen Transporten. Am Ende bildet der Produktionsfaktor „Mensch" immer noch das zentrale Element der Intralogistik. Daher ist es so wichtig, ihn in seinem Arbeitsumfeld zu unterstützen. Für optimale Prozesse gilt es, die Stärken von Mensch und Maschine zu einem sinnvollen Zusammenspiel zu kombinieren.

Um ein effizientes Gesamtsystem zu erhalten, sollte die Gestaltung der Schnittstelle „Mensch-Maschine" im Fokus stehen. Denn die erforderlichen Kommissionier- und Umschlagprozesse sind mit vielfältigen körperlichen Belastungen verbunden. Diese Erkenntnis wird erweitert durch Aspekte wie den Arbeitsschutz, den demografischen Wandel und Fachkräftemangel. In diesem Beziehungsgeflecht hat sich das Forschungsprojekt ADINA in den vergangenen drei Jahren mit Techniken zur Automatisierung und Ergonomieunterstützung befasst. Die Umsetzung dieser Techniken in intralogistischen Bereichen, wie Umschlag und Kommissionierung, bietet den Beschäftigten eine verbesserte Arbeitsergonomie und präventiven Gesundheitsschutz. In diesem Zusammenhang sind etwa die gesteigerte Motivation der Beschäftigten durch verringerte physische Anforderungen und ein modernes Arbeitsumfeld zu nennen. Diese ermöglichen einerseits längerfristiges, altersgerechtes Arbeiten und steigern andererseits die Attraktivität des Arbeitsplatzes. Insgesamt zeichnen sich damit durch Optimierung der Arbeitseffizienz sowie einer Reduzierung von gesundheitsbedingten Ausfallzeiten deutlich positive Auswirkungen auf die Prozess- und Stückkosten ab, die die Wettbewerbsfähigkeit und Wirtschaftlichkeit der Logistik-, Industrie- und Handelsunternehmen steigern.

Mit dem vorliegenden Beitrag haben Projekt- und Praxispartner die Ergebnisse der ergonomischen Systemunterstützung im Bereich Umschlag und Kommissionierung zusammengefasst. Er beleuchtet zusätzliche Hintergründe und stellt verschiedene implementierbare Techniken und Instrumente zur Verbesserung der Arbeitsergonomie vor. Denn mit dem Konzept ergonomics@work!® hat der Intralogistik-Spezialist SSI Schäfer bereits vor gut zehn Jahren ein ganzheitliches, durchgängiges Konzept zur Gestaltung ergonomischer Arbeitsplätze entwickelt. Ergonomics@work!® sichert mit den aktuell verfügbaren Technologien einerseits optimale Abläufe bei minimaler körperlicher Belastung. Andererseits kann die folgende Darstellung der Analyse- und Realisierungsschritte dazu beitragen, die im Forschungsprojekt gewonnenen Ergebnisse in weitere praxisorientierte, marktgerechte Lösungen zu überführen.

7.2 Das Konzept ergonomics@work!®

Die manuellen Tätigkeiten in der operativen Logistik sind seit jeher als körperlich belastend einzustufen. Vor dem Hintergrund des demografischen Wandels und der damit tendenziell sinkenden körperlichen Belastbarkeit älterer Mitarbeitenden rückt die Ergonomie bei der Gestaltung von Logistiksystemen in den Fokus (vgl. Günthner & Walch, 2010). Aber auch für junge Mitarbeitende ist eine ergonomische Arbeitsplatzgestaltung sinnvoll, um eventuellen gesundheitlichen Leiden vorzubeugen und den Krankenstand niedrig zu halten. Aus der genauen Betrachtung und einem konsequenten Hinterfragen jedes einzelnen Arbeitsschritts entwickelt SSI Schäfer Lösungen für vollautomatisierte Lagersysteme und leistungsstarke Fördertechnik.

Im Mittelpunkt der Forschung und Entwicklung stehen daher die gesamten Prozesse und Einrichtungen. Das umfasst gleichermaßen die Schnittstellen, an denen die Technik auf den Menschen trifft. Im Rahmen der Gestaltung besonders arbeitsfördernder und gesundheitsschonender Arbeitsstationen wurde dabei das Konzept ergonomics@work!® entwickelt. Denn gerade bei den manuellen Prozessen in Montage und Intralogistik spielt Ergonomie eine wesentliche Rolle. Auch aus wirtschaftlicher Sicht ist ein ergonomisch eingerichteter Arbeitsplatz samt zugehörigen Prozessen sinnvoll, denn dadurch steigt die Produktivität (vgl. Pfeffer, 2017). Rund 50 % der Kosten in Logistikzentren und Montagebetrieben entfallen in der Regel auf den Personalbereich. Allein bei den Kommissionierprozessen werden ca. 80 % der Tätigkeiten manuell ausgeführt (vgl. Glock et al., 2015). Manuelle Tätigkeiten mit hohen Gesamtbelastungen des menschlichen Bewegungsapparates führen jedoch zu abnehmender Leistung und erhöhter Fehleranfälligkeit bis hin zu erhöhten Krankenständen (vgl. Glock & Gosse, 2013, S. 205). Etwa 25 % der Arbeitsunfähigkeitstage entstehen durch Krankheiten des Muskel-Skelett-Systems und des Bindegewebes (vgl. Günthner & Walch, 2010). Die Verbindung innovativer Technologien mit natürlichen menschlichen Bewegungsabläufen auf Grundlage der ergonomiebezogenen Regeln für die Gestaltung von Arbeitsmitteln und Arbeitsplätzen (vgl. Bengler, o. J.; Pfeffer, 2017) ist daher ein wichtiger Bestandteil der Konzeption und Planung von Anlagen und Arbeitsplätzen. Das reicht in der ganzheitlichen Prozessbetrachtung über alle Produktgruppen – von flüsterleiser Fördertechnik, die den Geräuschpegel an den Arbeitsstationen um bis zu 10 dB(A) senkt, über visualisierte Benutzerführung durch Bildschirme und Lichtanzeigen sowie eine Ausstattung der Arbeitsplätze mit Vollholzflächen, gerundeten Kanten und optimierten Bewegungsabläufen der Kommissionierbewegungen von oben nach unten, ohne Heben und Tragen bis hin zur Umsetzung kurzer Wege und idealer Arbeitshöhen bei Schachtkommissionierern und Regalsystemen. Die Bewegungsabläufe des Hebens und Tragens werden durchgängig durch ergonomisches Ziehen und Schieben unterstützt.

Damit verbunden ist zudem das Thema Nachhaltigkeit beim Ressourceneinsatz. Ergonomische Arbeitsplätze sowie präventiver Arbeitsschutz und Anlagensicherheit stellen eine ethische Verpflichtung dar, die in der Produkt- und Lösungsentwicklung eine elementare Rolle spielen. Exakt zugeschnittene Lösungen für nachhaltig gestaltete Arbeitsplätze und Prozesse unter ergonomischen Kriterien helfen nicht allein dabei, überflüssige Anstrengungen und gesundheitliche Schäden zu vermeiden. Sie fördern die Motivation der Mitarbeitenden und verbessern dadurch das Betriebsklima. Das wiederum steigert die Effizienz in der Kommissionierung, minimiert Fehlerquoten, reduziert die negativen Folgen von krankheitsbedingten Fehltagen (Nichteinhaltung der Service Level Agreements) und unterstützt die reibungslose Auftragsabwicklung mit wartungsarmer und zuverlässiger Technik. Die ergonomischen Berührungsflächen sind aus Holz und unterstreichen den natürlichen Charakter. Das Holz für diese Flächen stammt aus der lokalen Holzwirtschaft und wird über kurze Transportwege, und damit einen niedrigen CO_2-Ausstoß, zur weiteren Verarbeitung innerhalb Österreichs verbracht. Damit sind ergonomisch optimal konzipierte Arbeitsstationen unter dem Aspekt der Nachhaltigkeit – unter ökologischen, ökonomischen und sozialen Gesichtspunkten – eine Win–win-Situation für Arbeitnehmer und Arbeitgeber.

Der Entwicklungsprozess von ergonomics@work!® hat sich unter Einbindung zahlreicher unabhängiger Experten und renommierter Institutionen über mehrere Jahre hingezogen. Bereits in der Entwicklungsphase bestätigten Simulationen und Praxistests den umfassenden Nutzen von ergonomics@work!®-Arbeitsplätzen. Von Beginn an wurde das Konzept an den jeweils aktuellen Versionen der Übersichtsnorm DIN EN ISO 26800 „Ergonomie – Genereller Ansatz, Prinzipien und Konzepte" ausgerichtet (vgl. Kommission Arbeitsschutz und Normierung, 2012). Diese Norm stellt den allgemeinen Denkansatz der Ergonomie dar und zeigt wesentliche ergonomische Prinzipien und Konzepte auf, wie Aufgaben, Tätigkeiten, Produkte, Systeme und Umgebungen sich höchst ergonomisch an die Eigenschaften der Nutzer anpassen lassen.

Ziel der Norm ist es, dass die Hersteller ihre Produkte und Systeme ergonomisch gestalten und dies über den gesamten Produktlebenszyklus sicherstellen. Zu den zwei Ergonomieprinzipien gemäß der Norm zählen eine kriterienbasierte Bewertung der

Anwendung und ein menschenorientierter Ansatz. Mit Letzterem lassen sich die Systemkomponenten an die Merkmale der Benutzer, die Aufgaben und die Umgebung anpassen. Die Norm erläutert den Begriff „Konzepte" mit vier Szenarien, die zum besseren Verständnis und für die Anwendung der Prinzipien herangezogen werden können. Die vier Konzepte reflektieren die Gebrauchstauglichkeit, Zugänglichkeit/Barrierefreiheit, die Auswirkungen von Belastungen und – mit dem Systemkonzept – die Wechselwirkungen zwischen Mensch und Systemelementen. Mit der Berücksichtigung dieser Grundlagen können die Bedürfnisse und Eigenschaften der späteren Nutzer bereits vom ersten Produktentwurf an einbezogen werden. Dies trägt zur Gesundheit, Zufriedenheit und zum Wohlbefinden der Beschäftigten bei. Der Ergonomieaspekt wird zudem nicht allein bei der Nutzung verfolgt, sondern – eben über den gesamten Lebenszyklus – auch hinsichtlich Wartung und Entsorgung berücksichtigt.

Unter Berücksichtigung der DIN EN ISO 26800 und der berufsgenossenschaftlichen Detailvorschriften[1] wurden nach und nach intelligente Kommissionierlösungen wie Pick-by-Light und Put-to-Light, Pick-by-Voice, E-Pick und pick@work oder Radio-Frequency-Picking und Mobile-Picking entwickelt bzw. in die optimale ergonomische Gestaltung der Arbeitsstationen eingebunden. Sie ergänzen komfortabel die automatisierten Materialflüsse und erfüllen zudem gleichermaßen die ergonomischen und am Arbeitsschutz ausgerichteten Anforderungen wie auch die an den Erfordernissen effizienter Auftragsfertigung in modernen Logistikzentren orientierten Durchsatzleistungen. Die ergonomische Ausrichtung umfasst dabei sowohl die physischen als auch die kognitiven Belange. Die physische Ergonomie fokussiert die anatomischen, physiologischen oder anthropometrischen Eigenschaften des Menschen in Bezug auf körperliche Arbeit. Die kognitive Ergonomie beschäftigt sich mit den mentalen Prozessen wie Wahrnehmung, Gedächtnis oder motorische Reaktionen zur Verarbeitung von Informationen.

Dem ergonomics@work!®-Konzept liegen vier Grundsätze zugrunde, um manuelle und halbautomatisierte Arbeitsplätze optimal ergonomisch einzurichten:

1. Prozesse und Arbeitsplätze werden so gestaltet, dass die körperliche Anstrengung so weit wie möglich reduziert wird. Lasten werden nur horizontal oder mit der Schwerkraft nach unten bewegt.
2. Arbeitsplätze werden „um die Mitarbeitenden herum" angeordnet. Dies reduziert Schritte und Armbewegungen auf das Nötigste. Die Gesamtleistung wird gesteigert.
3. Zur Steigerung der Leistungsqualität sowie für eine intelligente Einbindung in die automatisierte und IT-basierte Prozesssteuerung kommt eine einfache optische

---
[1] DGUV-Information 240-460 (bisher BGI/GUV-I 504-46, 2009): Handlungsanleitung für die arbeitsmedizinische Vorsorge nach dem Berufsgenossenschaftlichen Grundsatz G 46 „Belastungen des Muskel- und Skelettsystems einschließlich Vibrationen".

Benutzerführung zum Einsatz. Neben dem klaren Design des Arbeitsplatzes unterstützt die Integration von Sensoren die Qualitätssteigerung.
4. Die für die Komponenten und Elemente verwendeten Formen und Materialien ermöglichen freie Bewegung an der Arbeitsstation und beugen Verletzungen vor. Kontaktflächen werden aus Vollholz gefertigt, Kanten nach Möglichkeit abgerundet. Damit profitieren die Arbeitskräfte in den Logistikzentren und an den Montageplätzen von optimalen Rahmenbedingungen für ihre Tätigkeiten.

Die herausragenden gesundheitserhaltenden Eigenschaften des Konzeptes ergonomics@work!® für die Mensch-Maschine-Schnittstelle sind inzwischen mehrfach belegt. Gutachten des Instituts für Arbeitswissenschaft der Technischen Universität Darmstadt (IAD) etwa beurteilen es als „wegweisenden Beitrag" bei der Berücksichtigung des demografischen Wandels in nachhaltige Lösungen für die Intralogistik und heben seinen „hervorragenden Beitrag zur Ergonomie" hervor. Eine gemeinsam mit der Berufsgenossenschaft Handel und Warendistribution (BGHW) durchgeführte Untersuchung von ergonomisch optimierten Palettierarbeitsplätzen aus dem Hause SSI Schäfer kommt zu folgendem Ergebnis: Bei der manuellen Kommissionierung sind 98 % der eingenommenen Körperhaltungen als nicht belastend einzustufen, insgesamt wird eine verbesserte Körperhaltung gegenüber konventioneller Kommissionierung erzielt und belastende sowie deutlich schwer belastende Körperhaltungen kommen nicht mehr vor. Zudem wurden die Arbeitsplätze nach dem ergonomics@work!®-Konzept durch den TÜV Süd überprüft und begutachtet. Danach zeigt sich die außergewöhnliche Qualität der ergonomics@work!®-Arbeitsplätze auch darin, dass sie aus arbeitsmedizinischer Sicht sogar für eingeschränkt belastbare Menschen geeignet sind – bei Einsatzzeiten bis vier Stunden gilt dies sogar für Menschen mit körperlichem Handicap. Dies ist tägliche Praxis in den beiden Distributionszentren der führenden US-amerikanischen Drogeriemarktkette Walgreens, die SSI Schäfer realisierte. Zum Start der modernen Distributionszentren wurde festgelegt, jeden dritten Arbeitsplatz durch Menschen mit Behinderung zu besetzen. Ausgestattet mit flexibel einstellbaren, benutzerfreundlichen Arbeitsplätzen können hier Menschen mit und ohne Behinderung in der Kommissionierung zusammenarbeiten.

7.3 Analysen, Methoden und Messverfahren

Für seine Beurteilung der arbeitsmedizinischen Vorteile von ergonomics@work!® hat der TÜV Süd mit einer typischen Wareneingangs-Arbeitsstation (Goods-In Station) und einem Pick-to-Tote-System (Advanced Pick Station two-level) zwei Einrichtungen untersucht, die jeweils exemplarisch für den Produktbereich der manuellen Arbeitsplätze mit pick@work, E-Pick oder dem Retouren-Arbeitsplatz bzw. die halbautomatisierten Kommissionierarbeitsplätze, wie den Pick-to-Bucket oder das Parallel-Picking-System, stehen. Die Überprüfung der Arbeitsstationen schloss mit einem Gutachten ab, welches

SSI Schäfer für interne Zwecke in Auftrag gegeben hatte. Die kritische Begutachtung eines Facharztes für Arbeitsmedizin erbrachte darin ein überaus positives Ergebnis. Demnach sind an den beiden Arbeitsstationen keine Gesundheitsschäden durch Überbeanspruchung bei gut geübten, in ihrer körperlichen Belastbarkeit nicht wesentlich eingeschränkten Personen, auch bei achtstündigem Einsatz, zu erwarten.

Ein weiteres Projekt zur Beurteilung der Arbeitsstationen wurde in Zusammenarbeit mit der Technischen Universität Darmstadt durchgeführt. Dieses schloss mit zwei Gutachten, die das Institut für Arbeitswissenschaft der Technischen Universität Darmstadt (IAD) im März 2020 erstellt hat, ab: ein Gutachten für die Advanced Pick Station one-level, ein anderes für die Advanced Pick Station two-level (vgl. IAD, o. J.). Das Ziel einer bestmöglichen ergonomisch ausgerichteten Arbeitsplatzgestaltung basiert auf vier Projektphasen: Produktanalyse, Messung der physischen Belastungen, Bewertung der Einflussfaktoren und schließlich Umsetzung in marktgerechte Lösungen.

Dazu wurden mit modernen Technologieverfahren Bewegungsdaten von Kommissionierenden an Arbeitsstationen erstellt. Mit den gewonnenen Informationen und Materialien wurde eine Simulationsstudie durchgeführt. Daraus resultierten zwölf Versionen eines Arbeitsplatzes, mit Unterschieden bezüglich der Position der Behältnisse (Ausrichtung quer oder längs), variierender Neigung, mit one- und two-level sowie verschiedenen Gewichten der Packstücke. Mit acht Probanden wurden 192 Versuche aufgezeichnet und weiter ausgewertet, um eine ergonomisch optimale Arbeitsplatzgestaltung im Kommissionierbereich nach dem Prinzip „Ware-zur-Person" zu entwickeln. Als Resultat wurde die Advanced Pick Station two-level weiter optimiert und mit der Advanced Pick Station one-level ein vollkommen neues Konzept einer Arbeitsstation umgesetzt. Beide Stationen sind inzwischen mit dem Konzept ergonomics@work!® zertifiziert. Die einfache Visualisierung durch Lichtführung und eine höhenverstellbare Plattform unterstreichen die hoch ergonomischen Standards der Stationen.

Zur Überprüfung der ergonomischen Gestaltungsgüte aus arbeitswissenschaftlicher Sicht wurden dabei für beide Stationen insbesondere fünf Kriterien zugrunde gelegt und untersucht:

- Lastgewichte der zu kommissionierenden Artikel und Häufigkeiten der manuellen Lastenhandhabung
- Eigenschaften der zu kommissionierenden Artikel, wie zum Beispiel wurffähig oder nicht wurffähig
- Eingenommene Körperhaltungen der Kommissionierenden bedingt durch die geometrischen Abmessungen der Arbeitsstation (Anordnung und Neigung der Lager- bzw. Auftragsbehälter)
- Belastungen durch Repetition der oberen Extremitäten beim Kommissionieren
- Länge der Laufwege der Kommissionierenden

Hintergrund: Das Institut für Arbeitsschutz der Deutschen Gesetzlichen Unfallversicherung (IFA) führt zur Bewertung physischer Belastungen in einer tabellarischen

Listung die Winkelbereiche verschiedener Körpergelenke auf (vgl. IFA, 2015) und kategorisiert sie nach einem Ampelschema. Unter Berücksichtigung des physiologischen Bewegungsumfangs werden die Winkelkategorien danach als neutral bzw. akzeptabel („grün"), mittelgradig bzw. bedingt akzeptabel („gelb") oder endgradig bzw. nicht akzeptabel („rot") eingestuft. So gilt beispielsweise eine Kopfneigung von 0 bis 25 Grad als neutral und bei mehr als 85 Grad als inakzeptabel. Bei einer Halskrümmung gilt es, jede Neigung von mehr als 25 Grad grundsätzlich zu vermeiden. Die Schultergelenke werden unter einer Oberarmrotation unter ergonomischen Gesichtspunkten in einem Bereich zwischen 30 Grad vor der Brust bis 15 Grad nach außen akzeptabel genutzt. Darüber gelten Bewegungen nach innen bis zu einem Winkel von 60 Grad und nach außen bis zu 30 Grad noch als mittelgradig vertretbar. Parameter wie Dauer, Häufigkeit, Dynamik von Bewegungen bzw. Statik von Haltungen und äußeren Umständen, die für die Bewertung der jeweiligen Gelenkstellung oder Körperhaltung ebenfalls eine entscheidende Rolle spielen, berücksichtigt die Kategorisierung der Winkelbereiche nicht. Zudem weist die Unterlage der IFA Bewertungsansätze für Momente und Kräfte aus, die auf Gelenke und Wirbelsäule einwirken, und stellt Kriterien zur Erfassung und Bewertung manueller Arbeitsprozesse bereit.

Zur Überprüfung der ergonomischen Qualität der beiden Advanced Pick Stationen durch das IAD wurden die physischen Belastungen vor dem Hintergrund der IFA-Listungen mit einem speziellen Verfahren erfasst und analysiert: Das Aufzeichnungsverfahren Motion Capture (Abb. 7.1) ist ein personengebundenes, kontinuierliches Messsystem zur Haltungs- und Bewegungsanalyse (Rumpf, Kopf, obere und untere Extremitäten). Es besteht aus robuster, langzeitstabiler Sensorik, die auf der Arbeitskleidung getragen wird und die Abläufe derart erfasst, dass die Messgrößen hinsichtlich Winkelbereichen, Statik, Repetition, Aktivität, Krafteinwirkung und Lastenhandhabung anhand von gesicherten arbeitswissenschaftlichen Erkenntnissen bewertet werden können. Das Messsystem wurde bei der IFA entwickelt, um Belastungen des Muskel-Skelett-Systems bei beruflichen Tätigkeiten unmittelbar am Arbeitsplatz unter realen Arbeitsbedingungen zu messen. Zudem können Belastungsparameter, wie die Herzfrequenz oder die Muskelaktivität, sowie Arbeitsumgebungsfaktoren, wie Lärm oder Vibration, erfasst werden. Auf dieser Datenbasis ist es möglich, Aussagen zu treffen über die berufsbedingten Gesundheitsgefahren bzw. über die Qualität der eingebrachten ergonomischen Maßnahmen zur Unterstützung der Arbeitsprozesse.

Über die am Körper befestigten Marker werden die Bewegungen der Personen in einem Tracking-Verfahren derart erfasst und aufgezeichnet, dass sie auf virtuelle Figuren übertragen, digital wiedergegeben, analysiert und weiterverarbeitet werden können (Abb. 7.2). Die Auswertung der objektiven Messungen erfolgte mit dem in der Praxis anerkannten EAWS-Verfahren (Ergonomic Assessment Worksheet) zur Bewertung von physischen Belastungen. Das Bewertungsverfahren wurde in einem mehr als zehnjährigen Entwicklungsprozess in Zusammenarbeit zwischen IAD und dem Internationalen MTM (Methods-Time-Measurement)-Direktorat (IMD) entwickelt. Inhaltlich deckt es die vier Bereiche Körperhaltung, Aktionskräfte, Lastenhandhabung und die Belastung der

7 Lösungen für die Schnittstelle Mensch/Maschine

Abb. 7.1 Das Motion-Capture-Verfahren ist personengebunden und zeichnet kontinuierlich Daten zur Haltungs- und Bewegungsanalyse auf (Rumpf, Kopf, obere und untere Extremitäten). (Quelle: © SSI Schäfer)

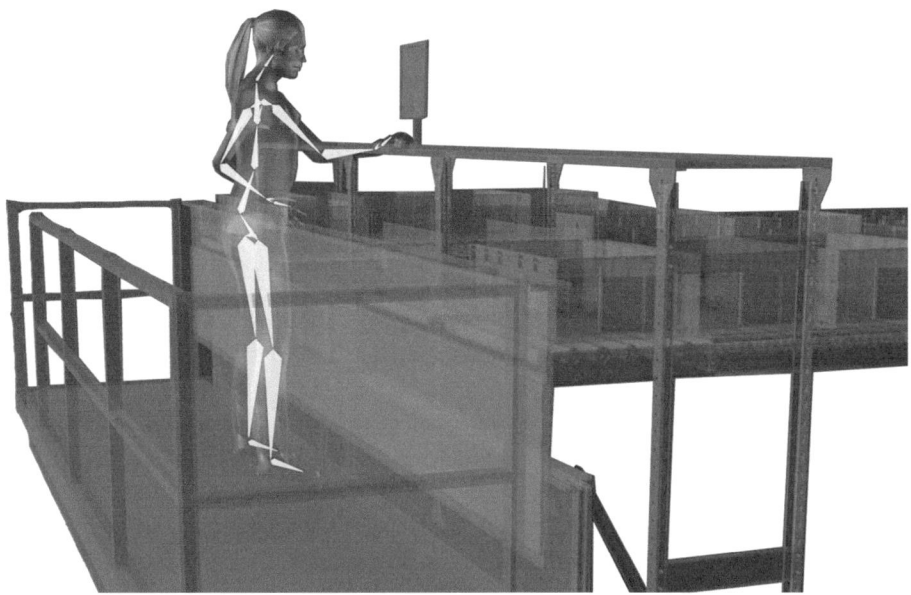

Abb. 7.2 Bei der Motion-Capture-Technologie werden die erfassten Bewegungsdaten auf virtuelle Figuren übertragen, näher analysiert und weiterverarbeitet. (Quelle: © SSI Schäfer)

oberen Extremitäten bei repetitiven und kurzzyklischen Tätigkeiten ab. Bei zahlreichen Untersuchungen in europäischen Unternehmen der Automobil- und Automobilzulieferindustrie, des Maschinenbaus und der Elektroindustrie hat sich das Verfahren inzwischen bewährt. Das EAWS (Ergonomic Assessment Work Sheet)-Verfahren gestattet überdies die Bewertung von Arbeitsvorgängen bereits in einem frühen Designstadium. Insgesamt trägt es den Forderungen des Arbeitsschutzes Rechnung und erfüllt die Vorgaben der EU-Maschinenrichtlinie. Damit bietet das Bewertungsverfahren ein probates Werkzeug zur klassischen arbeitswissenschaftlichen Engpassbetrachtung und summarischen Bewertung der Risiken von körperlichen Belastungen ebenso wie zur Gestaltungsüberprüfung und -optimierung von Arbeitsstationen. So auch für die beiden Gutachten des IAD über die zwei Ware-zur-Person-Stationen.

Die Ware-zur-Person-Kommissionierung zählt zu den teilautomatisierten Kommissionierlösungen, bei der den Kommissionierern lange Wege im Lager erspart bleiben. Das verringert die Kommissionierzeiten. Eine automatisierte Kommissionierung beinhaltet zudem eine dynamische Bereitstellung der Artikel. Die Quellladungsträger mit den gewünschten Artikeln gelangen über Fördertechnik oder FTF vom Lagerort an die Arbeitsstation. Dort werden die angeforderten Artikel von den Mitarbeitenden entnommen, in einem Zielladungsträger abgelegt und die Quellladungsträger zurückgelagert. Mit dem Bewegungsfokus auf Kommissionierprozesse erfordern die Arbeitsplätze eine optimale ergonomische Ausrichtung und Ausstattung. Alle Objekte müssen sich in einem günstigen Zugriffsbereich befinden. Zudem ist der optimale Bewegungsraum für die Mitarbeitenden in verschiedene, sinnvoll gegliederte Bereiche unterteilt. Im Zentrum, auf der Arbeitsfläche vor den Mitarbeitenden, liegt der Griffbereich im direkten Blickfeld. Das erweiterte Arbeitszentrum beschreibt den Zugriffsbereich, den beide Hände mit ausgestrecktem Arm erreichen können. Der Bereich ist unterschieden in die Einhandzone, in der die Gegenstände jeweils nur für eine Hand ergreifbar sind, und die erweiterte Einhandzone. Letztere gilt als äußerste, noch nutzbare Zone, die jedoch bei großer Wiederholungszahl oder hoher Last bereits nach kurzer Zeit eine negative Belastung auf das Muskel-Skelett-System ausübt. Einen derartigen Belastungsgrad zu mildern und möglichst zu vermeiden ist das Ziel einer maximal ergonomischen Gestaltung des Arbeitsplatzes. Die entsprechenden Greifräume und Sichtbarkeiten an den beiden Kommissionierstationen wurden für die Gutachten für verschiedene Menschmodelle und Populationen mit 3-D-Simulationen überprüft.

7.3.1 Advanced Pick Station one-level

Die innovative Kommissionierstation von SSI Schäfer ist so gestaltet, dass sich Lagerquell- und Auftrags-/Zielladungsträger auf gleicher Höhe befinden. Es wird aus einem Quell- in vier Zielladungsträger (Behälter oder Versandkartons) kommissioniert. Die Zielladungsträger sind jeweils zwei links und rechts des Quellladungsträgers (Behälter) angeordnet und ermöglichen ein effizientes Multi-Order Picking. Die Quellbehälter werden auf einer Fördertechnik nach dem Ware-zur-Person-Prinzip angeliefert. Eine Bildschirmanzeige zeigt den Mitarbeitenden den zu bedienenden Zielbehälter an. Nach dem Pick-Vorgang transportiert die Fördertechnik den Quellbehälter zurück an seinen Lagerplatz. Besonders markantes technisches Ausstattungsmerkmal der Station ist ein automatisch verstellbarer Arbeitsplatzboden an der Frontseite der Kommissionierstation. Er ist um ±130 mm höhenverstellbar und erfüllt damit die anthropometrischen Anforderungen. Mithilfe der genannten Technologien wurde an einem Präsentationsaufbau der Advanced Pick Station one-level sowie an einem Nachbau im Labor des IAD, einem sogenannten Mock-up, die Daten der Gelenkwinkel und Körperhaltungen ermittelt, unter definierten Randbedingungen (Lastgewichte, Anordnung und Neigung der Auftrags- und Lagerbehälter) mit dem in der Praxis anerkannten EAWS-Verfahren bewertet und die ergonomische Gestaltungsgüte der Station ausgewiesen. Die Gutachter des IAD kamen zu dem Urteil (vgl. IAD, o. J.), dass die analysierte Advanced Pick Station one-level die aktuellen ergonomischen Standards zur Arbeitshaltung (vgl. ISO 11226), Lastenhandhabung (vgl. ISO 11228-1) und repetitiven Belastungen der oberen Extremitäten (vgl. EN 1005-5) sehr gut erfülle.

Im Detail konnte nachgewiesen werden, dass das Kommissionieren mit geringen Lastgewichten (bis 2 kg) unabhängig von der Anordnung und Neigung der Lager- bzw. Auftragsbehälter zu geringen Belastungen (EAWS-Werte unter 25 Punkten) führt. Damit ist das Risiko der Entstehung von muskuloskelettalen Erkrankungen in der Regel als gering einzustufen. Mit der Advanced Pick Station one-level, so die Bewertung der Gutachter des IAD (vgl. IAD, o. J.), sind Schlicht- und Konsolidierungsvorgänge ohne wesentliche Rumpfbeugung möglich. Überdies ermögliche sie eine dynamische Arbeitsweise, die statischen Haltungen vorzuziehen ist, ohne, dass hierbei weite Laufwege entstehen. Eine erhöhte energetische Belastung tritt deshalb nicht auf. Insgesamt konnte mit dem EAWS-Verfahren gezeigt werden, dass mit der analysierten Advanced Pick Station one-level die aktuellen ergonomischen Standards zur Arbeitshaltung (vgl. ISO 11226), Lastenhandhabung (vgl. ISO 11228-1) und repetitiven Belastungen der oberen Extremitäten (vgl. EN 1005-5) ohne nennenswerte energetische Belastungen der Kommissionierenden sehr gut eingehalten werden können.

7.3.2 Advanced Pick Station two-level

Komplexe Arbeitsprozesse kennzeichnen die teilautomatisierte Advanced Pick Station two-level (Abb. 7.3). An der Arbeitsstation befinden sich die Quell- und Zielbehälter auf unterschiedlichem Höhenniveau. Die Auftragsbehälter werden auf der unteren Ebene auf Hüfthöhe an einer Längsseite der Station zugeführt. Die Quellbehälter werden ebenfalls querseitig von einer Fördertechnik herangeführt und dem Bedienenden auf Brusthöhe um 30 Grad schräg angekippt in optimaler Sicht- und Zugriffsposition präsentiert. Aus einem oder mehreren Quellbehältern können im Multi-Order Picking mehrere Zielbehälter bedient werden. Der Pickvorgang erfolgt von oben nach unten. Danach werden

Abb. 7.3 An der Advanced Pick Station two-level befinden sich die Quell- und Zielbehälter auf unterschiedlichem Höhenniveau. (Quelle: © SSI Schäfer)

die Quellbehälter von der Fördertechnik automatisch an ihren Lagerplatz zurückgeführt. Die Erfassung von Daten der Gelenkwinkel und Körperhaltungen und ihre Bewertung unter definierten Randbedingungen (Lastgewichte, Anordnung und Neigung der Auftrags- und Lagerbehälter) mit dem in der Praxis anerkannten EAWS-Verfahren erfolgte mithilfe der genannten Technologien an einem Präsentationsaufbau der Advanced Pick Station two-level sowie an einem Mock-up im Labor des IAD. Für das Gutachten wurden mit dem Motion Capture System und der Software die Gelenkwinkeldaten der Tätigkeiten ermittelt und akkurate und objektive Eingangsgrößen für ein Belastungsbewertungsverfahren generiert. Auf deren Grundlage konnten die Gutachter die EAWS-Verfahren zu „Körperhaltungen" (Stehen/Gehen, Stehen mit Rückenbeugung nach vorne, Stehen mit Ellenbogen auf/über Schulterhöhe, Stehen mit Rumpfdrehung und Rumpfneigung), zum „Manuellen Handhaben von Lasten" sowie zu „Repetitiven Belastungen oberer Extremitäten" (Hand-/Arm-/Schulterhaltungen) durchführen.

Auch im Gesamturteil für die Advanced Pick Station two-level fiel die Bewertung der Gutachter positiv aus. Die aktuellen ergonomischen Standards zur Arbeitshaltung (vgl. ISO 11226), Lastenhandhabung (vgl. ISO 11228-1) und repetitiven Belastungen der oberen Extremitäten (vgl. EN 1005-5) können mit der Advanced Pick Station two-level sehr gut eingehalten werden. Das Kommissionieren mit geringen Lastgewichten (bis 2 kg) führt bei der gegebenen Anordnung (Queranbindung und Neigung des Lagerbehälters) zu geringen Belastungen (EAWS-Werte unter 25 Punkten). Dies bedeutet, dass das Risiko der Entstehung von muskuloskelettalen Erkrankungen in der Regel als gering einzustufen ist. Die Advanced Pick Station two-level ermögliche eine dynamische Arbeitsweise, die statischen Haltungen vorzuziehen ist. Da hierbei weite Laufwege entfallen, entstehen keine erhöhten energetischen Belastungen für die Mitarbeitenden.

7.3.3 Bewertung der Advanced Pick Arbeitsstationen

In Zusammenarbeit mit der TU Darmstadt, das belegen die beiden IAD-Gutachten (vgl. IAD, o. J.), konnten mit intelligenter Planung, modernsten Technologien und Simulations- und Softwareverfahren für die Analyse mit den beiden Advanced Pick Stations zwei ergonomisch optimierte Arbeitsstationen für die Mensch-Maschine-Schnittstelle realisiert werden. Ihre exponierten Merkmale: Alle erforderlichen Materialien und Ladungsträger in komfortabler Arbeitsposition ohne übermäßiges Beugen oder Drehen des Rumpfes im einfachen Zugriff, Bewegungsabläufe ohne körperliche Anstrengung, geringer Stressreiz und variabel anpassbare Kommissionierraten.

7.4 Fazit

Insgesamt wird mit dem Konzept ergonomics@work!® eine konsequente Auslegung der Arbeitsstationen auf die jeweils erforderlichen, natürlichen menschlichen Bewegungsabläufe erzielt. In enger Zusammenarbeit mit führenden Institutionen und Forschungseinrichtungen erfolgt dabei sowohl eine kontinuierliche Überprüfung und Optimierung der ergonomischen Ausgestaltung bestehender Komponenten und Prozesse als auch die Entwicklung innovativer, ergonomisch optimal ausgelegter Einrichtungen.

Das Konzept ergonomics@work!® kennzeichnet – über alle Prozessebenen der Intralogistik hinweg – markante gesundheitserhaltende Eigenschaften für die Mensch-Maschine-Schnittstelle und hebt die Entlastungspotenziale durch ergonomisch optimierte Arbeitsbedingungen hervor. Bei den entsprechend entwickelten Arbeitsstationen werden alle Bewegungsabläufe, insbesondere das Heben und Tragen, durch ergonomisches Ziehen und Schieben ersetzt und der Bedienende wird mittels intelligenter Kommunikations- und Anzeigesysteme geführt. Damit kommt das Konzept bei der Arbeitsplatzgestaltung nicht zuletzt den Anforderungen der demografischen Entwicklung der Bevölkerung nach.

Die Unternehmen wiederum profitieren von Produktivitätssteigerungen und entsprechend sinkenden Kostenblöcken. Durch die geringere Ermüdung der Mitarbeitenden und eine klar strukturierte Benutzerführung steigen Qualität und Effizienz, während die Auftragsdurchlaufzeiten sinken. Mit der qualitativ gesteigerten Leistung und zusätzlichen Sicherheitsebenen reduziert ergonomics@work!® die Fehlerquote.

Hinzu kommen weiche Faktoren, wie etwa die Aufwertung der Unternehmensreputation durch den Einsatz von ergonomisch ausgelegten Arbeitsstationen und der somit dokumentierten sozialen Verantwortung. Damit zeigen die Ergebnisse des Konzeptes, dass Gesundheitsvorsorge und Arbeitsschutz für die Mitarbeitenden nicht als Kostentreiber für die Unternehmensbilanzen zu werten sind. Im Gegenteil, ihre konsequente Umsetzung stellt einen entscheidenden Faktor für mehr Prozesseffizienz und -qualität, Umsatzsteigerungen und generell den langfristigen Unternehmenserfolg im Wettbewerb dar.

Literatur

Bengler, K. (o. J.). Was ist Ergonomie? https://www.mw.tum.de/lfe/lehrstuhl/was-ist-ergonomie/. Zugegriffen: 6. Apr. 2020.

Glock, C., Elbert, R., Grosse, E., & Franzke, T. (15. Mai 2015). Effizienter kommissionieren. *dvz, 35*, 5.

Glock, C., & Grosse, E. (2013). Menschliche Faktoren in der Kommissionierung. *Zeitschrift für wirtschaftlichen Fabrikbetrieb, 108*(4), 203–207.

Günthner, W. A., & Walch, D. (2010). Nachhaltige Ergonomie für die Logistik. https://mediatum.ub.tum.de/doc/1187878/fml_20131230_71_export.pdf. Zugegriffen: 6. Apr. 2020.

Pfeffer, M. (Juli 2017). Ergonomische Arbeitsplatzgestaltung steigert ihre Produktivität. *IPL Magazin*, S. 40. https://ipl-mag.de/ipl-magazin-rubriken/ipl-projekt/567-ergonomische-arbeitsplatzgestaltung-steigert-ihre-produktivit%C3%A4t. Zugegriffen: 6. Apr. 2020.

DGUV-Information 240-460 (bisher BGI/GUV-I 504-46). (2009). Handlungsanleitung für die arbeitsmedizinische Vorsorge nach dem Berufsgenossenschaftlichen Grundsatz G 46 „Belastungen des Muskel- und Skelettsystems einschließlich Vibrationen". https://publikationen.dguv.de/widgets/pdf/download/article/747. Zugegriffen: 6. Apr. 2020.

IFA Institut für Arbeitsschutz der Deutschen Gesetzlichen Unfallversicherung. (2015). Bewertung physischer Belastungen gemäß DGUV-Information 208-033 (bisher: BGI/GUV-I 7011) (Anhang 3). https://www.dguv.de/medien/ifa/de/fac/ergonomie/pdf/bewertung_physischer_belastungen.pdf. Zugegriffen: 6. Apr. 2020.

Institut für Arbeitswissenschaft der TU Darmstadt (IAD). (o. J.). https://www.iad.tu-darmstadt.de/forschung_iad/forschungsgruppen_iad/abg_iad/gestaltung_von_arbeitsplaetzen_iad/gestaltung_von_kommissionierstationen_iad/gestaltung_von_kommissionierstationen_iad.de.jsp. Zugegriffen: 25. Apr. 2020

Kommission Arbeitsschutz und Normierung. (2012). DIN EN ISO 26800 „Ergonomie – Genereller Ansatz, Prinzipien und Konzepte". https://www.kan.de/publikationen/kanbrief/neue-grundlagendokumente-der-ergonomie/die-neue-ergonomie-grundnorm-din-en-iso-26800/. Zugegriffen: 25. Apr. 2020.

7 Lösungen für die Schnittstelle Mensch/Maschine

Gernot Maier (Ing.) leitet den Bereich Produktmanagement für Kleinfördertechnik, Robotic, Palettenfördertechnik, ASRS, Shuttle-Systeme, Workstations, Picking und Handlingsmaschinerie sowie Produktlesung bei SSI Schäfer in Graz. Davor hat er den Cluster Picking und Handling mit Workstations als Product Cluster Manager bei SSI Schäfer betreut. Er ist seit mehreren Jahren Experte bei Austrian Standards für neue Normen.

Willibald Rabenhaupt (Dipl.-Wirt.-Ing., FH) ist im Produktmanagement für den Bereich Workstations zuständig. Die optimale ergonomische Gestaltung der Mensch/Maschine-Schnittstelle zählt zu seinen Hauptaufgaben. Er arbeitet eng mit dem Institut für Arbeitswissenschaft der TU Darmstadt zusammen und ist maßgeblich für die Erstellung der Ergonomie-Gutachten verantwortlich.

Teil II
Automatisierung und Digitalisierung in der Logistik

Strategien im Betrieblichen Gesundheitsmanagement: Analyse der Maßnahmen für gewerbliche Mitarbeiter in der Lagerlogistik

8

Kristina Nestler, Tim Gruchmann, Susanne Liebermann und Thomas Hanke

Inhaltsverzeichnis

8.1 Einleitung	104
8.2 Betriebliches Gesundheitsmanagement	106
8.2.1 Anforderungen an ein BGM in der Logistik	106
8.2.2 Untersuchungsrahmen der vorliegenden Studie	108
8.3 Methodisches Vorgehen	109
8.3.1 Datenerhebung	109
8.3.2 Datenauswertung	110
8.3.3 Gütekriterien	111
8.4 Aktueller Stand des BGM in den Unternehmen	111
8.4.1 Verhältnisorientierte Maßnahmen	111
8.4.2 Verhaltensorientierte Maßnahmen	114
8.5 Fallstudien-Vergleich	116
8.6 Zusammenfassung und Ausblick	118
Literatur	121

Zusammenfassung

Transformationsprozesse in der Logistik haben zu einer Flexibilisierung der Arbeitsabläufe, aber auch zu einer Verdichtung und Beschleunigung von Tätigkeiten geführt. Die zunehmende Digitalisierung und Automatisierung von Arbeitsplätzen

---

K. Nestler · T. Hanke
FOM Hochschule, Essen, Deutschland
E-Mail: Kristina.Nestler@fom.de

T. Hanke
E-Mail: thomas.hanke@fom.de

© Der/die Autor(en), exklusiv lizenziert an Springer Fachmedien Wiesbaden GmbH, ein Teil von Springer Nature 2022
M. Klumpp et al. (Hrsg.), *Ergonomie in der Intralogistik*, FOM-Edition,
https://doi.org/10.1007/978-3-658-37547-8_8

hat Auswirkungen auf das physische und psychische Belastungsniveau von Mitarbeitenden und Führungskräften, was in einer Zunahme von Erkrankungen mit besonders langen Ausfallzeiten resultierte. Neben der ökonomischen Dimension ist die soziale Dimension des Managements gesundheitlicher Beschwerden aktiver Mitarbeitender, verstärkt durch den vorherrschenden Fachkräftemangel in der Logistik, in den Vordergrund gerückt. Vielfach wird deshalb eine Veränderung der Unternehmenskultur mit dem Ziel einer gesundheitlich nachhaltigen Beschäftigung von gewerblichen Mitarbeitenden durch das Betriebliche Gesundheitsmanagement (BGM) und die Führungsebene angestrebt. Auch der Deutsche Nachhaltigkeitskodex (DNK) greift diese gesellschaftliche Herausforderung auf, um Arbeitssicherheit und Gesundheitsschutz sowie Mitbestimmung in den Unternehmen zu fördern (DNK-Kriterium 15). Die daraus resultierende Fragestellung, wie die strategische Führung und das Human Ressource Management (HRM) die Gesundheit von gewerblichen Mitarbeitenden in der Logistik unterstützen kann, soll anhand von drei konkreten Fallstudien im Rahmen des Projektes ADINA „Automatisierungstechnik und Ergonomieunterstützung für innovative Kommissionier- und Umschlagkonzepte der Logistik in NRW" beantwortet werden. Als Ergebnis werden relevante Ansätze zur Verbesserung der gesundheitlichen Situation identifiziert. Diese liegen insbesondere in den Bereichen der Verhältnisprävention und Verhaltensprävention sowie gesundheitsförderlicher Führung. Mitarbeitende in der Logistik müssen insbesondere unterstützt werden, Eigeninitiative für die Umsetzung geeigneter Maßnahmen aufzubringen, um eine langfristige Verbesserung der aktuellen Arbeitssituation zu erreichen.

8.1 Einleitung

In der Logistik wird der Einsatz neuer, digitaler Technologien in einem zunehmend unvorhersehbaren Umfeld mit veränderten Kundenanforderungen und starkem Konkurrenzdruck zum entscheidenden Wettbewerbsvorteil (vgl. Gruchmann et al., 2018). Die Einführung von technologischen Innovationen führt zu teilweise drastischen Veränderungen von Arbeitsprozessen und Aufgabenverteilungen (vgl. Hirsch-Kreinsen, 2015) und birgt sowohl für Mitarbeitende als auch für Führungskräfte neue Belastungsrisiken, wie eine Zunahme an Multitasking-Aufgaben, beschleunigte Arbeitsprozesse und Arbeitsverdichtung (vgl. Knieps & Pfaff, 2017). Im Hinblick auf psychische Belastungen

---

T. Gruchmann (✉) · S. Liebermann
Fachhochschule Westküste, Westküsteninstitut für Personalmanagement (WinHR),
Heide, Deutschland
E-Mail: Gruchmann@fh-westkueste.de

S. Liebermann
E-Mail: Liebermann@fh-westkueste.de

zeigt sich, dass die Logistikbranche in besonderem Maße von den Konsequenzen der Digitalisierung betroffen ist (vgl. Kübler et al., 2015). Beschäftigte aus der Logistikbranche berichten im DAK Gesundheitsreport von hohem Termin- und Leistungsdruck, Belastungen durch wiederkehrende Tätigkeiten, geringen Handlungsspielräumen bei gleichzeitig hoher Verantwortung sowie von Informationsdefiziten (vgl. DAK Gesundheitsreport, 2018). Zusätzlich wirken arbeitszeitliche Belastungen wie Schichtarbeit, Mehrarbeit und Ausfall von Pausen negativ auf die Gesundheit der Mitarbeitenden in dieser Branche. Neben diesen psychischen und sozialen Anforderungen sind gerade die gewerblichen Logistik-Mitarbeitenden noch immer körperlichen Belastungen ausgesetzt. Deren Tätigkeiten sind häufig von körperlich anstrengenden Arbeiten, der manuellen Handhabung von Lasten, dem Heben schwerer Gegenstände und langem Stehen geprägt (vgl. Schneider et al., 2019). In aktuellen Gesundheitsberichten der Krankenkassen belegt die Logistikbranche Spitzenplätze bei Arbeitsunfähigkeitstagen (vgl. zum Beispiel Knieps & Pfaff, 2017). Als Hauptursachen für Fehlzeiten werden entsprechend Muskel-Skelett-Erkrankungen (MSE), psychische Störungen, Atmungssystem-Erkrankungen sowie Verletzungen genannt (vgl. Knieps & Pfaff, 2017).

Neben der Herausforderung hoher Ausfalltage durch Krankheitsfälle berichten Kübler et al. (2015) in ihrem Bericht der Beschäftigtensituation in der Logistikbranche, dass die Branche vor allem unter dem Fachkräftemangel leidet. Es wird zunehmend schwieriger, Mitarbeitende zu rekrutieren, die den gestiegenen Qualifikationsanforderungen gerecht werden können. In den kommenden Jahren wird sich die Situation weiter verschärfen, da in vielen Unternehmen der Altersdurchschnitt der Belegschaft im Vergleich zu anderen Branchen relativ hoch ist. Entsprechend müssen Nachhaltigkeitsstrategien die Bedürfnisse ihrer Mitarbeitenden in Bezug auf körperliches, geistiges und soziales Wohlbefinden als wichtige Stakeholder-Gruppe explizit berücksichtigen und kommunizieren, zum Beispiel in Form einer Nachhaltigkeitsberichterstattung (vgl. Bachmann et al., 2019). Während das Human Ressource Management (HRM) im Allgemeinen, und das Betriebliches Gesundheitsmanagement (BGM) im Besonderen, bisher als vernachlässigte Forschungsrichtung in der Logistik galt (vgl. Lengnick-Hall et al., 2013), rückt diese nicht zuletzt wegen zunehmender Nachhaltigkeitsanforderungen in den Fokus. Dabei wird vor allem Handlungsdruck in den Bereichen Personal- und Kompetenzentwicklung zur Rekrutierung von Fach- und Führungskräften mit neuen Kompetenz- und Qualifikationsprofilen sowie Gestaltung flexibler Arbeits(zeit)modelle und neuer Formen der Zusammenarbeit identifiziert. Eine geeignete Maßnahme, um sowohl der Fluktuation von Mitarbeitenden entgegenzutreten und gleichzeitig Kosten durch Fehlzeiten zu reduzieren, stellt die Etablierung eines systematischen BGM dar (vgl. Lück et al., 2009).

Im vorliegenden Beitrag soll ein Einblick in die aktuelle Implementierung gesundheitsförderlicher Strukturen und Maßnahmen in der Logistik gegeben werden. Dabei werden unterschiedliche Teilbereiche eines systematischen BGM erfragt sowie auf Hindernisse bei der Einführung eines systematischen Konzepts des BGM eingegangen. Abschn. 8.2 gibt zunächst einen Überblick über unterschiedliche Facetten eines ganzheitlichen BGM-Konzepts für die Branche. In Abschn. 8.3 wird die verwendete

Methode des Fallstudienansatzes beschrieben. Anschließend werden in Abschn. 8.4 und Abschn. 8.5 die Ergebnisse der Studie und insbesondere Best Practices eines BGM in der Logistik berichtet. Nach einer Diskussion und Zusammenfassung der wesentlichen Erkenntnisse in Abschn. 8.6 folgen Implikationen für weitere Forschungsstudien.

8.2 Betriebliches Gesundheitsmanagement

Die Motive für die Einführung eines ganzheitlichen BGM sind vielseitig. So erhoffen sich die Verantwortlichen zum einen eine Senkung der Kosten, welche durch Fehlzeiten und Präsentismus entstehen (vgl. Badura et al., 1999). Studien zur Wirksamkeit von BGM zeigen jedoch zum anderen vielfältige positive Effekte auf die Motivation und Bindung der Mitarbeitenden (vgl. Silveira et al., 2015). Auch deren Kreativität und Leistungsfähigkeit kann nachhaltig durch die systematische Implementierung eines BGM verbessert werden (vgl. Kayser et al., 2014). Als Orientierung für die Implementierung eines ganzheitlichen BGM kann die Luxemburger Deklaration der Europäischen Union aus dem Jahr 1997 herangezogen werden (vgl. Ducki et al., 2011). Diese definiert Gesundheitsmanagement als bewusste Steuerung und Integration aller betrieblichen Prozesse mit dem Ziel der Erhaltung und Förderung der Gesundheit und des Wohlbefindens der Beschäftigten. BGM erfordert demnach die Entwicklung integrierter, betrieblicher Strukturen und Prozesse, die die gesundheitsförderliche Gestaltung von Arbeit, Organisation und dem Verhalten am Arbeitsplatz zum Ziel haben und den Beschäftigten und dem Unternehmen gleichermaßen zugutekommen.

Als wichtige Erfolgsfaktoren für die Implementierung eine BGM gilt ein stark ausgeprägtes Commitment sowie Partizipation auf allen beteiligten Ebenen der Organisation. Gesundheit sollte dabei als Unternehmensziel definiert werden. Ein ganzheitliches BGM umfasst entsprechend der Luxemburger Deklaration nach Ducki et al. (2011) die Bereiche Arbeits- und Gesundheitsschutz, Berufliches Eingliederungsmanagement, Fehlzeitenmanagement, gesunde Führung, Arbeits- und Unternehmenskultur, Personal- und Organisationsentwicklung sowie die betriebliche Gesundheitsförderung. Letztere umfasst insbesondere verhältnis- und verhaltenspräventive Maßnahmen in den Bereichen der Bewegung, Ernährung, Stressbewältigung und Suchtprävention. *„Gesundheitsförderung zielt auf einen Prozess, allen Menschen ein höheres Maß an Selbstbestimmung über ihre Gesundheit zu ermöglichen und sie damit zur Stärkung ihrer Gesundheit zu befähigen […] Gesundheitsförderung schafft sichere, anregende, befriedigende und angenehme Lebens- und Arbeitsbedingungen."* (WHO, 1986)

8.2.1 Anforderungen an ein BGM in der Logistik

In Anbetracht der durch manuelle Tätigkeiten geprägten Arbeitsplätze in der Branche (vgl. Schneider et al., 2019) sowie der Sicherstellung einer langfristigen Ausführung logistischer Tätigkeiten über ein bestimmtes Alter hinweg müssen in Zukunft besonders die hohe Belastung aufgrund der Bewegungen beim Bücken und Heben, unter anderem großer Lasten oder aufgrund der häufigen Wiederholungen, durch ein BGM betrachtet werden. Diese entstehen insbesondere bei Über-Schulter- und Unter-Knie-Arbeiten. Die resultierenden MSE lagen mit 326,9 Arbeitsunfähigkeitstagen pro 100 Versichertenjahre in Jahr 2018 nach wie vor an der Spitze aller Krankheitsarten in Deutschland (branchenübergreifend). Psychische Erkrankungen lagen mit einem Anteil von rund 16,7 % hinsichtlich ihrer Bedeutung für den Krankenstand an zweiter Stelle (vgl. DAK Gesundheitsreport, 2018). Im Folgenden werden ausgewählte Studien vorgestellt, die wichtige Anforderungen an ein BGM in der Logistik definieren:

- Nach Lavender et al. (2010) sind Intervention definitiv für die Reduzierung körperlicher Belastung erforderlich. Sie sind zu dem Ergebnis gekommen, dass an einem maximalen Gewicht einzelner Packstücke von 4,5 kg festzuhalten ist. Probleme lägen bis dato eher im Prozess- und Arbeitsdesign, als dass es einen großen positiven Effekt bringen würde, wenn die Mitarbeitenden in Logistikfirmen ergonomische Schulungen wie zum Beispiel zum richtigen Heben erhalten. Zudem müssten bei körperlich anstrengenden Bereichen Lift-Assistenz-Systeme unterstützend eingesetzt werden (vgl. Lavender et al., 2010).
- Nach einer aktuelleren Studie von Grosse et al. (2015) sollten Kommissioniertätigkeiten im Hinblick auf das menschliche Wohlbefinden verstärkt untersucht werden. Bis dato seien immer noch die Verbesserung der Sicherheit am Arbeitsplatz, die Reduzierung von Stress und Ermüdung sowie die Steigerung des Komforts, dringliche Ziele für Mitarbeitende in Logistikunternehmen. Um jedoch diese Anforderungen innerhalb der Kommissionierung mit einzubeziehen, werden realisierbarere Planungsmodelle benötigt (vgl. Grosse et al., 2015).
- In ihrer Studie zu Entwicklungen von beruflichen Krankheiten und Unfällen, identifizierten Silveira et al. (2015) organisatorische Aspekte der Firmenpolitik und der Unternehmenskultur, um die Rate von MSE zu reduzieren. Eine wichtige Maßnahme in den Unternehmen sei die Einführung von Gesundheitsprogrammen zur Verbesserung der Ergonomie, Arbeitspsychologie und Physiotherapie, die für die einzelnen Mitarbeitenden sowie auf Teamebene stattfinden sollten. So sollten Mitarbeitende zur Entlastung kurze sportliche Trainings während ihrer Arbeitszeit und Schulungen zur richtigen Körperhaltung erhalten. Diese Programme müssten zudem in Form eigenständiger Einheiten in der Struktur der Organisation verankert werden, wobei die aktive Beteiligung der Mitarbeitenden in diesem Wandlungsprozess eine zentrale Rolle spielt (vgl. Silveira et al., 2015).
- In einer aktuellen Studie von Schneider et al. (2019) wird auf die Notwendigkeit hingewiesen, ergonomische Transformationsprozesse in der Intralogistik besser zu verstehen. Die Strategien zur Implementierung derartiger Maßnahmen sind unter Abwägung von möglichen Hürden auf Teilprozesse zu reflektieren und hierbei durch geeignete Treiber (aktive Einbeziehung von Mitarbeitenden, langfristig angelegte Test-

phasen, Kommunikation von Umfang und Ziele der ergonomischen Unterstützungen, Prozessoptimierung, Aufwertung von Tätigkeiten etc.) gezielt voranzutreiben. Sofern etwaige Faktoren hierbei unberücksichtigt bleiben oder nicht ausreichend beleuchtet werden, kann dies einen negativen Gesamteinfluss auf die Implementierung und dauerhafte Umsetzung von Unterstützungslösungen ausüben, die den Erfolg der entsprechenden Maßnahmen einschränken (vgl. Schneider et al., 2019).

8.2.2 Untersuchungsrahmen der vorliegenden Studie

Das BGM betrachtet somit die Gesundheit der Beschäftigten als strategischen Faktor (top-down), der einen entscheidenden Einfluss auf die Leistungsfähigkeit, die Kultur und das Image der Organisation hat (vgl. Badura et al., 1999). Umgekehrt müssen die Prozesse und Strukturen eines erfolgreichen Unternehmens auf der Basis einer motivierten und gesunden Belegschaft bestehen (bottom-up). Anknüpfend an die bisherigen Vorarbeiten in der Literatur sind Maßnahmen der Verhältnisprävention und Verhaltensprävention für ein BGM in der Logistik abzuleiten, um neben einer optimalen (automatisierten und digitalisierten) Gestaltung eines Arbeitsplatzes auch die individuellen Ressourcen der Mitarbeitenden über deren Eigenschaften und Fähigkeiten zu verbessern. Verhältnisprävention und Verhaltensprävention bieten entsprechend den deduktiven Rahmen zur Analyse der Fallstudien im Rahmen des Projektes ADINA (vgl. Gruchmann et al., 2019):

- **Verhältnisorientierte Maßnahmen** setzen an den Verhältnissen im Unternehmen an und haben das Ziel einer effektiven Stressbewältigung. Die Maßnahmen sind geprägt von einer Führungskultur, die mitarbeiterorientiert und gesundheitsförderlich ist. Sie dient der Veränderung der Stressoren bzw. Belastungen und Anforderungen. Arbeitsaufgaben sollen herausfordernd sein, aber nicht überfordernd. Das Unternehmen bietet entsprechend eine gesundheitsförderliche Umgebung und eine gesundheitsförderliche Ausführbarkeit der Arbeitsaufgabe. Es werden Schulungen in gesundheitsorientierter Führung angeboten. Verhältnisorientierte Maßnahmen beziehen sich auch auf die körperliche Gesundheit mit Schulungen im Bereich Ernährung und Sport (vgl. Struhs-Wehr, 2017).
- **Verhaltensorientierte Maßnahmen** sind Angebote, die am Verhalten der Menschen ansetzen und die Motivation unter anderem im Hinblick auf Ernährung und Sport verändern sollen. In diesem Kontext sind die Vorbildfunktion der Führungskraft sowie die eigenen Lebenserfahrungen und dadurch geprägte Werte, Einstellungen, Bedürfnisse und Motive von großer Bedeutung. Eine Veränderung der Wahrnehmung und Denkweise wird durch das Bewusstmachen geschafft. Dadurch wird der Wert der eigenen Gesundheit erhöht. Eine wichtige Grundlage ist hier das Wissen über die eigene Gesundheitsförderung auf der körperlichen, auf der psychischen und

der sozialen Ebene. Wichtig ist auch die Individualität der einzelnen Menschen zu berücksichtigen und eine Umsetzung des Gelernten in ein gesundheitsorientiertes Verhalten im Alltag. Dazu können in Unternehmen Stressbewältigungsworkshops oder Gesundheitsförderungsworkshops angeboten werden, die neben der körperlichen und psychischen/kognitiven Ebene auch den Aufbau von sozialen Fähigkeiten und Konfliktfähigkeit fördern sollen (vgl. Struhs-Wehr, 2017).

8.3 Methodisches Vorgehen

Die vorliegende Arbeit bedient sich der Fallstudienmethodik. In erster Linie wird das BGM der beteiligten Praxisunternehmen des Projektes ADINA untersucht. In den behandelten Fällen ist zunächst mit fünf Interviews der IST-Zustand erhoben worden, um dann anschließend mit drei weiteren Interviews auf das BGM einzugehen. Durch dieses Design werden die Strategien und Maßnahmen im Bereich des BGM für gewerbliche Logistikmitarbeitende aufgedeckt und deren Implementierung und anschließende Evaluation begutachtet. Nach Yin (2014) werden in der Fallstudienmethodik neue Ideen über das „Wie" und „Warum" einer Fragestellung generiert. Diese Strategien könnten bei der Einführung eines BGM in der Logistikbranche für Mitarbeitende mit hoher körperlicher Arbeit von Nutzen sein. Die Maßnahmen einer „proaktiven Strategie" sind nicht nur für diese Risikogruppen abgestimmt, sondern können sich an alle gewerblich Beschäftigten eines Unternehmens richten.

8.3.1 Datenerhebung

Zur Erhebung qualitativer Daten innerhalb der Fallstudien wurden Experteninterviews mit HR-Manager/innen der drei einzelnen Unternehmen geführt. Die Auswahl der Interviewpartner/innen erfolgte aufgrund des Fachwissens dieser Personen und soll damit der Entwicklung von neuen Ideen dienen (vgl. Voss et al., 2002). Zur Vorbereitung auf das Interview wurde vorab ein Leitfaden erstellt, der nachfolgend in Tab. 8.1 dargestellt wird. Diese teil-strukturierte Interviewabfolge vereinfacht dem Interviewenden und den Befragten den Verlauf der Erhebung zu gestalten (vgl. Helfferich, 2014). Der Interviewleitfaden orientiert sich an der aktuellen Literatur zum BGM. Die Interviews starteten inhaltlich mit den Maßnahmen innerhalb des Unternehmens in Bezug auf das BGM, im zweiten Teil werden die Strategien der Mitarbeitenden und der Organisation im Bereich der Gesundheit und Sicherheit abgefragt und ob die Erwartungen zu Konflikten untereinander führen. Im letzten Teil des Interviews wird der Einfluss der Strategien durch die Führung und das HRM auf die Mitarbeitenden geprüft. Die Interviews wurden vollumfänglich aufgezeichnet, anschließend transkribiert und anonymisiert. Nach der Bearbeitung werden die Audio-Daten gelöscht.

Tab. 8.1 Interviewleitfaden

BGM	Gibt es in Ihrem Unternehmen ein betriebliches Gesundheitsmanagement? Welche Maßnahmen zum BGM sind in Ihrem Unternehmen vorhanden? Welche Abteilungen sind involviert? Haben Sie in Ihrem Unternehmen Probleme mit einem hohen Krankenstand? Fluktuation?
Gesundheit/ Sicherheit	Welche Erwartungen haben die Mitarbeiter in Bezug auf die Gesundheit und Sicherheit? Was möchte die Organisation in Bezug auf die Gesundheit und Sicherheit? Welches Gesundheitsverständnis haben die Mitarbeiter/die Organisation? Werden Gesundheitsmaßnahmen wie Sport, Trainings, Achtsamkeitstrainings und Ernährung in Ihrem Unternehmen thematisiert? Haben Sie eine eigene Kantine auf dem Gelände? Wie sieht es mit dem Angebot aus? (Ernährung) Gibt es Risikoverhütungsmaßnahmen? Welche bestehenden/neuen Risiken gibt es? Sind Maßnahmen für ältere Beschäftige vorhanden? (Demografischer Wandel) Welche technischen und ergonomischen Hilfsmittel sind vorhanden? (Ergonomie und Gesundheitsschutz) Welche präventiven Maßnahmen auf physiologischer Ebene gibt es? (Ergonomie) Kommt es zu Problemen aufgrund von Ermüdung wegen monotoner Arbeit? Wie gehen Sie mit dem Thema Stress um? (Leistungsdruck und Produktivität) Gibt es Arbeitszeit-, Pausen- und Rotationsmodelle?
Führung HRM/ Mitarbeiter	Informationen, die die Mitarbeiter erhalten und wie (offener Informationsfluss?) Können die Mitarbeiter ihren Arbeitsplatz mitgestalten? Erhalten die Mitarbeiter Informationen vorab über Veränderungen in den Prozessen/Arbeitsplatzgestaltung? Sind die Aufgabenstellungen den Mitarbeitern immer klar? Wo sehen die Mitarbeiter selbst Schwierigkeiten? Wie beschreiben Sie das Miteinander in Ihrem Unternehmen? Wie stehen Sie zu Hierarchien? Sind die Führungskräfte für die Mitarbeiter ansprechbar? Wie werden die Mitarbeiter wertgeschätzt, erfahren sie Lob? Gab es bereits Mitarbeiterbefragungen zur Zufriedenheit? Wenn ja, mit welchen Ergebnissen?

8.3.2 Datenauswertung

Die Auswertung der Interview-Transkripte folgt der qualitativen Inhaltsanalyse nach Mayring (2015). Es geht um die systematische Analyse der Texte, indem Material entlang eines Kategoriensystems schrittweise und theoriegeleitet bearbeitet wird. Die Inhaltsanalyse behandelt die Kommunikation im Interview mit dem Ziel, Rückschlüsse auf bestimmte Aspekte ziehen zu können (vgl. Mayring, 2015). Die in der Literatur identifizierten Praktiken bieten die Grundlage für die qualitative Auswertung der durch die Interviews generierten Daten. Die einzelnen Aussagen werden mithilfe von Codes dem zuvor deduktiv festgelegten Kodierrahmen zugeordnet (siehe Abschn. 8.2.2). Zusätzlich wird eine weitere Bearbeitungsmethode der Fallstudienforschung über die induktive Suche nach sich wiederholenden Mustern genutzt. Die gesamte Analyse kann deshalb als abduktiv bezeichnet werden.

Zur Auswertung der qualitativen Daten, die sich aus den Transkripten ergeben haben, wurde die Software MAXQDA benutzt. Die Interpretation und Auswertung qualitativer Daten erfordert eine genaue Auseinandersetzung mit den aus den Interviews entstandenen Texten, da sich die Inhaltsanalyse nicht nur auf die Textbestandteile, sondern auch auf die tiefer liegenden Bedeutungsstrukturen bezieht (vgl. Mayring, 2015).

8.3.3 Gütekriterien

Ein besonderes Augenmerk innerhalb der qualitativen Inhaltsanalyse wird auf Gütekriterien wie Reliabilität und Validität gelegt (vgl. Mayring, 2015). Zur Erreichung inhaltsanalytischer Reliabilität wurde die gesamte Analyse von mehreren Forschenden durchgeführt. Dafür bearbeiten zwei Kodierenden die gleichen Texte und die Ergebnisse werden miteinander verglichen (vgl. Mayring, 2015). Zusätzlich wurde das Analyseverfahren zur Herleitung des Forschungsergebnisses durchgängig dokumentiert (vgl. Flick, 2010). Insgesamt wurde die Rolle der Forschenden ständig reflektiert, was zu einer intersubjektiven Sicht führt (vgl. Flick, 2010). Die Sicht auf die Sachverhalte dieser Arbeit wurde entsprechend über die Durchführung der Interviews durch verschiedene Interviewenden und die Bearbeitung der Transkripte von unterschiedlichen Kodierenden sichergestellt.

8.4 Aktueller Stand des BGM in den Unternehmen

Die Entwicklungsarbeiten im Projekt ADINA erfolgen im Rückgriff auf die Forschungs- bzw. praktischen Vorarbeiten des involvierten Projektpartners aus der Logistik. Die für das Projekt wichtige aktive Einbindung der Anwendungspartner zeigt insbesondere die Praktikabilität der Lösungen für die Branche auf und bietet vielfältige Möglichkeiten des Wissenstransfers. Einen Überblick über externe Bedingungen und die in den Unternehmen identifizierten Best Practices gibt Abb. 8.1, welche im Folgenden detailliert beschrieben sowie durch Zitate der Interviewpartner/innen illustriert wird:

8.4.1 Verhältnisorientierte Maßnahmen

Ein primäres Ziel im Zuge der Einführung eines BGM bei den Praxisunternehmen ist die aktuelle Arbeitssituation der gewerblichen Mitarbeitenden zu verbessern. Ziel ist es

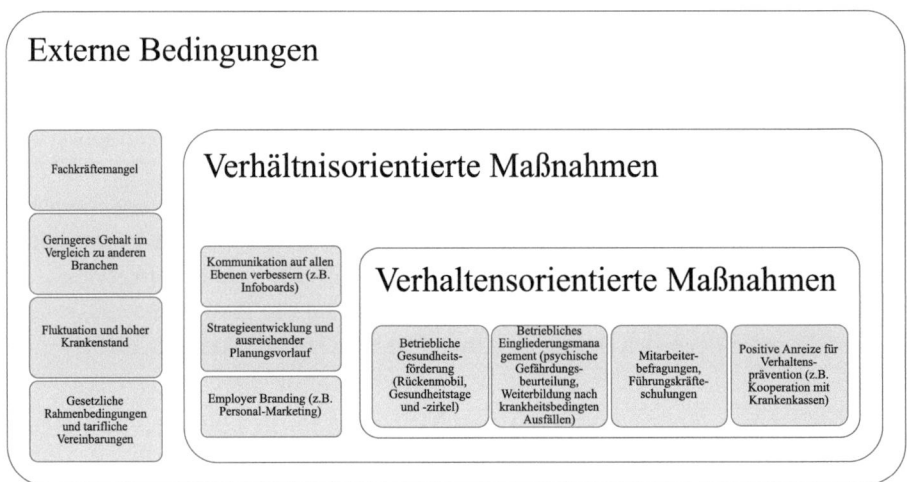

Abb. 8.1 Verhältnisorientierte und verhaltensorientierte Maßnahmen

weiterhin, das Rekrutierungsproblem in der Branche zu adressieren, da auch die untersuchten Unternehmen von dieser Herausforderung betroffen sind, neue Arbeitskräfte in entsprechender Qualifizierung zu generieren. Der Krankenstand mit den daraus resultierenden Fehlzeiten sowie eine hohe Fluktuation sind weitere Themen, die bei den beteiligten Unternehmen bestehen und mit der Einführung eines BGM unterstützt werden sollen. Die Kosten, die hierdurch entstehen, sollen mit der Implementierung des BGM gesenkt werden.

> „Wir haben auf jeden Fall erkannt, dass wir was machen müssen. Mitarbeiter sind eben wichtig, gerade heute. Das sehen sie da, der Markt ist in allen Richtungen leergefegt, da muss man schon was anbieten." (Interview 2)

In Bezug auf Gesundheit und Sicherheit gehen die Unternehmen proaktiv mit diesen Themen um. Gesetzliche Neuerungen sowie tarifliche Veränderungen werden möglichst schnell antizipiert und innerhalb der betrieblichen Prozesse umgesetzt. Gewerbliche Mitarbeitende arbeiten präventiv an diesen Themen mit, andere erwarten, dass die Verantwortung beim Unternehmen liegt. Regelmäßige Kontrollen werden in den Lagern durchgeführt, Schwerpunkte liegen bisher vor allem in der Arbeitssicherheit der Mitarbeitenden.

> „Verbessern könnte man tatsächlich so ein bisschen im Vorausdenken. Wir sind schon gut aufgestellt, auch mit der Arbeitssicherheit und dem Gesundheitsschutz, da haben wir uns ziemlich eng ‚connected', sodass wir von uns aus her einen guten Support leisten und beratend zur Verfügung stehen und eigentlich alle Möglichkeiten, wenn sie nicht vorhanden sind, schnell herbeischaffen an Informationen oder an dem was verlangt wird." (Interview 2)

Die Kommunikation mit den gewerblichen Logistikmitarbeitenden ist jedoch häufig mit Schwierigkeiten verbunden. Hier geht es insbesondere um Sprachbarrieren und die Übermittlung von Informationen durch fehlende Vernetzung mit Computern. Zum anderen wird im Schichtdienst oder außerhalb gearbeitet, sodass nicht immer ein vollständiges Team zur gleichen Zeit da ist. Für Kraftfahrende beispielsweise besteht lediglich in einem kurzen Zeitfenster zwischen Rückkehr bis zum Feierabend zur Verfügung, welches die Möglichkeit für Schulungen oder den direkten Kontakt zu Führungskräften bietet (siehe Kap. 12).

> „Das ist natürlich auch das Schwierige hier in der Logistik, muss ich Ihnen ganz ehrlich sagen, die Kommunikation runter auf die Fläche oder ins Lager, das ist natürlich nicht so einfach. Zum einem sprachlich kommen ja auch manchmal Hürden, wir haben da auf der Fläche manchmal einen hohen Anteil, die nicht der deutschen Sprache so mächtig sind. Und natürlich auch die Sache, die haben ja keinen Computer." (Interview 1)
>
> „Was bei uns ein bisschen schwierig ist, da wir ein Logistikunternehmen sind und unsere Kraftfahrer die ganze Woche unterwegs sind. Wir haben wenig Möglichkeiten auf diese Mitarbeiter zuzugreifen, die kommen eigentlich immer erst Freitagabend hier auf unseren Hof und dann kann man unterrichten, schulen." (Interview 2)

Um diese Schwierigkeit zu adressieren, sind sogenannte Infoboards eingeführt worden, die genutzt werden, um bestimmte Informationen zu veröffentlichen und an die Mitarbeitenden heranzutragen. Die Kommunikation soll offen und das Prozedere transparent gestaltet werden. Anonymität ist dabei Grundvoraussetzung. Wichtig ist zudem, dass Prozessänderungen nicht „top-down", sondern auf allen Ebenen ausgearbeitet werden sollen. Die Verantwortlichen sollen dabei im Austausch mit den Mitarbeitenden sein, um deren Interessen richtig zu identifizieren. Bei der Einführung neuer Maßnahmen setzen die BGM-Beauftragten entsprechend auf eine offene Kommunikation in alle Richtungen. Das damit vermittelte Vertrauen verhindert Unstimmigkeiten zwischen den einzelnen Bereichen/Ebenen.

> „Also, ohne Austausch bringt das Ganze ja nichts. Wir wollen ja nicht von oben was runterstülpen auf die Leute und dann gucken, nachher wir haben ja super Kurse gemacht und keine Ahnung, am Ende machen wir einen Ernährungskurs und es interessiert keinen Menschen. Es soll schon, deswegen wollen wir diese Gesundheitszirkel implementieren und deswegen dieses Betriebliche Eingliederungsmanagement und auch diese Analysephase länger, damit wir auch dann tatsächlich irgendwas machen können, was den Leuten dann auch hoffentlich wirklich was bringt." (Interview 3)
>
> „Grundsätzlich haben wir versucht von allen Seiten, sowohl die Personalabteilung als auch Führungskräfte und natürlich den Betriebsrat mit ins Boot zu nehmen, damit die wissen was läuft. […] Nicht, dass da einer denkt, wir machen irgendwas im stillen Kämmerlein zum Nachteil von den Leuten." (Interview 1)

Die Implementierung eines BGM sollte ausreichend geplant und umgesetzt werden, wenn davon ausgegangen wird, dass die Einführung erfolgreich durchgeführt werden kann. Ziel ist die langfristige Veränderung im Verhalten der Mitarbeitenden. Das

Unternehmen nutzen diese strategischen Maßnahmen, um sich weiterhin als positiver Arbeitgeber in der Logistikbranche darzustellen. Die Mitarbeitenden bewerben sozusagen das eigene Unternehmen, weil sie sich wohlfühlen und wertgeschätzt werden.

> „Anscheinend scheint das Thema ja hier bewusst zu sein den Leuten und ich glaube, dass die das auch als Chance sehen. Wie heißt es heute so schön, Employer Branding oder Personalmarketing, für die Leute was tun ist sicher auch als Unternehmen, dass man sich ein bisschen absetzen kann zu anderen Unternehmen in der Logistikbranche. So empfinde ich das aktuell, in einem halben Jahr kann das natürlich wieder anders sein, wenn die Maßnahmen in eine andere Richtung gehen." (Interview 1)

8.4.2 Verhaltensorientierte Maßnahmen

Wichtige Bestandteile des BGM sind die Betriebliche Gesundheitsförderung (BGF) und das Betriebliches Eingliederungsmanagement (BEM), welche schon an einigen Standorten der Unternehmen in Form von Gesprächen umgesetzt werden. So werden beispielsweise Gesundheitstage als BGF-Maßnahme genutzt. Eine weitere geplante Maßnahme ist die Implementierung von Gesundheitszirkeln, wobei die gebildeten Arbeitskreise gemeinsam Maßnahmen für ihren Standort entwickeln. Diese intern gebildeten Teams nutzen das Wissen der Mitarbeitenden, wodurch gesundheitsgefährdende Faktoren in der täglichen Arbeit aufgedeckt und minimiert werden sollen. Als weiterhin sinnvoll erachten die BGM-Beauftragten entsprechende präventive Konzepte. Aufgrund von einem erhöhten Arbeitsaufkommen und der Aufwertung von Stellen ist es jedoch häufig schwierig, Mitarbeitende mit krankheitsbedingten Ausfällen weiterzubilden bzw. weiter zu beschäftigen.

> „Für mich jetzt persönlich, ist es eigentlich die Implementierung der Gesundheitszirkel. Wir haben jetzt die Analyse der einzelnen Standorte nach und nach. Und dann wollen wir als Grundlage das BEM haben. Dann haben wir die psychische Gefährdungsbeurteilung das die überall durchgeführt werden müssen/sollen. Das Ende des Jahres, dass wir das abgeschlossen haben und überall die Implementierung eines Gesundheitszirkels und dann eine Kooperation mit irgendeiner Krankenkasse, wo wir dann Maßnahmen zusammen ableiten können. Und da dann individuell werden pro Standort." (Interview 1)
> „Es bringt ja nichts, wenn wir jetzt hier, es wäre ja sehr einfach einen Kurs hierhin zu hängen und sagen heute haben wir Rückenschule und selbst wenn das hier während der Arbeitszeit ist, würde uns das auch nicht weiterbringen und wir wollen auch nicht die Eigenverantwortung vom Mitarbeiter abschwächen. Das ist jetzt auch nicht unser Ziel, dass wir denen jetzt alles abnehmen wollen und sagen, du bist jetzt hier für alles nicht mehr zuständig, wir machen alles für dich. Das meiste an Gesundheit muss man selber beeinflussen, was man isst, was man tut, auch abends privat und auch während der Arbeit muss man die Sachen auch annehmen. Ergonomischer Arbeitsplatz bringt ja nur was, wenn es auch so genutzt wird." (Interview 2)

Wichtig ist, die Mitarbeitenden in vollem Umfang mit einzubeziehen. Sie werden bei der Findung von neuen, passenderen Strategien hinzugezogen und sollen eigenverantwortlich handeln. So werden Befragungen von Mitarbeitenden zu deren Zufriedenheit in regelmäßigen Abständen durchgeführt. Einzelne Bereiche, in denen die Mitarbeitenden weniger gute Zufriedenheitswerte angegeben haben, wurden genauer betrachtet und Veränderungen entsprechend vorgenommen. Um diese Bereiche nachhaltig zu verbessern, werden Führungskräfte explizit geschult. Zudem kann umgekehrt gemessen werden, ob die Schulungen der Führungskräfte Auswirkungen auf die Zufriedenheit der Mitarbeitenden gehabt haben.

> „Wir liegen da so zwischen zwei und drei, was die Zufriedenheit angeht. Ich habe mal ein bisschen quergerechnet, kann ich nicht so ganz klar sagen, weil wir nicht diese einfache Frage haben, sind Sie zufrieden, ja/nein. Wir haben diesen Part aufgedröselt in verschiedene Unterfragen, die sich dann ergänzen und ein Bild geben. Also, da liegen wir so zwischen zwei und drei auf einer Notenskala von eins bis sechs. Also, wir haben noch Potenzial. Aber im Grunde sind die Mitarbeiter schon zufrieden und wissen schon um die Vorzüge und die Zuverlässigkeit des Arbeitgebers." (Interview 3)
>
> „Da haben wir zum Beispiel den Schwerpunkt nochmal auf Psyche gelegt, das haben wir über das ganze Jahr verteilt, vier oder fünf Führungskräfteschulungen, sodass auch keiner die Chance gehabt hat da zu sagen, nö, habe ich keine Zeit. Das war auch von der Geschäftsführung angeordnet, dass das für alle Führungskräfte eine Pflichtveranstaltung ist. Da ging es um den Schwerpunkt gesundes Führen. Mich selbst und andere. Das war das Thema. Das was daraus resultiert." (Interview 3)

Da dem Management der untersuchten Unternehmen die Teilnahme an sportlichen Angeboten sehr wichtig ist, wird aktuell nach besseren Lösungen gesucht. Bisherige Rückmeldungen zeigen, dass das bestehende Angebot nicht häufig genutzt wird. Entsprechend muss das bereits vorhandene Mitarbeiterengagement genutzt werden, um weitere sportliche Aktivitäten einzuführen. Zudem werden in den Unternehmen Anreize für Verhaltensprävention geschaffen, beispielsweise durch Bonusprogramme für den Besuch von Fitnessstudios oder Schwimmbädern.

> „Einmal im Jahr findet ein Firmenlauf statt im Sommer und da haben wir letztes Jahr das erste Mal teilgenommen mit sechs Leuten und das findet dieses Jahr wieder statt und jetzt habe ich 20 Leute angemeldet. Das hat sich halt rumgesprochen, da sind auch wirklich Kraftfahrer mit dabei, auch Lagermitarbeiter, die noch nie gelaufen sind. Die das jetzt zum Anlass nehmen bis zum August ein bisschen zu trainieren." (Interview 2)
>
> „Dann haben wir noch ein Bonusprogramm entwickelt ähnlich wie die Krankenkassen, weil wir einfach festgestellt haben, es gibt so viele Dinge auf dem Markt, die eigentlich nur gebucht werden müssen, warum sollen wir ständig das Rad neu erfinden. Wir haben es stattdessen, dass wir so ein Bonusheftchen entwickelt haben in Anlehnung an die Krankenkasse, wo wir eben Kurs, Sportabzeichen, Blutspenden, Firmenläufe und all sowas mit Punkten versehen und am Jahresende kann man dann sein Heftchen einreichen und je nach Punktemenge kann man sich dann seine Prämie aussuchen." (Interview 3)

Zudem bietet das „Rücken-Mobil" eine bewährte, präventive Lösung an, um arbeitsbedingte Rückenbeschwerden zu lindern. Der Wagen kommt direkt zum Unternehmen. Es gibt zwei Fitnesstrainer, die den Mitarbeitenden passende Outdoor-Übungen für die jeweiligen Beschwerden anbieten. Ein weiterer positiver Effekt ist, dass sich die Mitarbeitenden wertgeschätzt fühlen, die Probleme werden vom Management ernst genommen und unterstützt.

> „Also man geht da rein, dann sind zwei junge Männer, die sind sehr mit Outdoor-Sport beschäftigt, die Fragen dann, was hast du für Probleme. Meistens sind es eben die wohlbekannten Rückenprobleme, Bandscheibe kaputt und so. Dann schauen die sich das an und erklären dem Mitarbeiter eine Übung, die seine Schmerzen vielleicht lindern könnte oder in irgendeiner Form helfen könnte, den Alltag da besser zu bewältigen. Die vermessen den, die wiegen den, wie auch immer und dann geht der halt auf der anderen Seite wieder raus. Die kommen dann jede Woche einmal und der Mitarbeiter hat dann eine viertel Stunde Zeit, der geht dann wieder rein, dann fragen die ihn, wie war es letzte Woche. Ist es besser geworden, hast du deine Übung gemacht? Hier hast du die zweite Übung, alternativ. Und so baut sich das dann auf." (Interview 2)

Besonderes Augenmerk der untersuchten Unternehmen wird auf die Gesundheitsförderung älterer Beschäftigten gelegt, sodass Grippeimpfungen und weitere Maßnahmen wie Physiotherapie und Rückenschule angeboten werden. Diese beinhaltet insgesamt ein breites Spektrum von Sportangeboten, Schulungen, Ernährungsberatung und Kochkursen.

> „Dann führen wir einmal im Jahr die Grippeimpfung durch für unsere über 50-Jährigen. (…) Da ist das noch so ein Relikt, dass wir einmal im Jahr ein Wochenende anbieten, von Freitag bis Sonntag, also mit zwei Übernachtungen in einer Klinik. Da haben wir die Betten und Physiotherapeuten. Dann gibt es ein sogenanntes Gesundheitswochenende. Wo wir gezielt die Älteren ansprechen auch mit Partner, sodass wir uns eine gewisse Nachhaltigkeit erhoffen, wenn die Ehefrau mit drauf guckt. Die kriegen dann sowohl Theorie, Herz-Kreislauf, was passiert da, Muskel-Skelett, aber auch praktische Einheiten. Die letzten zwei Jahre haben wir das ergänzt um das Modul Ernährung. Die kochen also auch selbst und bereiten Sachen zu. Jetzt beabsichtigen wir, das ist aber noch im Plan, das ein bisschen umzumodeln, gezielt auf Schichtarbeiter." (Interview 3)

8.5 Fallstudien-Vergleich

In der Fallstudienforschung wird systematisch nach Wiederholungen der angegebenen Nennungen gesucht und diese werden anhand einer Matrix dargestellt. Die Matrix basiert auf Gemeinsamkeiten und Unterschieden innerhalb einer Gruppe oder Kategorie (vgl. Voss et al., 2002). In Tab. 8.2 sind die Codes ausgewählt, die besonders häufig genannt worden sind, die Bewertung erfolgt nach einer schwachen (*), über eine mittlere (**) bis hin zu einer starken (***) Ausprägung.

Bei der Auswertung der Anzahl der Häufigkeiten ist die Unterstützung durch das Management in Form eines proaktiven Managements mit 73 Codes von allen Unternehmen am meisten genannt. An zweiter Stelle der Nennungen stehen die Maßnahmen des Gesundheitsschutzes mit 45 Nennungen. Für alle drei genannten Unternehmen ist festzuhalten, dass sie erkannt haben, welchen Nutzen die Einführung eines BGM hat. Die ADINA-Praxispartner haben sich dabei auch externer Unterstützung durch

Tab. 8.2 Einflussfaktoren und Elemente auf ein erfolgreiches BGM in der Logistik

Kategorie	Unternehmen 1	Unternehmen 2	Unternehmen 3
Externe Bedingungen			
Fachkräftemangel	***	***	***
Geringeres Gehalt im Vergleich zu anderen Branchen	**	**	*
Fluktuation und Krankenstand	**	**	*
Interne Bedingungen			
Sprachbarrieren	**	**	*
Eingeschränkte Erreichbarkeit	**	***	**
Mitarbeiter-Eigenverantwortung	***	***	***
Praktiken/Routinen			
Proaktives Management	**	***	***
Offene Kommunikation	**	**	**
Infoboards/-terminals	*	**	***
Arbeitsplatz- und Gefährdungsbeurteilung	***	*	***
Sportangebote	*	***	***
Gesundheitsangebote	**	***	***
Anreizsysteme	*	*	*
Mitarbeiterbefragung	*	**	**
Mitarbeiterschulung	***	***	***
Führungskräfteschulung	*	*	**
Performance			
Employer Branding	*	*	*
Fachkräfterekrutierung	*	*	**
Fachkräfterekurierung	**	**	**
Mitarbeiterzufriedenheit	**	**	**

Fachpersonal bedient. Entsprechende Angebote unter anderem von Krankenkassen, Arbeitspsychologen und Betriebsärzten sind vorhanden. Nichtsdestotrotz sind auch Unterschiede in der Zielerreichung zwischen den einzelnen Unternehmen erkennbar, die auf aktuelle externe und interne Bedingungen zurückzuführen sind. Eindeutig zeigen sich Herausforderungen in dem Bereich der Einbeziehung der Mitarbeitenden, sodass Maßnahmen zur Prävention von körperlichen und psychischen Beschwerden noch weiter verstärkt werden müssen. Weitere Maßnahmen, die unter anderem auch gesetzliche Vorschriften beinhalten, werden von den Unternehmen nur teilweise durchgeführt, da eine hohe Anzahl an BGM-Fällen begleitet von limitierten Kapazitäten eher nur reaktiv abgearbeitet werden kann.

Bei der Auswertung der Einflussfaktoren sind die einzelnen Bereiche in Kategorien unterteilt worden. Die *Externen Bedingungen* sind demnach nur bedingt beeinflussbar, da sie von äußeren Gegebenheiten bestimmt werden, haben aber einen mittleren bis hohen Einfluss auf das BGM. Dazu gehören auch der Krankenstand, Fluktuation und Rekrutierung. Aufgrund entsprechender Schwierigkeiten und Zielkonflikte auf unterschiedlichen Ebenen ist das Umsetzen erarbeiteter Leitlinien nicht immer einfach (vgl. Gruchmann et al., 2020). Eine *Interne Bedingung* liegt bei der Verbesserung von sprachlichen Barrieren. So konnten beispielsweise die Herausforderungen innerhalb der Kommunikation bisher nur von einem Unternehmen erfolgreich adressiert werden. Hierfür kommen digitale Kommunikationstechniken oder Dolmetscher infrage. Bei allen Unternehmen ist durch die Führungsleitlinie festgelegt, dass die Gesundheit der Mitarbeitenden immer auch von sich selbst verantwortet wird. Entsprechende Rahmenbedingungen zur Unterstützung dieser Eigenverantwortung sind jedoch noch unterschiedlich ausgeprägt. Eine hierbei identifizierte Herausforderung bei den *Praktiken/Routinen* ist der Einsatz von Anreizsystemen, die die explizite Motivation fördern. Ansätze zur Förderung impliziter Motive würden weitergehende Impulse setzen. Daher wäre individuell für die Unternehmen zu prüfen, ob eine Investition sinnvoll ist. Sehr ausgeprägt bei allen Unternehmen ist die Weiterentwicklung der Mitarbeitenden durch Schulungen. Ein Schwerpunkt im Bereich *Performance* liegt eindeutig im Bereich des Employer Branding. Die Marke als Logistikunternehmen, sich als ein attraktiver Arbeitgeber darzustellen, ist in den Interviews nicht direkt abgefragt worden, daher ist nicht deutlich zu vermerken, ob dort noch Potenzial liegt. In diesem Fall bedarf es weiterer Forschung.

8.6 Zusammenfassung und Ausblick

Die Ausführungen der befragten Unternehmen hat gezeigt, dass der Arbeits- und Gesundheitsschutz betrieblicher Mitarbeitender nach wie vor wichtigster Bestandteil eines BGM in der Logistik ist, welcher dazu dient, die Vermeidung von Arbeitsunfällen und Berufskrankheiten zu unterstützen sowie bei vorliegender Arbeitsunfähigkeit und hohem Krankenstand entsprechende Ursachen zu identifizieren und bestmöglich zu verbessern. Eine Reihe von gesundheitsfördernden Einzelmaßnahmen wie beispielsweise Angebote bezüglich gesunder Ernährung, Rückenschulen oder Führungskräfteschulungen sind bei allen Unternehmen vorzufinden, eine Systematisierung der Maßnahmen steht teilweise jedoch noch aus. Neben der Betrachtung von körperlichen Aspekten innerhalb gesundheitsfördernder Einzelmaßnahmen, gewinnen psychische Aspekte (zum Beispiel Kompetenz) und psychosoziale Aspekte (zum Beispiel Motivation und Stress) im BGM in der Logistik an Bedeutung. Es ist jedoch zu erwarten, dass die Anforderungen an ein BGM in der Logistik in der Zukunft angesichts des demografischen Wandels und des Fachkräftemangels weiter steigen werden.

Die Erweiterung eines betrieblichen Arbeits- und Gesundheitsschutzes durch Maßnahmen eines systematischen BGM kann externe und interne, negative Einflussfaktoren reduzieren und damit einhergehend zur Reduzierung des Krankenstandes, der Erhöhung der Mitarbeiterzufriedenheit, und – insbesondere in der Logistikbranche – wirksame Minderung der Mitarbeiterfluktuation beitragen. Mithilfe eines ganzheitlichen BGM wird folglich nicht nur der körperliche Aspekt betrachtet, sondern darüberhinausgehend überprüft, ob die Gestaltung der Arbeit und das soziale Klima Ressourcen im Sinne der Gesundheitsförderung darstellen (vgl. Lüerßen et al., 2015), und bei steigender Automatisierung und Digitalisierung logistischer Arbeitsplätze an Bedeutung gewinnen. Auf Basis der vorliegenden Studie sowie vorangegangener Studien können folgende Handlungsempfehlungen abgeleitet werden:

1. Bei der Planung und Umsetzung zu einem BGM in der Logistik gilt es, die beteiligten Fachabteilungen und Führungskräfte für die Bedeutung des Themas zu sensibilisieren und grundlegende Kenntnisse zu wichtigen Zusammenhängen der Belastungen durch die Arbeit in der Logistik und daraus folgenden Wirkungen auf die Mitarbeitenden zu vermitteln. Um relevante Fachkenntnisse zu erlangen, können Arbeitspsychologen, Sicherheitsbeauftragte, Betriebsräte innerhalb jeder Phase der Planung und Umsetzung eines BGM hinzugezogen werden.
2. Es gilt, den IST-Stand zu Krankenstand, Fluktuation und auftretenden Beschwerden im Unternehmen, zum Beispiel durch Mitarbeiterbefragungen oder durch Rückmeldungen der Führungskräfte, zu erfassen. In zwei der untersuchten Unternehmen wurden schon Mitarbeiterbefragungen mit unterschiedlichen Schwerpunkten in regelmäßigen Abständen (zumeist jährlich) genutzt, um Detailinformationen zu generieren, Implementierungen von Maßnahmen zu beurteilen und anschließend zu kontrollieren.
3. Schulungen und Trainings stellen erste Maßnahmen zur Begegnung der identifizierten Schwachstellen am Arbeitsplatz dar. Typische Prozess- und Know-how-bezogene Hürden im Unternehmen, wie beispielsweise beim Handling der Produktions- und Lagertechnik oder Zeit- und Effizienzdruck durch planungsbedingte Rahmenbedingungen, sind nach Schweregrad zu differenzieren und zu priorisieren. Wichtig dabei ist, die Mitarbeitenden nicht mit zu vielen Änderungen zu überfordern, um Akzeptanz-bezogene Hürden zu vermeiden (vgl. Schneider et al., 2019).
4. Die Transformation von Prozessabläufen sollte entsprechend nur unter Einbeziehung der gewerblichen Mitarbeitenden selbst erfolgen (zum Beispiel Participatory Ergonomics), um eine ablehnende Haltung gegenüber Veränderungen zu vermeiden. Eine genaue Planung der Maßnahmen von der Umsetzung bis zur Kontrolle mit den beteiligten Stakeholder-Gruppen ist somit wichtig. Beispielsweise helfen regelmäßige Feedbackrunden sowie eine niedrigschwellige und vertrauensvolle Kommunikation bei der Aufdeckung und Behebung von Fehlern und Missständen.

Das Bewusstmachen und Testen der Maßnahmen lassen zudem die Akzeptanz der Mitarbeitenden steigern (vgl. Schneider et al., 2019).
5. Transparente Kommunikation und eine offene Unternehmenskultur sind somit wichtige Grundvoraussetzung für ein funktionierendes BGM. Diese können über den einfachen Zugang von Informationen, aber auch durch Workshops zu den identifizierten Bereichen hergestellt werden. Es ist wichtig, dass die HR-Manager und Führungskräfte den Mitarbeitenden als Ansprechpartner auf Augenhöhe zur Verfügung stehen. Hier zeigt sich, dass eine auf Vertrauen basierende Kommunikation mit Vorgesetzten und Qualitätsbeauftragten sowie deren aktives Nachfragen ein wichtiger Erfolgsfaktor ist.

Die vorliegende Studie, die im Rahmen des ADINA-Projektes durchgeführt wurde, legt den Fokus auf die Verbesserung der Arbeitssituation von Logistikmitarbeitenden durch ein systematisches BGM und ist daher auch anschlussfähig an die Konzepte sozialer Nachhaltigkeit und mithin eines nachhaltigen und verantwortungsbewussten Unternehmenshandelns in der Logistikbranche (vgl. Heidbrink et al., 2014). Die Ergebnisse der vorliegenden Studie bestätigen zudem die Übertragbarkeit der Studienergebnisse von Lüerßen et al. (2015) auf die Logistikbranche. Im Einklang hierzu ist das Kriterium 15 „Arbeitssicherheit, Gesundheitsschutz und Mitbestimmung" als zentrales Kriterium des Deutschen Nachhaltigkeitskodex (DNK) (vgl. Bachmann et al., 2019) auch von hoher Relevanz für Unternehmen der Logistikbranche, sodass eine Nachhaltigkeitsberichtserstattung nach DNK einen Beitrag für eine transparente Kommunikation von Logistikunternehmen leisten kann.

Das ADINA-Projekt hat insbesondere neue Technologien als Pilotanwendungen getestet. Dafür wurden verschiedene Automatisierungslösungen und Lösungen zur Ergonomieunterstützung im Rahmen eines Technologiescreenings ausgewählt. Eine im Projekt wichtige Lösung stellte der Einsatz von passiven, am Körper getragenen Stützstrukturen dar, die Mitarbeitende zum Beispiel bei der Kommissionierung von Paletten beim Heben und Beugen unterstützen sollen. Die getesteten Gurtsysteme sollen hierbei die optimale Beugehaltung fördern und somit MSE vermeiden. Auch passive Exoskelette, die über der Arbeitskleidung zu tragen sind, sollen Mitarbeitende bei ihrer Arbeit nicht einschränken. Gurtsysteme und Exoskelette werden im Praxistest bei den beteiligten Partnerunternehmen implementiert und bewertet. Nach einer ca. zweiwöchigen Testphase wurde in Interviews ein Feedback zu verschiedenen Bereichen wie Tragekomfort, Handhabung, Arbeitsprozesse etc. abgefragt. In Kooperation mit den jeweiligen Technikherstellern wird zudem eine umfassende Analyse als Feedback erstellt, um eine optimale Anpassung und gegebenenfalls Verbesserung des Systems zu erlangen. Ergebnisse aus dieser Arbeitsphase sollen auch einen Beitrag für ein erweitertes BGM in der Logistik leisten.

Dieser Beitrag beschreibt Fallstudien beteiligter Anwendungspartner im Bereich der Transport- und Intralogistik im Rahmen des geförderten Forschungsprojektes ADINA „Automatisierungstechnik und Ergonomieunterstützung für innovative Kommissionier- und Umschlagkonzepte der Logistik in NRW". Das Projekt wird aus Zuwendungen des Landes

Nordrhein-Westfalen unter Einsatz von Mitteln aus dem Europäischen Fonds für regionale Entwicklung 2014–2020 „Investitionen in Wachstum und Beschäftigung" gefördert.

Literatur

Bachmann, G., Wachsmuth, L., Freudenreich, B., Fuchs, K., Graner, J., Harrlandt, F., et al. (2019). Leitfaden zum Deutschen Nachhaltigkeitskodex. https://www.deutscher-nachhaltigkeitskodex.de/de-DE/Documents/PDFs/Sustainability-Code/Leitfaden-zum-Deutschen-Nachhaltigkeitskodex-Orien.

Badura, B., Ritter, W., & Scherf, M. (1999). *Betriebliches Gesundheitsmanagement. Ein Leitfaden für die Praxis.* Bohn.

DAK Gesundheitsreport. (2018). DAK-Gesundheitsreport 2018. https://www.dak.de/dak/download/gesundheitsreport-2018-pdf-2073702.pdf.

Ducki, A., Bamberg E, & Metz, A. M. (2011). Prozessmerkmale von Gesundheitsförderung und Gesundheitsmanagement. In *Gesundheitsforderung und Gesundheitsmanagement in der Arbeitswelt. Ein Handbuch* (S. 135–153). Hogrefe.

Flick, U. (2010). Gütekriterien qualitativer Forschung. In G. Mey, & K. Mruck (Hrsg.), *Handbuch Qualitative Forschung in der Psychologie*. VS.

Grosse, E., Glock, C., Jaber, M., & Neumann, P. (2015). Incorporating human factors in order picking planning models: Framework and research opportunities. *International Journal of Production Research, 53*(3), 695–717.

Gruchmann, T., Hanke, T., Hoene, A., Jawale, M., & Bednorz, N. (2019). Aktionsforschung in der Logistik: Erhebungs- und Analyseverfahren für innovative Kommissionier- und Umschlagkonzepte. In H. Proff (Hrsg.), *Mobilität in Zeiten der Veränderung* (S. 513–525). Springer Gabler.

Gruchmann, T., Melkonyan, A., & Krumme, K. (2018). Logistics business transformation for sustainability: Assessing the role of the lead sustainability service provider (6PL). *Logistics, 2*(4), 1–25.

Gruchmann, T., Mies, A., Neukirchen, T., & Gold, S. (2020). Tensions in sustainable warehousing: Including the blue-collar perspective on automation and ergonomic workplace design. *Journal of Business Economics, 91*, 151–178. https://doi.org/10.1007/s11573-020-00991-1

Heidbrink, L., Meyer, N., Reidel, J., & Schmidt, I. (2014). *Corporate Social Responsibility in der Logistikbranche: Anforderungen an eine nachhaltige Unternehmensführung.* Schmidt.

Helfferich, C. (2014). Leitfaden- und Experteninterviews. In N. Baur & J. Blasius (Hrsg.) *Handbuch Methoden der empirischen Sozialforschung* (S. 559–574). Springer.

Hirsch-Kreinsen, H. (2015). Entwicklungsperspektiven von Produktionsarbeit. In *Zukunft der Arbeit in Industrie 4.0* (S. 89–98). Springer Vieweg.

Kayser, K., Zepf, K. I., & Claus, M. (2014). *Betriebliches Gesundheitsmanagement in kleinen und mittleren Unternehmen in Rheinland-Pfalz: Leitfaden.* Sozial- und Umweltmedizin der Johannes-Gutenberg-Universität Mainz.

Knieps, F., & Pfaff, H. (2017). *Digitale Arbeit-Digitale Gesundheit. BKK Gesundheitsreport.* MWV.

Kübler, A., Distel, S., & Veres-Homm, U. (2015). Logistikbeschäftigung in Deutschland. Vermessung, Bedeutung und Struktur. http://www.scs.fraunhofer.de/content/dam/scs/de/dokumente/studien/Logistikbeschaeftigung_Studie_Executive_Summary_2015.pdf.

Lavender, S. A., Sommerich, C. M., Johnson, M. R., & Radin, Z. (2010). *Developing ergonomic interventions to reduce musculoskeletal disorders in grocery distribution centers.* The Ohio State University.

Lengnick-Hall, M. L., Lengnick-Hall, C. A., & Rigsbee, C. M. (2013). Strategic human resource management and supply chain orientation. *Human Resource Management Review, 23*(4), 366–377.

Lück, P., Eberle, G., & Bonitz, D. (2009). Der Nutzen des betrieblichen Gesundheitsmanagements aus der Sicht von Unternehmen. *Fehlzeiten-Report 2008* (S. 77–84). Springer.

Lüerßen, H., Stickling, E., Gundermann, N., Toska, M., Coppik, R., Denker, P., et al. (2015). *BGM im Mittelstand 2015 – Ziele, Instrumente und Erfolgsfaktoren für das Betriebliche Gesundheitsmanagement*. Studie der Zeitschrift Personalwirtschaft in Zusammenarbeit mit dem Fürstenberg Institut, IAS Gruppen und der Techniker Krankenkasse. https://www.gesundheitsmanagement24.de/wp-content/uploads/2015/08/BGM-Studie_Mittelstand_2016.pdf.

Mayring, P. (2015). *Qualitative Inhaltsanalyse. Grundlagen und Techniken*. Beltz.

Schneider, J., Gruchmann, T., Brauckmann, A., & Hanke, T. (2019). *Arbeitswelten der Logistik im Wandel: Automatisierungstechnik und Ergonomieunterstützung für eine innovative Arbeitsplatzgestaltung in der Intralogistik* (S. 51–66). Arbeitswelten der Zukunft. Springer Gabler.

Silveira, da S. L., Silveira, da A. L., Cruz, R. M., & Merino, E. A. D. (2015). *Critical analysis of a Musculoskeletal Disorders Prevention Program*. Santa Catarina Federal University.

Struhs-Wehr, K. (2017). *Betriebliches Gesundheitsmanagement und Führung – Gesundheitsorientierte Führung als Erfolgsfaktor im BGM*. Springer.

Voss, C., Tsikriktsis, N., & Fröhlich, M. (2002). Case research in operations management. *International Journal of Operations & Production Management, 22*(2), 195–219.

WHO. (1986). Ottawa Charta zur Gesundheitsförderung. In *Charta der ersten internationalen Konferenz zur Gesundheitsförderung*. http://www.euro.who.int/__data/assets/pdf_file/0006/129534/Ottawa_Charter_G.pdf.

Yin, R. K. (2014). *Case study research – Design and methods*. Sage.

Kristina Nestler ist seit 2017 Mitarbeiterin am Institut für Logistik- und Dienstleistungsmanagement (ild) der FOM Hochschule für Oekonomie & Management in Essen. Hier arbeitet sie in dem EFRE.NRW-geförderten Forschungsprojekt ADINA. Sie absolviert zudem berufsbegleitend den Bachelorstudiengang Wirtschaftspsychologie an der FOM.

Prof. Dr. Tim Gruchmann ist seit 2019 Professor für Logistik an der Fachhochschule Westküste in Heide und Mitglied des Westküsteninstituts für Personalmanagement (WinHR). Seine Forschungsinteressen liegen innerhalb der Mitarbeiter- und Kundenorientierten Logistik und eines nachhaltigen Supply Chain Managements. Seine Forschungsbeiträge wurden in international begutachteten Journals (unter anderem *International Journal of Logistics Management, Journal of Cleaner Production, Supply Chain Management: An International Journal*) veröffentlicht.

Prof. Dr. Susanne Liebermann ist seit 2017 Professorin für Personalmanagement an der Fachhochschule Westküste in Heide und Mitglied des Westküsteninstituts für Personalmanagement (WinHR). Ihre Forschungsinteressen liegen im betrieblichen Gesundheitsmanagement, einer alter(n)sgerechten Führung und Arbeitsgestaltung sowie in der Nachwuchsförderung und Führungskräftebildung. Ihre Forschungsbeiträge wurden in international begutachteten Journals veröffentlicht.

Prof. Dr. Thomas Hanke ist seit 2015 hauptberuflicher Dozent für Betriebswirtschaftslehre, insbesondere Logistik, und stellvertretender Direktor am Institut für Logistik und Dienstleistungsmanagement (ild) an der FOM Hochschule für Oekonomie & Management. Schwerpunkte seiner Arbeit liegen in den Bereichen Controlling wissensintensiver Strukturen und Prozesse in Organisationen sowie nachhaltiger Logistik. Parallel zu seiner hauptberuflichen Professoren-Tätigkeit an der FOM ist Thomas Hanke als Berater und Mentor in vielfältige Innovations- und Gründungsvorhaben eingebunden.

EJOT – Intralogistik im Wandel

Andreas Hecht

Inhaltsverzeichnis

9.1	Einleitung	126
9.2	Lagerung	127
9.3	Kommissionierung	128
9.4	Palettierung	130
9.5	Shopfloor Management	131

Zusammenfassung

Die Anforderungen der Kunden an die Intralogistik ihrer Lieferanten steigen permanent, eine effiziente und flexible Intralogistik wird daher immer mehr zum Wettbewerbsfaktor. Mit klaren Arbeitsvorgaben alleine sind die heutigen Ansprüche in einer weitgehend manuell betriebenen Intralogistik nicht mehr zu erfüllen. Es gilt die drei Kenngrößen Kosten, Qualität und Lieferservice gleichermaßen positiv zu beeinflussen. Hierzu ist es unerlässlich, über Automatisierung in Kombination mit einer sehr guten Stammdatenqualität den Einflussfaktor Mensch zu reduzieren. Vergessen wird jedoch allzu oft, dass ergonomisch gut gestaltete Arbeitsplätze ebenso positiven Einfluss auf die drei zuvor genannten Kenngrößen haben. Dieses Buchkapitel beschreibt daher die Modernisierung und kontinuierliche Verbesserung

---

A. Hecht (✉)
EJOT GmbH & Co. KG, Bad Berleburg, Deutschland
E-Mail: ahecht@ejot.com

© Der/die Autor(en), exklusiv lizenziert an Springer Fachmedien Wiesbaden GmbH, ein Teil von Springer Nature 2022
M. Klumpp et al. (Hrsg.), *Ergonomie in der Intralogistik,* FOM-Edition,
https://doi.org/10.1007/978-3-658-37547-8_9

der Intralogistik eines Logistikzentrums der Firma EJOT GmbH & Co. KG unter dem Gesichtspunkt der Ergonomie. Dabei werden die positiven wie negativen Auswirkungen der Automatisierung durch Vorher-Nachher-Analysen einzelner Arbeitsplätze dargestellt. In einem darauf aufbauenden kontinuierlichen Verbesserungsprozess werden durch Analysen und Detaillösungen Verbesserungen bestehender Schwachpunkte beschrieben. Zum Einsatz kommen dabei einerseits moderne Bewegungsanalysen mit Videotechnik und zum anderen die geregelte Kommunikation mit allen Mitarbeiterinnen und Mitarbeitern durch ein effizientes zweistufiges Shopfloor Management. Im Ergebnis wurden moderne und ergonomisch optimierte Arbeitsplätze geschaffen, die bei gleichzeitiger Verdichtung der verbliebenen Arbeitsinhalte für die Mitarbeiterinnen und Mitarbeiter vielfältig zu einer Verbesserung der Arbeitsbedingungen geführt haben.

9.1 Einleitung

EJOT ist eine mittelständische Unternehmensgruppe und ein Spezialist der Verbindungstechnik. Die EJOT-Kunden kommen in erster Linie aus der Automobil- und Zulieferindustrie, der Elektro- und Elektronikindustrie sowie dem Baugewerbe. Am Standort Bad Berleburg betreibt die Industriesparte ein Distributionslogistikzentrum für ihre breite Palette innovativer Verbindungselemente. Dabei handelt es sich insbesondere um gewindefurchende Schrauben für Kunststoffe und Metalle sowie Umformteile aus Kunststoff und Metall.

Dieses Logistikzentrum wurde Ende der 1990er-Jahre gegründet und fortan in allen wesentlichen Teilbereichen rein manuell und papiergesteuert betrieben. Seit der Gründung unterlag es einem starken Volumenwachstum und im Jahr 2012 war absehbar, dass die Kapazitätsgrenze in wenigen Jahren erreicht sein würde. Zu dieser Zeit wurde bereits einige Jahre lang im Dreischichtbetrieb gearbeitet, es gab keinen Platz für weiteres Wachstum hinsichtlich Lagerfläche und Kommissionierarbeitsplätzen. Die Fertigwaren wurden entweder kundenneutral in Sichtlagerkästen, auf Sonderpaletten oder vorverpackt in Kleinladungsträgern (KLT) und Kartons auf Paletten in einem Schmalganglager gelagert. Die Lagerverwaltung erfolgte seit vielen Jahren unter SAP WM mit einigen kundenspezifischen Anpassungen zur effizienten Abwicklung des Kommissionierprozesses. Eine zeitweilig betriebene Datenfunkanwendung mit Mobilgeräten wurde aufgrund schwieriger Ersatzteilversorgung und einer individuellen Schnittstelle zum Lagerverwaltungssystem nicht weiter betrieben. Alle Arbeitsinformationen erfolgten papierbasiert und enthielten häufig nur Freitexte aus Stammdaten.

Selbst ohne detaillierte Analyse war erkennbar, dass eine grundlegende Neugestaltung in vielerlei Hinsicht erforderlich war, um einem anhaltenden Volumenwachstum für mindestens zehn weitere Jahre gewappnet zu sein. Dabei standen zunächst Konzepte zur platzsparenden Lagerung sowie dem effizienten Personaleinsatz im Vordergrund.

Außerdem galt es die Gelegenheit zu nutzen, um alle bestehenden Prozesse zu hinterfragen und insbesondere auf deren Schwachpunkte hinsichtlich einer angestrebten Null-Fehler-Strategie einzugehen. Sehr bald fand auch das Thema Ergonomie zunehmend Beachtung. Es wurden ideale Arbeitshöhen in Kombination mit den zu verwendenden Packmitteln, sowie generell die Gestaltung von Arbeitsplätzen gemeinsam mit den betroffenen Mitarbeiterinnen und Mitarbeitern diskutiert und festgelegt. Dabei zeigte sich sehr schnell, dass eine Automatisierung der Intralogistik mit einer umfangreichen Fördertechnik zur Realisierung des Prinzips *Ware zum Mann* aus ergonomischer Sicht sowohl Vor- als auch Nachteile hat. Beispielsweise müssen schwere Packmittel naturgemäß nur noch in geringem Umfang von Hand bewegt werden, aber eine Fördertechnik lässt sich auf der anderen Seite mit vertretbarem Aufwand nicht höhenverstellbar realisieren, um unterschiedlichen Körpergrößen gerecht zu werden.

Einen nicht unwesentlichen Aspekt bildete dabei im weiteren Projektverlauf die konzentrierte und papierlose Bereitstellung aller notwendigen Auftragsinformationen am Arbeitsplatz. Dabei sollte auch das bisher notwendige umfangreiche Expertenwissen über Kundenanforderungen auf ein Minimum reduziert werden. Ziel war, dass neue Mitarbeiterinnen und Mitarbeiter nicht erst nach vielen Wochen, sondern bereits nach einem Tag Einweisung selbstständig arbeiten können.

Schließlich wurde 2015 ein automatisches Kleinteilelager mit einer angeschlossenen Behälterfördertechnik in Betrieb genommen. Die komplette Anlage wird durch ein neu eingeführtes übergeordnetes SAP EWM automatisch gesteuert und umfasste zu diesem Zeitpunkt neun Kommissionierarbeitsplätze und vier Palettierarbeitsplätze sowie eine automatische Etikettierung von Kartons. Mittlerweile wurde die Fördertechnik in mehreren Schritten auf 14 Kommissionier- und sechs Palettierarbeitsplätze erweitert. Zusätzlich wurden zwei Kartonverdecker in die Fördertechnik integriert.

Ein solches Projekt bietet viele interessante und berichtenswerte Gesichtspunkte, in den folgenden Abschnitten sollen aber ausnahmslos ergonomische Aspekte betrachtet werden.

9.2 Lagerung

Wie eingangs beschrieben, wurde ein Teil der Waren in metallenen Sichtlagerkästen auf Sonderpaletten in einem Schmalgangpalettenlager gelagert. Diese Sichtlagerkästen konnten ein Ladungsgewicht von bis zu 40 kg erreichen und mussten beim Auslagern und Rücklagern manuell bewegt werden. Dazu mussten die Sichtlagerkästen glücklicherweise nicht gehoben werden, aber immerhin war Schieben und Ziehen der Kästen in vorgebeugter Haltung aus einem Regalbediengerät heraus notwendig. Diese schwere und ungesunde körperliche Tätigkeit konnte durch den Einsatz des automatischen Kleinteilelagers in Kombination mit der Behälterfördertechnik vollkommen eliminiert werden. Im gesamten Materialhandling müssen Behälter mit einem Gewicht von mehr als 15 kg niemals gehoben, sondern ebenfalls nur gezogen oder geschoben werden. Wenn dies der Fall ist, geschieht die Bewegung immer aus einer guten Standposition in einer ergonomisch guten Arbeitshöhe und unter Verwendung von Rollengängen, Kugelrollentischen oder mindestens Gleitblechen.

Vorverpackte Ware wurde auf Europaletten ebenfalls in einem Schmalganghochregal gelagert. Ein Teil davon in KLT, ein anderer Teil im damals verwendeten Standardkarton. Dieser Karton hatte eine Größe, die in Einzelfällen zu einem Ladungsgewicht von über 20 kg führte. Abhängig von der zu kommissionierenden Menge wurde entweder wieder im Hochregal aus dem Regalbediengerät heraus kommissioniert oder die gesamte Palette wurde zum Kommissionieren in die Vorzone auf den Boden ausgelagert. Dort musste dann eine entsprechende Anzahl von Packstücken auf eine andere Palette umgepackt werden. Der gesamte Prozess *„Vorverpackte Ware"* wurde im Umfang deutlich reduziert, auf das Kommissionieren im Schmalgang wird komplett verzichtet. Ebenso wurde der alte Standardkarton durch einen kleineren Karton mit maximal 12 kg Gewicht ersetzt. Die ergonomische Gestaltung eines Kommissionierarbeitsplatzes für vorverpackte Ware auf Europaletten steht noch aus.

9.3 Kommissionierung

Wie zuvor erwähnt, fand früher ein Teil des Kommissionierens bereits im Lager statt. Dieser Anteil des Kommissionierens wurde komplett eliminiert. Grundsätzlich muss das Kommissionieren sowohl früher als auch heute in zwei Teilbereiche unterschieden werden. Zum einen gibt es das Kommissionieren von Schüttware und zum anderen das Kommissionieren von beutelverpackter Ware. Beide Arbeitsplätze wurden gänzlich umgestaltet, was aber wesentlich durch die notwendige Integration in die Behälterfördertechnik begründet ist. Das Kommissionieren von Schüttware war auch früher aus ergonomischer Sicht bereits gut gelöst. Einzig die Standposition neben dem Schüttvorgang und die damit notwendige leichte Drehung des Oberkörpers waren nicht optimal. Wie Abb. 9.1 zeigt, wurden die neuen Arbeitsplätze so gestaltet, dass man die Ware zu sich hin schüttet und damit keine Drehung mehr im Oberkörper erforderlich ist. Die Quellbehälter werden automatisch bewegt und per Fußschalter angekippt. Die Zielbehälter kommen von links über die Fördertechnik auf einen Kugelrollentisch. Dort können sie leicht in die Schüttposition gezogen werden, um nach dem Kommissionieren auf ein rechts angeordnetes Förderband abgeschoben zu werden.

Beim Kommissionieren von beutelverpackter Ware werden PE-Beutel mit einem Gewicht von bis zu 5 kg kommissioniert. Bei der früheren Realisierung dieses Arbeitsplatzes mussten die Beutel aus einem großen Gebinde entnommen werden und nach einer 180-Grad-Drehung zum manuellen Etikettieren abgelegt werden. Danach erfolgte das Verpacken in den auf einem Rollengang bereitgestellten Kundenbehälter. Die Arbeitshöhen erforderten teilweise ein Arbeiten in vorgebeugter Haltung. Alle diese Nachteile konnten bei den neuen Arbeitsplätzen weitgehend beseitigt werden. Wie Abb. 9.2 zeigt, fahren Quell- und Zielbehälter rechts bzw. links zum Arbeitsplatz und können

Abb. 9.1 Neu gestalteter Schüttarbeitsplatz

Abb. 9.2 Neu gestalteter Packarbeitsplatz

auf einem Kugelrollentisch beliebig ohne großen Kraftaufwand bewegt werden. Der fertig kommissionierte Zielbehälter wird mittig vom Kugelrollentisch auf die Fördertechnik abgeschoben. Leichte Körperdrehungen sind allenfalls beim Entnehmen der Etiketten aus dem Drucker und beim Quittieren des Vorgangs am Touchscreen notwendig.

Beide Arbeitsplatztypen wurden von Beginn an mit Anti-Ermüdungsmatten ausgestattet, die Touchscreens und Drucker wurden etwa in Kopfhöhe platziert. Eine später im Rahmen des Forschungsprojektes ADINA durchgeführte Bewegungsanalyse mithilfe von Videoaufnahmen durch Ergonomics in Motion zeigte, dass beide Arbeitsplätze aus ergonomischer Sicht bereits sehr gut gestaltet waren. Allerdings konnten in den Bewegungsabläufen ganz vereinzelt schädliche Schulterwinkel identifiziert werden, die sich auf spezielle Bedienungen des Touchscreens und des Druckers zurückführen ließen. Daher wurden die Drucker an allen Arbeitsplätzen generell etwas tiefer angeordnet und für die Touchscreens wurde eine Höhenverstellung installiert. Dadurch sind zu große Schulterwinkel an diesen Arbeitsplätzen mittlerweile ausgeschlossen.

9.4 Palettierung

Die Palettierung, also das Aufstapeln der einzelnen Packstücke auf eine Palette, erfolgte früher räumlich direkt im Anschluss an die Kommissionierung. Dabei wurden die Packstücke in den meisten Fällen auf eine ebenerdig platzierte Palette gehoben. Im Falle der damals noch verwendeten Standardkartons kam es damit vor, dass Gewichte von mehr als 20 kg manuell annähernd auf Bodenhöhe abgesetzt werden mussten. Dieser Prozessschritt war daher sowohl aus ergonomischer Sicht als auch im Zusammenhang mit der geplanten Fördertechnik dringend zu ändern. Weiterhin sollte das Palettieren durch einen Scanvorgang abgesichert werden, um Verwechslungen von Paletten auszuschließen.

Das neue Konzept sieht daher den Einsatz von Hochhubwagen im Umfeld der Palettierarbeitsplätze vor. Wie Abb. 9.3 zeigt, können die einzelnen im Eingriff befindlichen Paletten dadurch in der Höhe weitestgehend an die Höhe der Fördertechnik angepasst werden und im Idealfall ist nur ein kurzes Umheben auf gleicher Höhe erforderlich. Der neue Standardkarton mit einem Gewicht von maximal 12 kg trägt zusätzlich zu einer Verbesserung der Ergonomie bei. Allerdings konnten Drehbewegungen im Oberkörper nicht vermieden werden.

Die hier ebenfalls durchgeführte Bewegungsanalyse anhand von Videoaufnahmen bestätigte diese Einschätzung des Arbeitsplatzes weitgehend. Sie zeigte zum einen vereinzelt die Torsion der Wirbelsäule bis in den kritischen Bereich sowie gelegentlich zu hohe Schulterwinkel auf. Die Torsion der Wirbelsäule entsteht bei der Drehbewegung zur Palette, von denen immer mehrere um den Arbeitsplatz angeordnet sind. Die zu hohen Schulterwinkel werden beim Absetzen der Packstücke in der hinteren Position auf der Palette erreicht und lassen sich ebenfalls nicht verhindern. Diese ergonomischen

9 EJOT – Intralogistik im Wandel

Abb. 9.3 Neu gestalteter Palettierarbeitsplatz

Nachteile finden sich in den Bewegungsabläufen aber nur zu einem geringen Zeitanteil, sodass das Gesamtergebnis für diese Arbeitsplätze immer noch gut ausfällt.

Bereits in der Projektphase wurden die zuvor aufgezeigten Schwachpunkte weitestgehend identifiziert, daher wurde eine Analyse zum Einsatz von Kränen und ähnlichen Hebehilfsmitteln durchgeführt. Es zeigte sich aber, dass die Aufnahme von etwa 50 verschiedenen Packmitteltypen mit einer einzigen Vorrichtung unmöglich ist und daher Rüstaufwand erforderlich gewesen wäre. Weiterhin war aus früheren Erfahrungen mit Hebehilfsmitteln bekannt, dass Mitarbeiterinnen und Mitarbeiter bei Gewichten bis 12 kg aus eigenem Antrieb entscheiden, die Hilfsmittel zu umgehen und rein manuell zu arbeiten.

9.5 Shopfloor Management

Die bisher beschriebenen ergonomischen Verbesserungen basieren alle auf einem Top-down-Ansatz, sie entstanden aus Beobachtungen und Analysen von Führungskräften. Daraus wurden Maßnahmen entwickelt und nach sorgfältiger Abstimmung mit betroffenen Mitarbeiterinnen und Mitarbeitern umgesetzt. Dieser Ansatz ist damit typisch für große Verbesserungsprojekte, bei denen teilweise fundamental in bestehende Prozesse und Arbeitsweisen eingegriffen wird. Aber nicht alle diese Verbesserungen bewähren sich vollständig in der Praxis, manchmal offenbaren sich Schwächen erst nach längerem Einsatz. Dann kommt es ganz wesentlich darauf an, dass sich Mitarbeiterinnen und Mitarbeiter aus allen Abteilungshierarchien nicht mit dem Ist-Zustand zufriedengeben, sondern Probleme erfassen und gezielt kommunizieren. Hierfür hat sich das Shopfloor Management bewährt, bei EJOT findet es auf zwei Ebenen statt.

In der ersten Ebene treffen sich täglich alle Mitarbeiterinnen und Mitarbeiter des direkten Shopfloors mit ihren Vorgesetzten für ca. fünf Minuten. Neben dem Bericht von Kennzahlen und weiteren aktuellen Themen durch Vorgesetzte besteht für alle die Möglichkeit, neu entdeckte Probleme zu melden und damit zu dokumentieren. Sollte nicht direkt ein verfolgenswerter Lösungsansatz gefunden werden, berichtet die oder der Vorgesetzte das Problem im darauffolgenden Shopfloor-Treffen der zweiten Ebene. An diesem Treffen nehmen neben allen Vorgesetzten der Abteilung auch immer Instandhaltende teil. Nicht immer können in dieser Runde alle Probleme gelöst werden, aber die Chance, in dieser Gruppe verschiedener Fachleute einen Lösungsansatz oder den besseren Lösungsansatz zu finden und gleichsam die Umsetzung direkt zu beschließen, ist deutlich höher. Aus ergonomischer Sicht sind aus diesem Bottom-up-Ansatz unter anderem die folgenden Verbesserungen entstanden:

- Zwei Versionen von Etikettensammlern am Drucker montiert
- Anlehnschutz bei Kommissionierarbeitsplätzen
- Parallel zum Fußschalter Handbetätigung der Schüttvorrichtung
- Kommissionierarbeitsplätze mit seitenvertauschter Behälterzuführung
- Optimierte Darstellung der Bildschirminhalte
- Vereinfachter Scanvorgang beim Etikettieren von KLT

Aber auch der Top-down-Ansatz funktioniert aus dem Shopfloor Management der zweiten Ebene heraus. Beide Ansätze ergänzen sich somit optimal und können durch Shopfloor Management kontinuierlich am Laufen gehalten werden.

Andreas Hecht (Dipl.-Ing., FH) leitet seit 2012 die Distributionslogistik der Fa. EJOT GmbH & Co. KG. Dort trug er die Mitverantwortung für die Modernisierung der Intralogistik und leitete seither weitere Logistikprojekte. Nach seiner Ausbildung zum Werkstoffprüfer absolvierte er ein Studium der Hochleistungswerkstoffe an der FH Osnabrück. Im Anschluss war er in mehreren Stationen in den Bereichen Kunststoffspritzgießverarbeitung und Lean Management bei der Fa. EJOT GmbH & Co. KG tätig, bevor er in die Leitung wechselte.

Lösungen für eine menschzentrierte Arbeitsgestaltung in der Intralogistik

10

Semhar Kinne

Inhaltsverzeichnis

10.1	Hintergrund	134
10.2	Notwendigkeit zur Menschzentrierung	135
	10.2.1 Klassifizierung neuer Arbeitssysteme	135
	10.2.2 Neue Möglichkeiten für ergonomische Arbeitsplatzgestaltung	136
	10.2.3 Neue Technologien zur physischen Unterstützung	137
10.3	Modellentwicklung	138
	10.3.1 Interaktionsmodell	138
	10.3.2 Individualisierungsmodell	145
10.4	Beispiele zur Anwendung der Modelle	147
	10.4.1 MIA – My Individual Assembly	147
	10.4.2 Assistenzsystem zur Größenauswahl eines Exoskeletts	150
10.5	Zusammenfassung und Ausblick	152
Literatur		154

Zusammenfassung

Im Zuge der Digitalisierung entstehen durch den Einsatz neuer digitaler Technologien interaktive Arbeitssysteme, in welchen die Zusammenarbeit zwischen Menschen und cyberphysischen Systemen als Social Network organisiert werden kann. Um dabei einem menschzentrierten Gestaltungansatz gerecht zu werden, wurden zwei grundlegende Modelle entwickelt. Das Interaktionsmodell dient der Beschreibung und

S. Kinne (✉)
Fraunhofer-Institut für Materialfluss und Logistik IML, Dortmund, Deutschland
E-Mail: semhar.kinne@iml.fraunhofer.de

© Der/die Autor(en), exklusiv lizenziert an Springer Fachmedien Wiesbaden GmbH, ein Teil von Springer Nature 2022
M. Klumpp et al. (Hrsg.), *Ergonomie in der Intralogistik*, FOM-Edition,
https://doi.org/10.1007/978-3-658-37547-8_10

Klassifizierung von Akteuren, deren Eigenschaften sowie ihrem Zusammenwirken. Das Individualisierungsmodell berücksichtigt die unterschiedlichen Bedürfnisse und Fähigkeiten menschlicher Akteure der Interaktion und beschreibt die Auswirkungen auf adaptierbare technische Komponenten des Arbeitssystems. Es werden das Assistenzsystem MIA (My Individual Assembly) sowie ein Hilfsmittel zur Unterstützung bei der Größenauswahl eines Exoskeletts vorgestellt. Die Systeme basieren auf den Modellen und wurden im Rahmen des Forschungsprojekts „Innovationslabor Hybride Dienstleistungen in der Logistik" prototypisch umgesetzt.

10.1 Hintergrund

Durch das Internet der Dinge und Industrie 4.0 erhalten neue und innovative Technologien Einzug in die Logistikbranche und bieten das Potenzial, logistische Kennzahlen wie beispielsweise Lieferzuverlässigkeit und Servicegrad zu optimieren (vgl. Lieberoth-Leden et al., 2017, S. 451). Durch Kostendruck (vgl. Zanker, 2018, S. 19) und hohe Leistungsanforderungen ist besonders die Intralogistik gefordert, effiziente Lösungen bereitzustellen. Getrieben durch den steigenden Onlinehandel und den Ansprüchen der Konsumierenden nach „Sofortness" und Individualisierung werden die Möglichkeiten der Digitalisierung genutzt, um dynamische Lieferketten und wandlungsfähige Logistiksysteme zu realisieren (vgl. Ten Hompel & Kerner, 2015, S. 176; Große-Puppendahl et al., 2016, S. 5; Zeidler et al., 2018, S. 488). Der Datenerfassung und -aufbereitung kommt eine hohe Bedeutung zu, da sie notwendige Voraussetzung ist, um intralogistische Prozesse automatisch zu steuern und um eingesetzte Maschinen zu mehr Intelligenz zu befähigen. Der Mensch mit seinen einzigartigen feinmotorischen und kognitiven Fähigkeiten ist und bleibt jedoch ein unverzichtbarer Faktor einer zuverlässigen Logistik. Die Herausforderung liegt darin, Beschäftigten in autonomen Prozessen genügend Handlungsspielraum für eigene Entscheidungen zur Verfügung zu stellen. Der Gestaltung neuer Funktions- und Kontrollverteilungen in der Mensch-Technik-Interaktion kommt daher eine hohe Bedeutung zu. Anstatt die Tätigkeiten auf ausführende Einfacharbeit zu beschränken, soll Beschäftigten durch intelligente Assistenzsysteme ein erweitertes Aufgabenspektrum ermöglicht werden (vgl. Hirsch-Kreinsen et al., 2018, S. 178).

In der Vision der „Social Networked Industry" rückt die Bedeutung des Menschen im Zusammenhang mit dem Leitthema Industrie 4.0 in den Fokus und wirkt dem Bild einer menschenleeren Fabrik entgegen (vgl. Ten Hompel et al., 2016, S. 3; Prasse et al., 2018, S. 7). Um die spezifischen Fähigkeiten des Menschen mit den Vorteilen der Digitalisierung in Einklang zu bringen, muss die virtuelle Datenwelt mit der physisch realen Welt vernetzt werden. Im BMBF-geförderten Forschungsprojekt „Innovationslabor Hybride Dienstleistungen in der Logistik" (Fraunhofer IML, 2020) werden technologische Innovationen zur Realisierung der dafür notwendigen Schnittstellen entwickelt und erforscht. Anstatt rein automatisierter oder rein manueller Prozesse erfolgt ein Wandel zu interaktiven Arbeitssystemen aus Mensch und Technik. Dabei dienen Assistenzsysteme wie Wearables und Datenbrillen als Kommunikationsschnittstellen und stellen kontextsensitive Informationen bereit (vgl. Mättig & Kretschmer, 2019, S. 2). Darüber hinaus werden in dem Projekt Technologien untersucht, die beanspruchende Tätigkeiten erleichtern oder eigenständig ausführen. Dazu zählen beispielsweise kollaborierende Roboter, Fahrerlose Transportsysteme und Exoskelette. Feldversuche mit dem Exoskelett Laevo wurden in Kooperation mit dem Forschungsprojekt ADINA durchgeführt.

10.2 Notwendigkeit zur Menschzentrierung

Neben dem Trend zur Digitalisierung ist der Fachkräftemangel, hervorgerufen durch den demografischen Wandel, eine weitere Herausforderung in der Logistikbranche (vgl. Schroven, 2015, S. 23). Neben einem großen Anteil älterer Mitarbeitenden resultieren daraus ungelernte Beschäftigte, hohe Mitarbeiterfluktuationen, kulturelle und sprachliche Barrieren sowie unterschiedliche Affinitäten gegenüber neuen Technologien (vgl. Mättig & Kretschmer, 2019, S. 9). Neu entstehende interaktive Arbeitssysteme müssen sich an diese dynamisch wechselnden Nutzenden anpassen, um menschengerechte Arbeitsbedingungen zu schaffen. Eine Beschränkung der Adaptivität rein auf Nutzergruppen ist aufgrund der Heterogenität der Beschäftigten nicht ausreichend, um deren unterschiedlichen Bedürfnissen gerecht zu werden. Mit einem menschzentrierten Ansatz wird das Individuum in den Fokus gestellt. Individualisierung von Technik beinhaltet dabei sowohl die Veränderung von Arbeitsplatzdimensionen als auch die Informationsdarstellung sowie die abgestimmte Heranführung an neue Technologien.

10.2.1 Klassifizierung neuer Arbeitssysteme

Im Zuge des Einsatzes autonomer cyberphysischer Systeme löst sich die klassische Rollenverteilung zwischen Mensch und Maschine auf. Die steuernde Kontrolle des Menschen über Maschinen und andere Technikkomponenten wandelt sich in ein interaktives Miteinander aus autonom agierenden Parteien. Die Fähigkeit von Technikkomponenten zum eigenständigen Handeln erfordert eine Erweiterung klassischer Arbeitssysteme um die interaktive Komponente. Hirsch-Kreinsen et al., (2018, S. 190) beschreibt eine humanorientierte Gestaltungsperspektive von Industrie 4.0 als beste Voraussetzung, um Industriearbeit alters- und alternsgerecht zu gestalten. Gleichzeitig wird die Attraktivität der meist anspruchsvollen und selbstorganisierten „High-Tech"-Arbeit für die junge Generation erhöht (vgl. Hirsch-Kreinsen et al., 2018, S. 190). Eine menschzentrierte Gestaltung interaktiver Arbeitssysteme folgt daher den Grundsätzen der Ergonomie, die Arbeitsbeanspruchung zu reduzieren, Beeinträchtigungen und Schädigungen zu vermeiden sowie Handlungsspielräume zu entfalten und individuelle

Entwicklungsmöglichkeiten zu schaffen (vgl. Schlick et al., 2010, S. 7; DIN EN ISO 6385, 2016, S. 10).

Digitale Technologien zur physischen und kognitiven Unterstützung können nur erfolgreich eingesetzt werden, wenn sie von den Mitarbeitenden akzeptiert werden (vgl. Mättig & Kretschmer, 2019, S. 4). Damit die Arbeit für den Menschen in der Summe leichter wird, müssen Gestaltungshinweise und Organisationskonzepte für einen menschzentrierten Technikeinsatz erarbeitet werden, welche die neue Rolle des Menschen in diesen Arbeitssystemen definieren und neue bzw. veränderte Belastungsformen (vgl. Rinkenauer et al., 2017, S. 1) sowie potenzielle Sicherheitsrisiken minimieren. Als Voraussetzung dafür ist ein Modell erforderlich, in welchem die Zusammenarbeit zwischen Mensch und Technikkomponente in interaktiven Arbeitssystemen klassifiziert werden kann. Dieses wurde in Form eines Interaktionsmodells (siehe Abschn. 10.3.1) konzipiert.

10.2.2 Neue Möglichkeiten für ergonomische Arbeitsplatzgestaltung

Insbesondere aufgrund des demografischen Wandels und seinen Auswirkungen auf die Arbeit in der Intralogistik sind Arbeitsplätze erforderlich, die einerseits für die Beschäftigung leistungsgewandelter Menschen geeignet sind und andererseits Mitarbeitende lange gesund halten. Vor dem Hintergrund, dass Erkrankungen des Muskel-Skelett-Systems für die längsten Krankheitsausfälle verantwortlich sind (vgl. Knieps & Pfaff, 2019, S. 62), kommt einer ergonomischen Gestaltung von Tätigkeiten und Arbeitsplätzen eine hohe Bedeutung zu. Ergonomisch fachgemäß gestaltete Arbeitsplätze sind die Voraussetzung für einen menschgerechten und wirtschaftlichen Einsatz der menschlichen Arbeitskraft. Ergonomisch ungenügende Arbeitsplätze gefährden die Arbeitssicherheit (vgl. Bullinger, 2013, S. 197) und können gesundheitliche Schäden durch ungünstige Körperhaltungen, Greifverhältnisse und anderen Formen der körperlichen Überanstrengung hervorrufen.

In der konventionellen Arbeitsplatzgestaltung werden die Dimensionen so ausgelegt, dass sie für 90 % der Benutzenden natürliche Körperhaltungen und Bewegungsabläufe gewährleisten. Die Anthropometrie bildet dabei die Grundlage für eine ergonomisch-räumliche Gestaltung, deren Verteilwerte für bestimmte Bevölkerungsgruppen in Tabellenwerken wie beispielsweise DIN 33402 vorliegen. Insbesondere stationäre Arbeitsplätze sind häufig adaptierbar gestaltet und können von Nutzenden an veränderte Umgebungsbedingungen oder Nutzereigenschaften angepasst werden. Im Gegensatz dazu können sich adaptive Systeme eigenständig auf veränderte Bedingungen einstellen (vgl. Reinhart et al., 2017, S. 58). Die Möglichkeiten der Digitalisierung lassen neue technische Entwicklungen sowohl für adaptierbare als auch für adaptive Systeme zu. Durch die Erfassung individueller Körpermaße, anstelle von Perzentilen, können die Körperhaltung und Bewegungsabläufe durch entsprechende Arbeitsplatzdimensionierung und Anordnung der Arbeitsmittel optimiert werden (vgl. Schlund et al., 2018, S. 285). Die Weitergabe dieser Werte an die jeweiligen Arbeitsmittel ermöglicht eine automatische Ausrichtung des Arbeitsplatzes in Abhängigkeit von der Arbeitsaufgabe und den Umgebungsbedingungen. Sofern die technischen Voraussetzungen für eine Adaptivität nicht gegeben sind, können Nutzende zur manuellen oder teilautomatischen Einstellung der Teilsysteme angeleitet werden. Voraussetzung für diese Funktionalitäten bildet eine Datengrundlage, die in Form eines Individualisierungsmodells (siehe Abschn. 10.3.2) beschrieben und beispielhaft umgesetzt wurde.

10.2.3 Neue Technologien zur physischen Unterstützung

Operative Prozesse in der Intralogistik stehen vor allem aufgrund des Wunsches nach individuellen Produkten („Losgröße 1") bei gleichzeitig schnellen Lieferzeiten vor großen Herausforderungen (vgl. Zeidler et al., 2018, S. 488). Automatisierte Handhabungs- und Robotersysteme scheitern an der resultierenden Vielzahl unterschiedlicher Produkte und Produktausprägungen, sodass in der Logistik nach wie vor ein großer Anteil an manueller Lastenhandhabung vorherrscht. Wohingegen an stationären Arbeitsplätzen, beispielsweise in der Verpackung, durch adaptierbare Sitz-/Steharbeitstische, Anti-Ermüdungsmatten und Hubtische gute ergonomische Bedingungen geschaffen werden können, ist dies an mobilen Arbeitsplätzen in vielen Fällen nur schwer möglich. Dazu zählt insbesondere die Person-zur-Ware-Kommissionierung, bei der Mitarbeitende über die Schicht weite Strecken laufen und dabei angetriebene oder passive Flurförderzeuge mit sich führen. Vor allem bei Entnahmen aus der untersten Regalebene auf Bodenniveau besteht die Gefahr von Zwangshaltungen, einseitigen Belastungen und falschen Bewegungsmustern. Hier bieten Exoskelette das Potenzial, Beschäftigte bei der Ausübung körperlich beanspruchender Aufgaben zu entlasten. Exoskelette sind am Körper getragene mechanische Stützstrukturen, die spezifische Körperteile aktiv oder passiv unterstützen. Für den industriellen Gebrauch wurde die Eignung auf dem Markt verfügbarer Exoskelette im Hinblick auf die Wirksamkeit und den Tragekomfort in verschiedenen Studien untersucht (vgl. Baltrusch et al., 2018; Bednorz et al., 2019; De Looze et al., 2016; Hensel et al., 2018; Kinne et al., 2019). Es wurde festgestellt, dass Handhabungseigenschaften, wie die Schwierigkeit beim An- und Ablegen sowie beim Anpassen an die individuellen Körpereigenschaften, negativ mit der Beurteilung der Wirksamkeit korrelieren (vgl. Kinne et al., 2019, S. 277). Gleichzeitig ist eine sorgfältige, individuelle Anpassung von enormer Wichtigkeit, um die Funktionalität und den Tragekomfort eines Exoskeletts zu gewährleisten. Auf Basis des Individualisierungsmodells wurde ein Assistenzmodell zur Unterstützung bei der Größenauswahl für ein passives Exoskelett entwickelt (siehe Abschn. 10.4.2).

10.3 Modellentwicklung

10.3.1 Interaktionsmodell

Um verschiedene Ausprägungen von interaktiven Arbeitssystemen, die in einer Social Networked Industry (vgl. Borst et al., 2018, S. 1) auftreten können, in weiterführenden sozio-technischen Studien untersuchen zu können, ist ein Ordnungsschema für die Beschreibung und den Vergleich der unterschiedlichen Konstellationen von Mensch-Technik-Interaktion erforderlich. Mit diesem Ziel wurde das Interaktionsmodell als eine Systematik zur Klassifizierung von interaktiven Arbeitssystemen aus Menschen und technischen Einrichtungen entwickelt. Technische Einrichtungen werden dabei als Geräte definiert, die „zum aufeinander bezogenen Handeln mit einem oder mehreren Interaktionspartnern bzw. Akteuren fähig sind. Grundvoraussetzung für Interaktion ist die Fähigkeit zur Kommunikation, d. h. zum Senden und Empfangen von Nachrichten, auf wenigstens einem Informationskanal (visuell, akustisch etc.) und beinhaltet darüber hinaus aus soziologischer Sicht das Reagieren, den Umgang miteinander sowie das einander Beeinflussen und ggf. sogar Steuern" (Jost & Kirks, 2017, S. 8 f.).

Der Klassifikationsansatz der existierenden Taxonomie für Mensch-Roboter-Interaktionen (MRI) (vgl. Onnasch et al., 2016) ist in Beschreibungen der Interaktion, des Roboters und des Teams gegliedert. Sie gilt ausschließlich für Interaktionen des Menschen mit Robotern, worunter jedoch sowohl Manipulatoren als auch Fahrerlose Transportfahrzeuge (FTF) fallen (vgl. Onnasch et al., 2016, S. 6 f.). Andere interaktionsfähige Geräte, die der Definition von Jost und Kirks (2017, S. 8 f.) entsprechen und im Rahmen der digitalen Vernetzung einer Social Networked Industry mit dem Menschen in kommunikativem Austausch stehen, werden nicht berücksichtigt. Für eine gesellschaftliche und individuelle Technikakzeptanz der neu entstehenden Arbeitssysteme sind im Sinne einer Menschzentrierung jedoch alle auftretenden Interaktionen mit Technikkomponenten relevant. Diese finden im Interaktionsmodell als Erweiterung der MRI-Taxonomie Berücksichtigung.

Das entwickelte Modell ermöglicht die vollständige Beschreibung des Arbeitssystems unter Beachtung der spezifischen Fähigkeiten der jeweiligen Akteure. Es ist dreistufig aufgebaut und beschreibt die Akteure der Interaktion, deren Eigenschaften sowie die Art und Weise der Interaktion (siehe Abb. 10.1).

10.3.1.1 Mögliche Akteure in interaktiven Arbeitssystemen

In der ersten Stufe werden mögliche Interaktionspartner definiert und bestimmten Typen zugeordnet. Dabei wird zwischen Menschen und interaktionsfähigen Geräten unterschieden. Es werden also nicht grundsätzlich alle Betriebsmittel berücksichtigt, sondern nur diejenigen Einrichtungen, die mit Menschen in einen kommunikativen Austausch gehen können. Beispielsweise wird ein klassischer Arbeitstisch, dessen Höheneinstellung mit manuellem Umrüstaufwand verbunden ist, nicht betrachtet, obwohl es sich nach Reinhart et al., (2017, S. 58) um ein adaptierbares System handelt. Erfolgt die Adaption

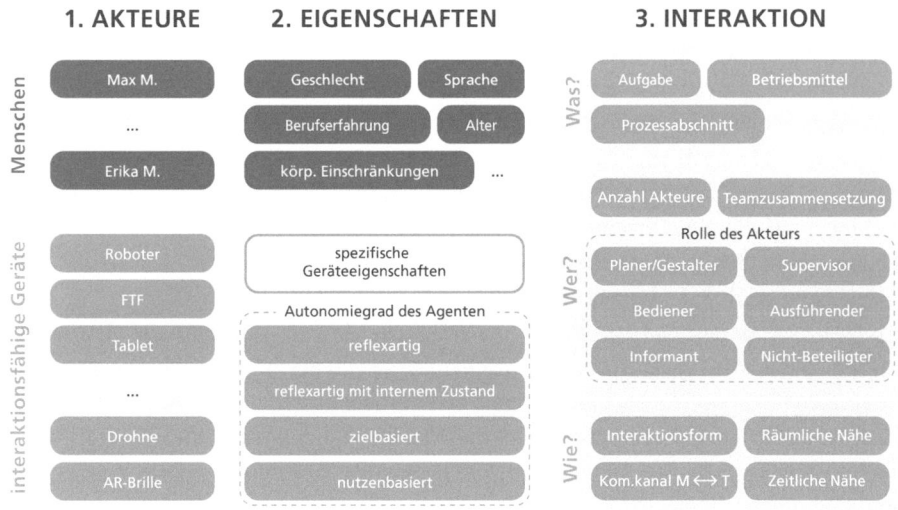

Abb. 10.1 Interaktionsmodell des Innovationslabors Hybride Dienstleistungen in der Logistik

der Tischhöhe jedoch eigenständig durch Identifikation eines Nutzenden oder als Folge eines manuell erzeugten Signals, handelt es sich um einen interaktionsfähigen Arbeitstisch, der im Interaktionsmodell beschrieben werden kann.

Im Hinblick auf einen Einsatz im Social Network (vgl. Erler et al., 2017) ist es wichtig, jedes Gerät für sich zu betrachten. Auf zwei Smartphones desselben Modells können beispielsweise unterschiedliche Apps gespeichert sein, weshalb die Geräte in verschiedene Arbeitsabläufen (Kontexten) und somit Interaktionen zum Einsatz kommen können. Um die weitere Handhabung des Interaktionsmodells zu vereinfachen, werden alle Akteure (Menschen und interaktionsfähige Geräte) bestimmten Interaktionstypen zugeordnet. Jeder dieser Typen verfügt über andere, spezifische Eigenschaften, die in der zweiten Stufe des Modells charakterisiert werden. Mögliche Typenklassifikationen sind zum Beispiel Mensch, Roboter, FTF, Tablet, Smartphone, AR-Brille, VR-Brille, interaktionsfähiger Ladungsträger und Drohne. Ein Gerät kann mehreren Typen zugeordnet werden. Beispielsweise wird ein mobiler Roboter als FTF und Roboter klassifiziert, wodurch sich im weiteren Verlauf die Eigenschaften addieren.

10.3.1.2 Eigenschaften der Akteure

In der zweiten Stufe des Interaktionsmodells werden die Eigenschaften der Akteure entsprechend ihres Interaktionstyps beschrieben. Es handelt sich dabei um Spezifikationen oder Steckbriefe der Akteure, die in Form eines Templates mit vorgegebenen oder frei schreibbaren Werten dargestellt werden. Diese Informationen sind unabhängig von der eigentlichen Interaktion und können für das Metadatenmodell einer Social Network Platform (vgl. Erler et al., 2017, S. 9) verwendet werden.

Relevante Eigenschaften der *Menschen,* die Teil des interaktiven Arbeitssystems sind, werden immer für ein Individuum beschrieben. So wird im Vergleich zum Prinzip

„one-size-fits-all" (vgl. Schlund et al., 2018, S. 277) eine echte Individualisierung des Arbeitssystems gewährleistet. Die Merkmale beziehen sich auf die physiologischen Grundvoraussetzungen und auf die Fähigkeiten in Bezug auf eine bestimmte Tätigkeit. Dazu zählen demografische Informationen wie Geschlecht, Alter sowie Berufsausbildung und -erfahrung. Weiterhin werden hier körperliche Einschränkungen zum Beispiel in Bezug auf das Sehvermögen oder den Bewegungsapparat erfasst, die Auswirkungen auf die menschzentrierte Arbeitsplatz- und Dialoggestaltung haben. Die Verwendung individueller Nutzerinformationen für eine ergonomische Arbeitsgestaltung wird in Abschn. 10.3.2 weiter erläutert.

Interaktionsfähige Geräte, die in interaktiven Arbeitssystemen zur Anwendung kommen, sind von spezifischen Eigenschaften gekennzeichnet, durch die sich auch Geräte gleichen Typs voneinander abgrenzen. Ein Roboter unterscheidet sich beispielsweise durch die Anzahl der Achsen oder die Nutzlast von anderen. Ein FTF transportiert Paletten, wohingegen ein anderes Fahrzeug Behälter bestimmter Größen aufnehmen kann. Auf zwei baugleichen Smartphones laufen unterschiedliche Programme und die Speicherkapazität ist verschieden stark erschöpft. Die Beispiele verdeutlichen, dass die gerätespezifischen Eigenschaften nicht nur der Klassifizierung des Interaktionspartners dienen, sondern auch für die Geräteauswahl bei der Organisation interaktiver Arbeitssysteme notwendig sind. Im Template des Interaktionsmodells sind abhängig vom Gerätetyp die spezifischen Eigenschaften hinterlegt.

Eine Grundvoraussetzung für die Interaktionsfähigkeit eines technischen Geräts ist eine gewisse Autonomie, durch die das Gerät zu bestimmten, eigenständig initialisierten und durchführbaren Prozessen befähigt wird. Autonomie bezieht sich dabei auf alle Vorgänge zur Aufnahme und Verarbeitung von Informationen der Umgebung sowie des Interaktionspartners. Darüber hinaus beinhaltet sie die Entscheidungsfindung auf Basis dieser Informationen sowie die Ausführung einer bestimmten Handlung als Konsequenz einer Entscheidung. Nach der MRI-Taxonomie bestimmt der Autonomiegrad eines Roboters den Grad der Intervention durch den Menschen (vgl. Onnasch et al., 2016, S. 7). Die MRI-Taxonomie beruft sich bei der Darstellung des Autonomiegrads auf das Rahmenmodell von Parasuraman et al., (2000, S. 288), in welchem die Automatisierungsgrade für unabhängige Vorgänge der Informationserfassung, Informationsanalyse, Entscheidungsauswahl und Maßnahmenumsetzung in den Ausprägungen niedrig und hoch beschrieben werden. Da die Beschreibung der Akteure im Interaktionsmodell zunächst nur von seinen eigenen Fähigkeiten und damit unabhängig von den anderen Interaktionspartnern erfolgen soll, wird für das Interaktionsmodell des Innovationslabors Hybride Dienstleistungen in der Logistik die Klassifikation auf Basis von Russel & Norvig (2014, S. 47 ff.) verwendet. Darin werden vier Typen von Software-Agenten vorgestellt, deren Prinzipien auf viele intelligente Systeme übertragen werden können:

1. **Einfacher reflexartiger Agent [Signal → Handlung]**
   Beim einfachen reflexartigen Agenten sind die durchgeführten Handlungen immer von einfachen Wenn-dann-Entscheidungen abhängig. Grundlage für diese Entscheidungen sind festgelegte Regeln und das aktuelle Signal (Messwert der Sensorik).

Aus diesem Grund muss die Umgebung eines solchen Agenten stets vollständig von der vorhandenen Sensorik messbar sein. Schon die kleinste fehlende Information kann zu Problemen führen (vgl. Russel & Norvig, 2014, S. 48 ff.).

Beispiel FTF

Ein mit diesem Agent-Typ ausgestattetes FTF kann lediglich eine einzige fest vorprogrammierte Strecke abfahren. Die Wenn-dann-Regeln dafür können so aussehen: „Wenn [Pos = X] → fahre geradeaus" und „Wenn [Pos = Y] → drehe um 90° nach links". Fällt nun zum Beispiel in einem Tunnel das Lokalisierungssystem aus, wird der Agent voraussichtlich in einer Endlosschleife die zuletzt begonnene Aktion ausführen, da keine andere Regel mehr zutreffen kann. ◄

2. **Reflexbasierter Agent mit internem Zustand [Signal → Handlung]**
Dieser Agententyp besitzt zusätzlich ein internes Modell, das die Auswirkungen der (vorangegangenen) eigenen Handlungen sowie die unabhängige Veränderung der Umwelt beschreibt. In Kombination mit dem gespeicherten Signalverlauf kann dieser Agent durch Annahmen oder Berechnungen des neuen Zustands seiner Umwelt auch dann handeln, wenn diese aktuell nicht vollständig erfasst werden kann. Das grundlegende Entscheidungsprinzip folgt jedoch ebenfalls einfachen Wenn-dann-Regeln (vgl. Russel & Norvig, 2014, S. 50 ff.).

Beispiel FTF

Die Wenn-dann-Regeln sind identisch mit denen des einfachen reflexartigen Agenten. Im Falle des Tunnelproblems etwa weiß der Agent, wie sich seine aktuelle Aktion (zum Beispiel Fahren mit 1 m/s) auf den Messwert Position auswirkt. Er kann so mithilfe des gespeicherten Signalverlaufs (zuletzt bekannte Position) die aktuelle Position berechnen und neu zutreffende Regeln anwenden. ◄

3. **Zielbasierter Agent [Ziel → Handlung]**
Der zielbasierte Agent handelt nicht nach einfachen Wenn-dann-Regeln, sondern kennt eine Zielvorgabe, die es durch seine Handlungen zu erreichen gilt. Das interne Modell wird genutzt, um vorauszusehen, wie seine Umwelt nach seiner Handlung aussehen wird. Plan- oder Suchalgorithmen liefern eine Handlungsabfolge, die den Agenten zu seinem Ziel führt. Dieser Agent ist flexibler, da nicht für jedes einzelne Ziel ein neuer Regelsatz geschrieben werden muss (vgl. Russel & Norvig, 2014, S. 52 f.). Die Algorithmen dieses Agenten können auch als selbstlernendes System gestaltet werden.

> **Beispiel FTF**
>
> Nach der Zieleingabe plant der Suchalgorithmus des Agenten selbstständig eine Route, die ihn zum Ziel führt. Die Länge der Strecke oder eventuell verursachte Kollisionen spielen für den Agenten dabei aber zunächst keine Rolle. ◄

4. **Nutzenbasierter Agent [Ziel(e) → Nutzen → Handlung]**
Der Faktor „Nutzen" bedeutet für den Agenten eine interne Leistungsbewertung und Effizienzsteigerung. Im Gegensatz zu einem binären „Ziel erfüllt/nicht erfüllt" des zielbasierten Agenten ist hier eine Differenzierung der Ergebnisse jedes einzelnen Schrittes möglich. Das hat zur Folge, dass der Agent nun eine Aufgabenstellung mit mehreren, möglicherweise sogar einander entgegengesetzten Zielen bearbeiten kann (beispielsweise Sicherheit vs. Schnelligkeit). Ebenso sind Aufgabenstellungen möglich, bei denen das Ziel nicht sofort, nicht vollständig oder gar nicht erreicht werden kann, aber trotzdem der größtmögliche Nutzen erzielt werden soll (vgl. Russel & Norvig, 2014, S. 53 f.). Die Algorithmen dieses Agenten können ebenfalls als selbstlernendes System gestaltet werden.

> **Beispiel FTF**
>
> Allen relevanten Parametern werden verschieden hohe positive oder negative Nutzwerte zugeschrieben: zum Beispiel positive Werte für verringerte Distanz zum Zielort, kleinere negative Werte für zurückgelegte Strecke und verstrichene Zeit und ein sehr großer Malus für verursachte Kollisionen. Der Agent plant immer mit dem Ziel, den Nutzwert zu maximieren und liefert eine optimierte Route. Durch Anpassung der Parameter-Nutzwerte können verschiedene Schwerpunkte gesetzt werden. ◄

10.3.1.3 Beschreibung der Interaktion

In der dritten Stufe des Interaktionsmodells wird die eigentliche Zusammenarbeit innerhalb des Arbeitssystems beschrieben. Dabei sollen die folgenden Fragestellungen beantwortet werden:

- Was ist das Ziel der Interaktion und welche Aufgaben haben die Handlungspartner?
- Wie viele Akteure sind in der Interaktion aktiv und in welchen Rollen stehen sie zueinander?
- Wie erfolgt die Kommunikation und welche Hilfsmittel werden dafür benötigt?

Zur Beantwortung der Fragestellungen wurden ausgehend von der Team- und Interaktionsklassifikation der MRI-Taxonomie weitere Kategorien und Auswahlmöglichkeiten ergänzt. Dazu zählen die **Anzahl** der Handlungspartner in der Interaktion, ihre **Aufgaben,** der zugehörige **Prozessabschnitt** und die notwendigen **Betriebsmittel.** Aus der MRI-Taxonomie übernommen wurden die Kategorien **Teamzusammensetzung,**

Interaktionsform, Kommunikationskanal[1] und **zeitliche Nähe**[2]. Im Folgenden werden die relevantesten Kategorien vorgestellt.

Vor allem zur Diskussion der sozio-technischen Bedeutung von Interaktionsformen und deren Auswirkungen auf Akzeptanz, Arbeitsleistung und Wohlbefinden kommt den zugeteilten **Rollen** der Akteure eine große Bedeutung zu. Die MRI-Taxonomie schlägt fünf Interaktionsrollen des Menschen vor: Supervisor, Operateur, Kollaborateur, Kooperateur und Nicht-Beteiligter (vgl. Onnasch et al., 2016, S. 5). Da das Interaktionsmodell für alle Interaktionspartner gültig sein soll und somit auch soziale Rollen der eingesetzten Technikkomponenten abgebildet werden, sind die Rollen im Interaktionsmodell wie folgt definiert:

1. Der *Planer/Gestalter* übernimmt die Prozessgestaltung auf einer übergeordneten Ebene und weist dem Interaktionspartner Aufgaben bzw. einen Arbeitsplan zu. Diese Rolle ist in Ergänzung zur MRI-Taxonomie notwendig, um auch Interaktionen innerhalb eines Social Networks abzubilden.
2. Der *Supervisor* ist ein passiver Beobachter des Arbeitsprozesses. Er überwacht den Prozess und kann zu Korrekturzwecken eingreifen (vgl. Onnasch et al., 2016, S. 3). Darüber hinaus weist der Supervisor dem Interaktionspartner gegebenenfalls fortlaufend neue Aufgaben zu.
3. Der *Bediener* ist zuständig für das Einrichten und die Kontrolle von Maschinen. Er nimmt beispielsweise durch Fernsteuerung direkten Einfluss auf den Arbeitsablauf des Interaktionspartners (vgl. Onnasch et al., 2016, S. 6).
4. Dem *Ausführenden* wird von einem Interaktionspartner eine Aufgabe zugeteilt, die er selbstständig verrichtet.
5. Der *Informant* überbringt Informationen an einen Interaktionspartner, die für die Ausführung des Arbeitsprozesses erforderlich sind. Ein Mensch kann beispielsweise einem Roboter Hilfestellung leisten, wenn er ein Objekt nicht identifizieren kann. Ein weiteres Beispiel ist die Informationsbereitstellung an den Menschen durch ein Tablet oder eine AR-Brille.
6. Ziel des *Nicht-Beteiligten* ist die Vermeidung einer ungewollten, direkten Interaktion (vgl. Onnasch et al., 2016, S. 3). Dies können beispielsweise Kollisionen mit einem Roboter sein oder ein Mindestabstand zu einem FTF, damit dessen Fahrgeschwindigkeit nicht reduziert werden muss.

Prinzipiell können im Rahmen einer Interaktion jegliche Rollenkombinationen der Akteure eingegangen werden. Sie können gleich oder unterschiedlich sein. Darüber hinaus kann ein Akteur auch mehrere Rollen gleichzeitig erfüllen.

---

[1] Es wurden ergänzt: *thermisch, myoelektrisch* (Muskelaktivität betreffend) und *elektroenzephalografisch* (Gehirnaktivität betreffend).

[2] Es wurde ergänzt: *getaktet* (Partner A muss warten, bis Partner B seine Teilaufgabe erledigt hat, um selbst in Aktion treten zu können).

Die **Interaktionsform** wurde aus der MRI-Taxonomie unverändert übernommen. Sie beschreibt, wie eng Mensch und Technik zusammenarbeiten bzw. wie sich ihre gegebenenfalls unterschiedlichen Aufgabenstellungen zueinander verhalten (vgl. Onnasch et al., 2016, S. 4 ff.):

1. *Ko-Existenz* ist die geringste Ausprägung der Interaktion, bei der Mensch und Technik nur episodisch aufeinandertreffen. Dabei ist die Vermeidung von Kollisionen und anderen unerwünschten Situationen der einzige Zweck dieser Interaktion. Ein Beispiel für diese Interaktionsform ist das Aufeinandertreffen von Mensch und FTF in einer Lagerhalle, ohne dass eine gemeinsame Zielstellung existiert.
2. *Kooperation* beschreibt hingegen eine wirkliche Zusammenarbeit von Mensch und Technik. Sie ist dadurch gekennzeichnet, dass eine gemeinsame übergeordnete Zielstellung existiert, aber die Aufgabenteilung sowie die voneinander unabhängigen Handlungen klar definiert sind.
3. Die *Kollaboration* beschreibt eine direkte Zusammenarbeit, bei der beide Interaktionspartner dieselbe Zielstellung verfolgen und auch Teilaufgaben gemeinsam bearbeiten. Dabei werden die jeweiligen Fähigkeiten der Interaktionspartner genutzt, um ein bestmögliches Gesamtergebnis zu erzielen. Ein Beispiel für eine solche Interaktionsform ist das im Forschungsprojekt „rorarob" entwickelte System, bei dem zwei Roboterarme das manuelle Schweißen von schweren Rahmenkonstruktionen ermöglichen (vgl. TU Dortmund, 2020).

Die **räumliche Nähe** gibt die Distanz zwischen den Arbeitsbereichen der Interaktionspartner an. Die Ausprägungen der MRI-Taxonomie wurden dabei teilweise modifiziert:

1. *Physischer Kontakt:* Die Arbeitsbereiche der Interaktionspartner sind bei dieser Ausprägung in der Regel identisch und Berührungen für die Ausführung der Arbeiten zwingend erforderlich (zum Beispiel Touch-Steuerung oder körpergetragene Assistenzsysteme wie Wearables und Exoskelette). Hierunter fällt auch die Ausprägung „führend" der MRI-Taxonomie (vgl. Onnasch et al., 2016, S. 9), bei der beispielsweise ein Mensch einen Roboter über eine Vorrichtung oder in direktem Kontakt mit dem gehaltenen Teil führt.
2. *Berührend:* Die Arbeitsbereiche der Interaktionspartner überschneiden sich vollständig oder teilweise. Berührungen sind möglich, aber nicht notwendig und beeinträchtigen den Arbeitsablauf nicht.
3. *Annähernd:* Die Arbeitsbereiche der Interaktionspartner überschneiden sich vollständig oder teilweise, wobei ein direkter Kontakt nicht vorgesehen ist. Kommt es zu einem Zusammentreffen oder werden Mindestabstände unterschritten, werden Sicherheitsfunktionen wie zum Beispiel eine Bewegungsverlangsamung ausgelöst, die den Arbeitsablauf stören.

4. *Vermeidend:* Die Arbeitsbereiche der Interaktionspartner sind vollständig voneinander getrennt. Berührungen und beinahe-Berührungen führen zu massiver Störung des Arbeitsablaufes (zum Beispiel Not-Stopp).
5. *Ferngesteuert:* Diese Ausprägung kann weder für reine Mensch-Mensch-Interaktionen noch für Technik-Technik-Interaktionen eintreten, die mithilfe des Interaktionsmodells ebenfalls klassifiziert werden können. Mensch und technisches Gerät befinden sich in getrennten Arbeitsbereichen, wobei der Mensch das Gerät via Remote Control kontrolliert.

Das Interaktionsmodell wird in Abschn. 10.4.1.2 auf einen entwickelten Demonstrator angewendet.

10.3.2 Individualisierungsmodell

Individualisierung wird häufig in Zusammenhang mit der Gestaltung von Benutzerschnittstellen in der Mensch-Computer-Interaktion gebracht. Individualisierung dient dabei der Verbesserung der Zugänglichkeit sowie der Gebrauchstauglichkeit, um die Bedürfnisse verschiedener Nutzerinnen und Nutzer eines interaktiven Systems zu erhöhen (vgl. Heinecke, 2012, S. 314; DIN EN ISO 9241, 2008, S. 16). Die Grundsätze einer menschzentrierten Gestaltung interaktiver Systeme sind nicht nur auf digitale Assistenzsysteme anzuwenden, sondern auch auf physische Schnittstellen von Arbeits- und Betriebsmitteln. In Schlund et al., (2018, S. 281) wurde eine Synopsis aus sieben Dimensionen der Individualisierbarkeit für Montagearbeitsplätze erstellt. Dieser Optionenkatalog listet die Einstellmöglichkeiten und deren erwarteten Nutzen in Bezug auf ergonomische Zielgrößen wie Beanspruchungsreduzierung, Produktivitätssteigerung und Leistungsbereitschaft auf. Um einen solchen Katalog zu nutzen, ist eine Datengrundlage erforderlich, aus der die einstellbaren Größen, in Bezug auf eine bestimmte Technikkomponente, in Abhängigkeit zu den individuellen Merkmalen des Nutzenden ersichtlich werden. Für den Aufbau einer solchen Datenbank wurde das Individualisierungsmodell (Abb. 10.2) konzipiert. Dazu wurden existierende Richtlinien und Handlungsanweisungen im Hinblick auf eine adaptive, ergonomische Arbeitsplatzgestaltung der physischen Schnittstellen analysiert, um sie für eine autonome Anpassung der Technikkomponenten an Prozess- und Zustandsveränderung nutzbar zu machen. Je nach Adaptionsfähigkeit der Technik können diese Werte unter Nutzung einer geeigneten Informationsdarstellung auch manuell eingestellt werden.

Ausgangspunkt für das Modell ist die Beschreibung der Eigenschaften der Nutzenden, auf dessen Basis die Adaption des Arbeitssystems erfolgt. Hierfür können die Beschreibungen aus dem Interaktionsmodell (Abschn. 10.3.1) verwendet werden, die nach statischen und dynamischen Kennwerten gegliedert werden. Die statischen Parameter beeinflussen insbesondere die grundsätzliche Gestaltung der Tätigkeit unter Berücksichtigung der anthropometrischen Dimensionierung des Arbeitsplatzes, der

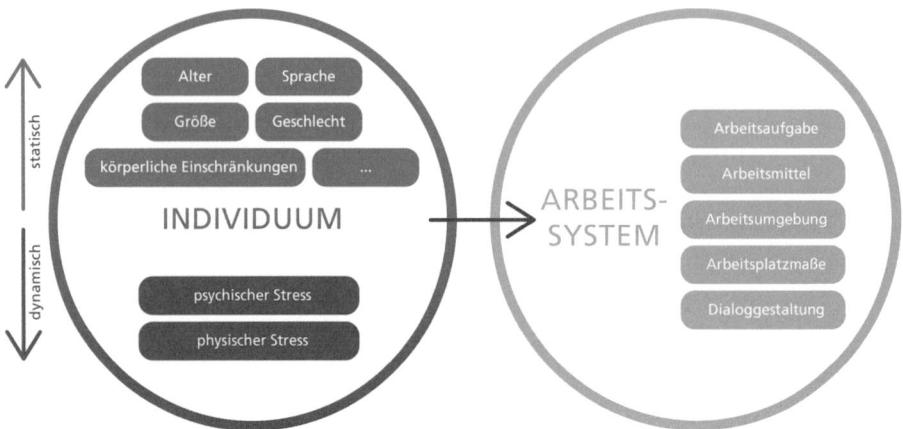

Abb. 10.2 Übersichtsbild des Individualisierungsmodells

Arbeitsmittel sowie individueller Arbeitsabläufe. Dynamische Parameter können sich im Verlauf einer Tätigkeit verändern und erfordern eine Anpassung des jeweiligen Arbeitssystems. Dazu wird die körperliche und geistige Verfassung der Anwenderin bzw. des Anwenders auf Basis fortlaufender Messung von Vitalparametern ermittelt. Die Entwicklung eines Konzepts zur dynamischen Adaptierung eines interaktiven Arbeitssystems auf Basis fortlaufend gemessener Vitalparameter ist Gegenstand laufender Arbeiten im Entwicklungsprojekt „Dynamische Pause" (Fraunhofer IML, 2022).

Für die Einstellung personen- und aufgabenbezogener Parameter auf Basis individueller Körpermaße wurde eine Datenbank erstellt, die aus Richtwerten zahlreicher Regelwerke extrahiert wurde. Implementiert wurden zunächst die Einflussgrößen Arbeitshöhe (vgl. DIN EN ISO 14738, 2009, S. 21; DIN 33406, 1988, S. 5 f.), Greifraum (vgl. VDI 3657, 1993, S. 3 f.; Bullinger, 2013, S. 204 ff.), Sehbereiche (vgl. VDI 3657, 1993, S. 5 f.), Körperhaltung (vgl. DIN EN ISO 11064-4, 2014, S. 12) und Beleuchtungssituation (vgl. VDI 3657, 1993, S. 7 f.; DIN EN 12464-1, 2011). Darüber hinaus ist das Modell je nach eingesetzter Technik mit den jeweiligen spezifischen Merkmalen erweiterbar. Da die meisten Normen Arbeitsplatzempfehlungen auf Basis des 5., 50. und/oder 95. Perzentil ausweisen, werden individuelle Werte mittels linearer Interpolation zwischen den Verteilwerten erzeugt. Dazu wird auf Basis der Körpergröße ein Relativfaktor gebildet, der auf individuell einzustellende Arbeitsplatzdimensionen angewendet wird.

Das Konzept wurde beispielhaft als Assistenzsystem für die Arbeitsvorbereitung (siehe Abschn. 10.4.1) und für die Exoskelett-Auswahl (siehe Abschn. 10.4.2) umgesetzt.

10.4 Beispiele zur Anwendung der Modelle

Die entwickelten Modelle zur Klassifikation von Mensch-Technik-Interaktionen und zur Individualisierung von Arbeitssystemen wurden beispielhaft für einen Montagearbeitsplatz und eine Kommissionieraufgabe umgesetzt. Weiterhin wurde das Interaktionsmodell auf eine komplexe Interaktion zwischen einem menschlichen und mehreren technischen Akteuren angewendet.

10.4.1 MIA – My Individual Assembly

Für eine menschzentrierte Arbeitsplatzgestaltung müssen sich Arbeitsplätze an den jeweiligen Nutzenden anpassen. Insbesondere an Arbeitsplätzen, die von verschiedenen Mitarbeitenden sitzend und/oder stehend für unterschiedliche Aufgaben eingesetzt werden, ist die Arbeitsvorbereitung von entscheidender Bedeutung, um manuelle Vorgänge effizient und ergonomisch optimiert durchzuführen. Ohne arbeitswissenschaftliche Vorkenntnisse ist es Beschäftigten häufig nicht möglich, eigenständig ihren individuell optimierten Arbeitsplatz einzurichten. Für solche Arbeitsplätze wurde das Assistenzsystem MIA (My Individual Assembly) entwickelt, welches auf dem Individualisierungsmodell aufbaut und auf Basis individueller Parameter eine geeignete Arbeitsplatzgestaltung vorschlägt. Es wird an einem höhenverstellbaren, stationären Arbeitstisch mit der Möglichkeit zur variablen Lichteinstellung eingesetzt. Obwohl MIA für spezielle Montagetätigkeiten konfiguriert wurde, ist die grundsätzliche Funktionalität auch für andere Tätigkeiten, wie beispielsweise in der Kommissionierung oder Verpackung anwendbar.

10.4.1.1 Beschreibung des Demonstrators

MIA leitet Nutzende mittels digitaler Eingabemaske bei der Datenaufnahme an. Nach einer anfänglichen Sprachauswahl (deutsch, englisch) sind anthropometrische Daten wie Geschlecht, Alter und Körpergröße erforderlich. Darüber hinaus sind Angaben zur Händigkeit und über etwaige körperliche Einschränkungen wie beispielsweise eine Rot-Grün-Schwäche möglich. Nach der Auswahl der Tageszeit, zu der die Arbeit an diesem Arbeitsplatz erfolgen soll, sowie der Angabe einer Präferenz zur Arbeit im Sitzen oder Stehen, wird abschließend eine Montagetätigkeit ausgewählt.

Ausgehend vom ermittelten Relativfaktor wird dafür der individuelle Greifraum berechnet. Abb. 10.3 zeigt das geometrische Konzept zur Darstellung des Greifraums auf Basis von Schulterbreite, Körpertiefe bei stehenden Tätigkeiten, Bauchtiefe bei sitzenden Tätigkeiten, Griffweite (Differenz aus Reichweite und Körpertiefe) sowie Ellenbogen-Griffachsen-Abstand (vgl. DIN 33402-2, 2005).

Aus den Angaben des Nutzenden wird eine Empfehlung der optimalen Einstellungen des Arbeitsplatzes angezeigt (Abb. 10.4). Dazu gehören die Höhen der Arbeitsfläche sowie das Beleuchtungskonzept (Beleuchtungsstärke und -farbe), welche abhängig von

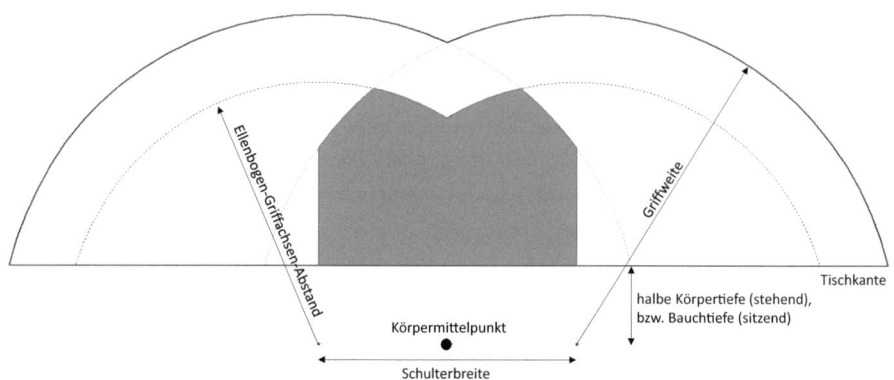

Abb. 10.3 Geometrisches Konzept zur Ermittlung des individuellen Greifraums

Abb. 10.4 Ergebnisausgabe des Assistenzsystems MIA

den Fähigkeiten des Arbeitstisches automatisch oder manuell eingestellt werden können. Weiterhin erfolgen Arbeitsanweisungen, welche Werkzeuge und Schutzausrüstungen für die Tätigkeit erforderlich sind und auf welcher Höhe ein Bildschirm für die Arbeitsanweisung positioniert werden sollte.

Über einen Beamer wird ein Bild auf die Arbeitsfläche projiziert, welches die Anordnung der für die Aufgabe erforderlichen Behälter und gegebenenfalls Arbeitsmittel

Abb. 10.5 Behälteranordnung für die beispielhafte Montagetätigkeit

anzeigt. Für die beispielhaft umgesetzte Montagetätigkeit sind insgesamt acht Behälter erforderlich, die auf mehreren Ebenen angeordnet sind (Abb. 10.5).

Außerdem wird das individuelle Arbeitszentrum, in dem ein körpernahes Arbeiten möglich ist und in dem eine zweihändige Montagetätigkeit idealerweise stattfinden sollte, farblich hervorgehoben. Abb. 10.6 zeigt das projizierte Bild für zwei fiktive Personen in einer stehenden Montagetätigkeit. Auf Basis der individuellen Körpermaße und der Händigkeit der Beispielpersonen werden die Behälterpositionen in Bezug auf Anordnung und Abstand zur Tischkante konfiguriert. Dabei kennzeichnen Pfeile, auf welcher Ebene übereinanderliegende Behälter platziert werden sollen.

10.4.1.2 Einordnung in das Interaktionsmodell

Mithilfe des Assistenzsystems MIA kann über eine optimierte Anordnung der Arbeitsmittel ein verschwendungsarmer Arbeitsablauf sichergestellt werden. Darüber hinaus werden Mitarbeitende angeleitet, eigenständig und ohne Vorkenntnisse ihren Arbeitsplatz nach ergonomischen Aspekten einzurichten, sodass haltungsbezogene Belastungen reduziert werden können. Je nach technischen Möglichkeiten des eingesetzten Arbeitsplatzes können die individuellen Körpermerkmale und Fähigkeiten für eine automatische

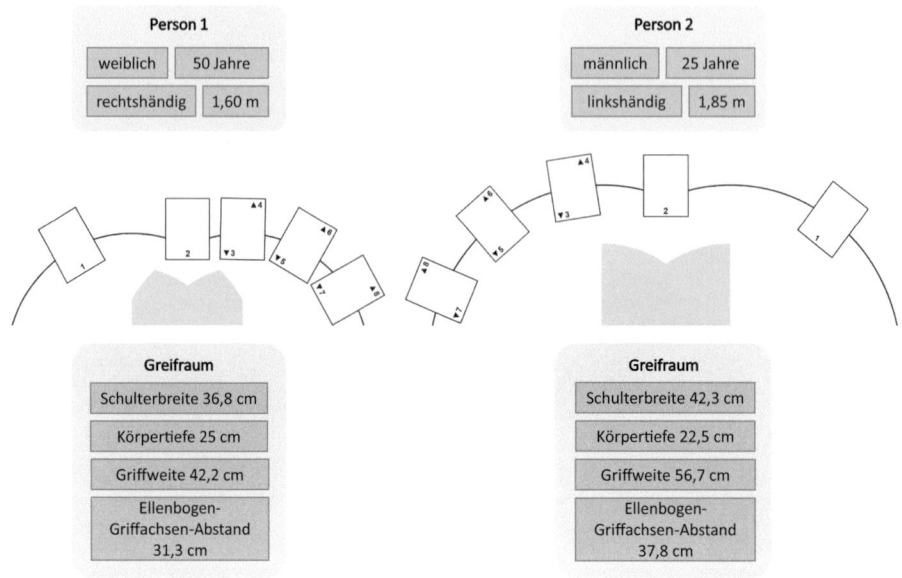

Abb. 10.6 Beamerprojektion für fiktive Personen

Adaption des Tisches verwendet werden. Auf Basis von hinterlegten Nutzerprofilen kann diese ad hoc nach Identifizierung des Mitarbeitenden erfolgen.

In dem erstmalig umgesetzten Demonstrator ist eine Anbindung der MIA-Datenbank an die Steuerung des Arbeitstisches noch nicht möglich. Konfiguration von Arbeitshöhe und der Beleuchtung erfolgen daher nicht automatisiert, sondern werden vom Nutzenden über entsprechende Bedienelemente ausgelöst. Über die Benutzeroberfläche werden die Ist-Werte der jeweiligen Einstellung angezeigt. Der Arbeitstisch entspricht also der Definition einer interaktionsfähigen technischen Einrichtung, weshalb die Zusammenarbeit mit dem Menschen mithilfe des Interaktionsmodells beschrieben werden kann (siehe Abb. 10.7). MIA wird dabei als Betriebsmittel eingestuft.

10.4.2 Assistenzsystem zur Größenauswahl eines Exoskeletts

Exoskelette sind körpergetragene Stützstrukturen, die einzelne Körperregionen bei spezifischen Tätigkeiten oder Bewegungen entlasten oder unterstützen. Für den industriellen Gebrauch sind in den letzten Jahren einige Modelle entwickelt worden, die bei manueller Lastenhandhabung (zum Beispiel Laevo V2 (vgl. Laevo, 2020), Cray X (vgl. GBS, 2020), SoftExo 2020 (vgl. HUNIC, 2020)) und bei der Überschulterarbeit (zum Beispiel Paexo Shoulder (vgl. Ottobock, 2020), Skelex 360-XFR (vgl. Skelex, 2020), Levitate AIRFRAME® (vgl. Levitate, 2020)) zur Anwendung kommen. Für den erfolgreichen Einsatz in der Praxis ist vor allem die Akzeptanz der Beschäftigten relevant.

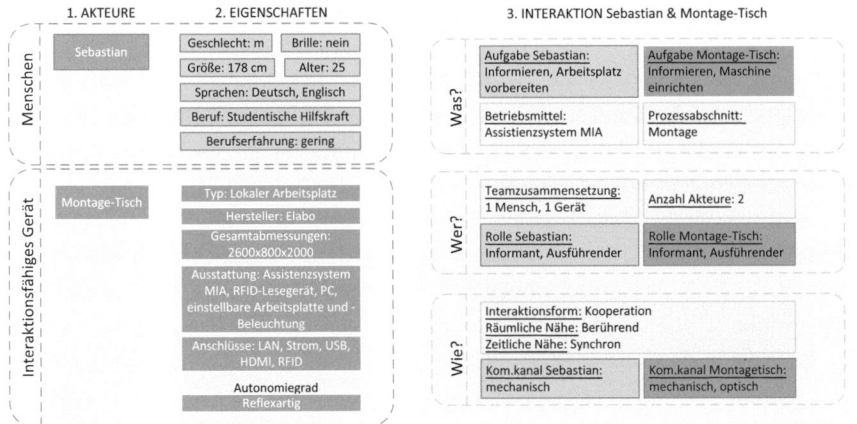

Abb. 10.7 Anwendung des Interaktionsmodells auf den Montagetisch mit Assistenzsystem MIA

Diese wird einerseits durch die erlebte Wirksamkeit und andererseits durch einen guten Tragekomfort erreicht. Gleichzeitig bedingen sich die Einflussgrößen gegenseitig. Nur ein Exoskelett, das optimal an die Statur des Anwendenden angepasst ist, kann seine Funktionalität voll ausschöpfen und die Bewegungsfreiheit so wenig wie möglich negativ beeinflussen. In einer Laborstudie, die im Rahmen des Innovationslabors Hybride Dienstleistungen in der Logistik durchgeführt wurde, ist ein Zusammenhang zwischen den Handhabungseigenschaften und der erlebten Wirksamkeit deutlich geworden (vgl. Kinne et al., 2019, S. 277). Obwohl die Versuchspersonen das Exoskelett nicht selbst anlegen mussten, beeinflusste der Aufwand zur individuellen Anpassung die Bewertung. Einige Exoskelette sind über Gurte stufenlos einstellbar, andere verfügen teilweise über eine Rasterverstellung und wieder andere erfordern einen Austausch ganzer Elemente. Insbesondere wenn sich mehrere Beschäftigte ein Exoskelett teilen, sind Mechanismen erforderlich, um einen optimalen Sitz sicherzustellen. Aus dieser Motivation heraus ist ein Assistenzsystem entwickelt worden, welches bei der Größenauswahl eines passiven Exoskeletts unterstützt und im Zuge der Einweisung und Anlernphase verwendet werden kann.

In der Studie wurde das passive Exoskelett Laevo V2.5 eingesetzt, welches über auswechselbare Stützstäbe zur Größenanpassung verfügt. Nach Auswahl einer Modellgröße können verschiedene Komponenten des Geräts individuell eingestellt werden. Dazu zählen Position des Hüftgurts (stufenlos), Länge der Schulterträger (stufenlos), Länge und Breite der Stützstäbe (im Raster) sowie der Unterstützungsgrad (im Raster), wobei Letzterer stark von den Einsatzbedingungen des Exoskeletts abhängt. Die pauschale Größenempfehlung des Herstellers gilt für männliche Personen, wobei darauf hingewiesen wird, dass die Körperform ebenfalls die Modellgröße berücksichtigt. Um Erkenntnisse zur Individualisierung des Exoskeletts zu gewinnen, wurden die Einstellungen des Exoskeletts von über 60 weiblichen und männlichen Probanden im Rahmen verschiedener

Studien dokumentiert und mit individuellen Charakteristiken wie Brustumfang, Hüftumfang, Körpergröße und Gewicht in Relation gesetzt (siehe Kap. 3). Die Analyse dieser Daten lieferte die Grundlage zur Spezifizierung des Individualisierungsmodells. Dabei wurde lediglich ein Zusammenhang zwischen Geschlecht, Körpergröße und Gewicht mit der Exoskelett-Größe erkannt. Eine Regelmäßigkeit in Bezug auf die anderen Einstellungsvariablen war nicht ersichtlich (siehe Kap. 3).

Das dem Assistenzsystem zugrunde liegende Modell unterliegt der Annahme, dass die Größenauswahl durch den individuellen Body-Mass-Index (BMI)[3] beeinflusst wird. Dabei wird der BMI in die drei üblichen Kategorien Untergewicht (BMI < 18,5 kg/m^2), Normalgewicht (BMI = 18,5–25 kg/m^2) und Übergewicht (BMI > 25 kg/m^2) unterteilt. Da die Brustplatte des Exoskeletts während einer Beugung des Oberkörpers nach oben gleitet, werden außerdem geschlechterspezifische anthropometrische Eigenschaften berücksichtigt.

Für Männer, deren BMI im Bereich des Normalgewichts liegt, entspricht das Ergebnis der Größenempfehlung des Herstellers. Liegt der BMI im Bereich des Untergewichts, wird die nächstkleinere und im Bereich des Übergewichts die nächstgrößere verfügbare Exoskelett-Größe empfohlen. Der Unterschied zur Frau entsteht durch die spezifischen Proportionen des weiblichen Körpers, die einen höheren Sitz der Brustplatte bedingen, um den Tragekomfort zu erhöhen. Frauen, deren BMI im Normalbereich liegt, wird daher grundsätzlich eine Größe über der Herstellerempfehlung angeraten. Das führt dazu, dass die Größenempfehlung für Frauen mit Untergewicht der des Herstellers entspricht. Bei einem BMI im Bereich des Übergewichts wird zu zwei Varianten größer als vom Hersteller angegeben geraten.

In der Anwendung leitet das Assistenzsystem den Nutzenden durch eine digitale Eingabemaske. Dabei erfolgt zunächst eine Sprachauswahl (deutsch, englisch). Anschließend werden Geschlecht, Körpergröße und Gewicht abgefragt. In der Ergebnisausgabe wird eine Größenempfehlung ausgegeben (siehe Abb. 10.8). Für eine Evaluation des Systems kann dokumentiert werden, ob die Größenempfehlung passend war. Die bisherigen Ergebnisse, basierend auf 14 Testpersonen, zeigen zu 86 % eine positive Rückmeldung. Bei den übrigen Teilnehmenden musste die Größenauswahl nach unten korrigiert werden.

10.5 Zusammenfassung und Ausblick

Im Zuge der Digitalisierung entstehen durch den Einsatz neuer digitaler Technologien interaktive Arbeitssysteme, in welchen die Zusammenarbeit zwischen Menschen und cyberphysischen Systemen als Social Network organisiert werden kann. Um dabei

---

[3] Körpergewicht (in kg) geteilt durch Größe (in m) zum Quadrat.

Abb. 10.8 Ergebnisausgabe des Assistenzsystems zur Größenauswahl des Exoskeletts Laevo V2.5

einem menschzentrierten Gestaltungsansatz gerecht zu werden, wurden zwei grundlegende Modelle entwickelt. Das Interaktionsmodell dient der Beschreibung und Klassifizierung von Akteuren, deren Eigenschaften sowie ihrem Zusammenwirken. Das Individualisierungsmodell berücksichtigt die unterschiedlichen Bedürfnisse und Fähigkeiten menschlicher Teilnehmerinnen und Teilnehmer der Interaktion und beschreibt die Auswirkungen auf adaptierbare technische Komponenten des Arbeitssystems.

Eine Anwendung der Modelle ist in Form des Assistenzsystems MIA und einem Assistenzsystem zur Größenauswahl von Exoskeletten erfolgt. MIA ermöglicht die Individualisierung eines Montagearbeitstisches auf Basis anthropometrischer Nutzerinformationen sowie eine individuell angepasste Arbeitsvorbereitung. In der aktuellen Konfiguration des Demonstrators erfolgt die Anpassung des Tisches in Bezug auf Arbeitshöhe und Beleuchtung manuell auf Basis der vorgeschlagenen Werte. Zukünftig ist eine Anbindung an die Tischsteuerung geplant, sodass die Werte automatisch adaptiert werden können. Dann kann auch die vorhandene Funktionalität zur Personenidentifizierung mittels RFID-Karten am Tisch integriert werden, bei der die individuellen Grundeinstellungen auf der Karte hinterlegt werden und bei Bedarf verändert werden können. Diese Erweiterung des Demonstrators ändert die Klassifikation im Interaktionsmodell und sollte im Zuge von sozio-technischen Studien zum Beispiel im Zusammenhang mit Technikakzeptanz untersucht werden. Das Modell zur Berechnung individueller Greifräume, welches zur Gestaltung der Betriebsmittelanordnung zum Einsatz kommt, berücksichtigt eine Individualisierung aller Parameter auf Basis der Körpergröße mittels linearer Interpolation. Eine Evaluation dieser Methode sollte in Laborstudien erfolgen, in deren Rahmen Messungen tatsächlicher Körpermaße und Bewegungsanalysen durchgeführt werden.

Das Assistenzsystem zur Größenauswahl von Exoskeletten basiert auf dem Individualisierungsmodell und adressiert die Herausforderung, wechselnden Nutzern eines Exoskeletts im operativen Betrieb, die Anpassung des Geräts auf den eigenen Körper zu erleichtern. In zukünftigen Studien sollte die Datenbasis um weitere anthropometrische Größen wie beispielsweise Oberkörperlänge und Bauchumfang erweitert werden. So werden möglicherweise weitere Zusammenhänge zwischen der Passform und den Einstellmöglichkeiten deutlich, die die Individualisierung weiter unterstützen.

Literatur

Baltrusch, S. J., van Dieën, J. H., van Bennekom, C. A. M., & Houdijk, H. (2018). The effect of a passive trunk exoskeleton on functional performance in healthy individuals. *Applied Ergonomics, 72*, 94–106.

Bednorz, N., Kinne, S., & Kretschmer, V. (2019). *Ergonomieunterstützung in der Logistik – Industrieller Einsatz von Exoskeletten an Palettier- und Kommissionierarbeitsplätzen zur körperlichen Entlastung von Mitarbeitern.* In Arbeit interdisziplinär: Analysieren, bewerten, gestalten. 65. Kongress der Gesellschaft für Arbeitswissenschaft. Dresden. 27. Februar–1. März 2019.

Borst, D., Reining, C., & ten Hompel, M. (2018). *Einfluss der Mensch-Maschine-Interaktion auf das Maschinendesign in der Social Networked Industry.* Logistics Journal: Proceedings, Bd. 2018.

Bullinger, H. (2013). *Ergonomie: Produkt- und Arbeitsplatzgestaltung.* Vieweg Teubner.

De Looze, M. P., Bosch, T., Krause, F., Stadler, K. S., & O'Sullivan, L. W. (2016). Exoskeletons for industrial application and their potential effects on physical work load. *Ergonomics, 59*(5), 671–681.

DIN EN ISO 6385:2016-12, Grundsätze der Ergonomie für die Gestaltung von Arbeitssystemen (ISO 6385:2016), Deutsche Fassung EN ISO 6385:2016.

DIN EN ISO 9241-110:2008-09, Ergonomie der Mensch-System-Interaktion – Teil 110: Grundsätze der Dialoggestaltung (ISO 9241-110:2006), Deutsche Fassung EN ISO 9241-110:2006.

DIN EN ISO 11064-4:2014-03, Ergonomische Gestaltung von Leitzentralen – Teil 4: Auslegung und Maße von Arbeitsplätzen (ISO 11064-4:2013), Deutsche Fassung EN ISO 11064-4:2013.

DIN EN 12464-1:2011-08, Licht und Beleuchtung – Beleuchtung von Arbeitsstätten – Teil 1: Arbeitsstätten in Innenräumen, Deutsche Fassung EN 12464-1:2011.

DIN EN ISO 14738:2009-07, Sicherheit von Maschinen – Anthropometrische Anforderungen an die Gestaltung von Maschinenarbeitsplätzen (ISO 14738:2002 + Cor. 1:2003 + Cor. 2:2005), Deutsche Fassung EN ISO 14738:2008.

DIN 33402-2:2005-12, Ergonomie – Körpermaße des Menschen – Teil 2: Werte.

DIN 33406:1988-07, Arbeitsplatzmaße im Produktionsbereich; Begriffe, Arbeitsplatztypen, Arbeitsplatzmaße.

Erler, T., Schier, A., Petrich, L., & Wolf, O. (2017). Vernetzt in der Social Networked Industry. *Logistik heute*, Sonderheft 2017.

Fraunhofer-Institut für Materialfluss und Logistik IML. https://www.innovationslabor-logistik.de/. Zugegriffen: 14. Apr. 2020.

Fraunhofer-Institut für Materialfluss und Logistik IML. https://www.silicon-economy.com/project/dynamische-pause/. Zugegriffen: 05. Mai 2022.

GBS German Bionic Systems GmbH. https://www.germanbionic.com/crayx/. Zugegriffen: 14. Apr. 2020.

Große-Puppendahl, D., Lier, S., Roidl, M., & ten Hompel, M. (2016). *Cyber-physische Logistikmodule als Schlüssel zu einer flexiblen und wandlungsfähigen Produktion in der Prozessindustrie*. In Logistics Journal: Proceedings, Bd. 2016. Universität Stuttgart, 31. Oktober 2016.

Heinecke, A.M. (2012). *Mensch-Computer-Interaktion – Basiswissen für Entwickler und Gestalter*. Springer.

Hensel, R., Keil, M., Mücke, B., & Weiler, S. (2018). Chancen und Risiken für den Einsatz von Exoskeletten in der betrieblichen Praxis. *Arbeitsmedizin Sozialmedizin Umweltmedizin (ASU) Zeitschrift für medizinische Prävention, 2018*(10), 645–661.

Hirsch-Kreinsen, H., ten Hompel, M., Ittermann, P., Dregger, J., Niehaus, J., Kirks, T., & Mättig, B. (2018). „Social Manufacturing and Logistics" – Arbeit in der digitalisierten Produktion. In S. Wischmann & E. A. Hartmann (Hrsg.), *Zukunft der Arbeit – Eine praxisnahe Betrachtung* (S. 175–194). Springer.

HUNIC GmbH. https://hunic.com/. Zugegriffen: 14. Apr. 2020.

Jost, J., & Kirks, T. (2017). *Herausforderungen der Mensch-Technik-Interaktion in der Intralogistik* (Bd. 3). Future Challenges in Logistics and Supply Chain Management.

Kinne, S., Kretschmer, V., & Bednorz, N. (2019). *Palletising Support in Intralogistics: The Effect of a Passive Exoskeleton on Workload and Task Difficulty Considering Handling and Comfort*. In Human Systems Engineering and Design II: Proceedings of the 2nd International Conference on Human Systems Engineering and Design (IHSED2019): Future trends and applications. Universität der Bundeswehr München. 16.–18. September 2019.

Knieps, F., & Pfaff, H. (Hrsg.). (2019). *Psychische Gesundheit und Arbeit – Zahlen, Daten, Fakten. BKK Gesundheitsreport 2019*. MWV Medizinisch Wissenschaftliche Verlagsgesellschaft.

Laevo B.V. https://laevo-exoskeletons.com/laevo-v2. Zugegriffen: 14. Apr. 2020.

Levitate Technologies Inc. https://www.levitatetech.com/airframe/. Zugegriffen: 14. Apr. 2020.

Lieberoth-Leden, C., Röschinger, M., Lechner, J., & Günthner, W.A. (2017). Logistik 4.0. In G. Reinhart (Hrsg.), *Handbuch Industrie 4.0: Geschäftsmodelle, Prozesse, Technik* (S. 451–606). Hanser.

Mättig, B., & Kretschmer, V. (2019). Einsatz digitaler Assistenzsysteme in der Logistik 4.0. In M. ten Hompel, B. Vogel-Heuser, & T. Bauernhansl (Hrsg.), *Handbuch Industrie 4.0: Produktion, Automatisierung und Logistik*. Springer Automotive Media.

Onnasch, L., Maier, X., & Jürgensohn, T. (2016). *Mensch-Roboter-Interaktion – Eine Taxonomie für alle Anwendungsfälle*. Bundesanstalt für Arbeitsschutz und Arbeitsmedizin.

Ottobock SE & Co. KGaA. https://paexo.com/paexo-shoulder/. Zugegriffen: 14. Apr. 2020.

Parasuraman, R., Sheridan, T. B., & Wickens, C. D. (2000). A model for types and levels of human interaction with automation. *IEEE Transactions on Systems, Man and Cybernetics. Part A: Systems and Humans, 30*(3), 286–297.

Prasse, C., Tüllmann, C., Nettsträter, A., & ten Hompel, M. (2018). Social networked industry. In R. Kopp & P. Ittermann (Hrsg.), *Konzeptionelle Perspektiven von Arbeit in der digitalisierten Logistik*, Soziologische Arbeitspapiere 55 (S. 6–20). Technische Universität Dortmund.

Reinhart, G., Bengler, K., Dollinger, C., Intra, C., Lock, C., Popova-Dlogosch, S., et al. (2017). Der Mensch in der Produktion von Morgen. In G. Reinhart (Hrsg.), *Handbuch Industrie 4.0: Geschäftsmodelle, Prozesse, Technik* (S. 51–88). Hanser.

Rinkenauer, G., Kretschmer, V., & Kreutzfeldt, M. (2017). *Kognitive Ergonomie in der Intralogistik* (Bd. 2). Future Challenges in Logistics and Supply Chain Management.

Russell, S. J., & Norvig, P. (2014). *Artificial intelligence: A modern approach*. Pearson.

Schlick, C., Bruder, R., & Luczak, H. (2010). *Arbeitswissenschaft*. Springer.

Schlund, S., Mayrhofer, W., & Rupprecht, P. (2018). Möglichkeiten der Gestaltung individualisierbarer Montagearbeitsplätze vor dem Hintergrund aktueller technologischer Entwicklungen. *Zeitschrift für Arbeitswissenschaft, 72*, 276–286.

Schroven, A. (2015). Demographischer Wandel – Herausforderung für die Logistik. In P. Voß (Hrsg.), *Logistik – eine Industrie, die (sich) bewegt* (S. 19–29). Springer Gabler.

Skelex. https://www.skelex.com/skelex-360-xfr/. Zugegriffen: 14. Apr. 2020.

Technische Universität Dortmund, Institut für Produktionssysteme (IPS). http://www.ips.tu-dortmund.de/cms/de/Forschung/Abgeschlossene_Projekte_am_IPS/Projekt_RoRaRob/index.html. Zugegriffen: 14. Apr. 2020.

Ten Hompel, M., & Kerner, S. (2015). Logistik 4.0. *Informatik-Spektrum, 38*, 176–182.

Ten Hompel, M., Putz, M., & Nettsträter, A. (2016). *„Social Networked Industry". Für ein positives Zukunftsbild von Industrie 4.0.* Fraunhofer-Leitprojekt E3-Produktion.

VDI 3657:1993-07, Ergonomische Gestaltung von Kommissionierarbeitsplätzen.

Zanker, C. (2018). *Branchenanalyse Logistik: Der Logistiksektor zwischen Globalisierung, Industrie 4.0 und Online-Handel.* Study der Hans-Böckler-Stiftung, 390. Hans-Böckler-Stiftung.

Zeidler, F., ten Hompel, M., & Emmerich, J. S. (2018). Materialbereitstellung On-Demand – Entwicklung eines bedarfsorientierten Materialbereitstellungskonzeptes für den Einsatz im bestandsmaschinenbasierten Produktionsumfeld. In H. Proff & T. M. Fojcik (Hrsg.), *Mobilität und digitale Transformation – Technische und betriebswirtschaftliche Aspekte* (S. 487–501). Springer Gabler.

Semhar Kinne Ist seit 2011 als wissenschaftliche Mitarbeiterin am Fraunhofer-Institut für Materialfluss und Logistik (IML) in der Abteilung Maschinen und Anlagen tätig. Sie befasst sich vorrangig mit Handhabungsprozessen in der Intralogistik von rein manuellen Tätigkeiten bis hin zur Vollautomatisierung. In dem Zusammenhang erforscht sie den Einsatz von Exoskeletten zur Verbesserung der physikalischen Ergonomie sowie die unterschiedlichen Ausprägungen von Mensch-Technik-Interaktion. Semhar Kinne studierte Maschinenbau an der Technischen Universität Dortmund, wo sie im Jahr 2010 ihren Abschluss als Diplom-Ingenieurin erlangte.

Kognitive Ergonomie beim Einsatz von Smart Glasses in der Praxis

11

Ergonomische Gestaltung und Evaluation einer Augmented-Reality-gestützten Datenbrille am Beispiel der Logistik

Veronika Kretschmer

Inhaltsverzeichnis

11.1	Den Menschen mit neuen Technologien unterstützen	158
	11.1.1 Kognitive Ergonomie als eine Teildisziplin der Ergonomie	158
	11.1.2 Mit Informations- und Dialoggestaltung Arbeitsziele effektiv, effizient und zufriedenstellend erreichen	159
11.2	Von der Forschungsidee zur Umsetzung in der Praxis	160
	11.2.1 Beschreibung des Kommissionierszenarios beim Projektpartner	160
	11.2.2 Mit einer Ergonomie-Checkliste AR-Brillen in der Praxis optimal einsetzen	161
11.3	Mit einer Evaluationsstudie die Ergonomie der Kommissioniertechnologien bewerten	166
	11.3.1 Beschreibung des Studiendesigns	166
	11.3.2 Zusammensetzung der Studienstichprobe	166
	11.3.3 Fragebogenergebnisse zur Ergonomie der Technologien	167
	11.3.4 Interviewergebnisse zu Vor- und Nachteilen der Technologien	171
11.4	AR-Technologie in der Praxisbewertung	173
Literatur		175

Zusammenfassung

Bei dem Unternehmen GEBHARDT Fördertechnik GmbH wurde eine Augmented Reality (AR)-gestützte Datenbrille an Ware-zur-Person-Kommissionierarbeitsplätzen angebunden. Die Gestaltung des AR-Displays sowie der Interaktion zwischen

---

V. Kretschmer (✉)
Fraunhofer-Institut für Materialfluss und Logistik IML, Dortmund, Deutschland
E-Mail: veronika.kretschmer@iml.fraunhofer.de

© Der/die Autor(en), exklusiv lizenziert an Springer Fachmedien Wiesbaden GmbH, ein Teil von Springer Nature 2022
M. Klumpp et al. (Hrsg.), *Ergonomie in der Intralogistik,* FOM-Edition,
https://doi.org/10.1007/978-3-658-37547-8_11

den Nutzenden und der Technik erfolgte basierend auf einer am Fraunhofer IML entwickelten „Handlungsanweisung für den ergonomischen Einsatz einer Datenbrille", die international anerkannte Normen und Richtlinien zur Ergonomie berücksichtigt. In einer Evaluationsstudie wurde die AR-Brille hinsichtlich kognitiver und physischer Ergonomie bewertet und mit den beim Projektpartner aktuell eingesetzten stationären Kommissionierterminals im Echtzeitbetrieb verglichen. Die Ergebnisse deuten darauf hin, dass die AR-Technologie die Mitarbeitenden im Testbetrieb auf eine benutzerfreundliche Art und Weise bei ihrer Arbeitstätigkeit unterstützte und darüber hinaus auch optimal, effektiv und effizient durch den Kommissionierprozess leitete.

11.1 Den Menschen mit neuen Technologien unterstützen

11.1.1 Kognitive Ergonomie als eine Teildisziplin der Ergonomie

Ergonomie ist eine wissenschaftliche Disziplin, die ergonomische Grundsätze für die ganzheitliche Gestaltung von Arbeitssystemen unter Berücksichtigung menschlicher Fähigkeiten, Fertigkeiten, Grenzen und Bedürfnisse anwendet (vgl. Adler et al., 2010; DIN EN ISO 6385, 2016; Schmauder & Spanner-Ulmer, 2014). Das Arbeitssystem schließt den Arbeitsablauf, die Arbeitsumgebung und Arbeitsmittel mit ein. Wenn es darum geht, ein System ergonomisch zu gestalten, steht zunächst der Mensch im Fokus. Die Ergonomie verfolgt hierbei verschiedene Ziele: Infolge der Vermeidung beeinträchtigender Störgrößen und der Begünstigung erleichternder, unterstützender Faktoren in Arbeitssystemen, sollen auftretende Beanspruchungen bei der Arbeit optimiert werden. Das übergeordnete Ziel der Ergonomie ist somit die Steigerung der Effizienz und Effektivität des gesamten Arbeitssystems, indem die menschliche Arbeitsleistung verbessert wird.

Die kognitive Ergonomie stellt eine Teildisziplin neben der klassischen physischen bzw. körperbezogenen Ergonomie und der Organisationsergonomie dar (vgl. Adler et al., 2010; DIN EN ISO 6385, 2016; Schmauder & Spanner-Ulmer, 2014). Während sich die klassische Ergonomie mit Themen der Anatomie, Anthropometrie, Physiologie und Biomechanik beschäftigt, geht es bei der Organisationsergonomie um die ergonomische Gestaltung von Arbeitsabläufen, wie Arbeitszeiten oder die Aufteilung von Arbeit. Hinsichtlich der kognitiven Ergonomie stehen mentale Prozesse des Menschen bei der Verarbeitung von Informationen im Umgang mit verschiedenen Elementen eines Systems im Vordergrund. Beispiele menschlicher Informationsverarbeitungsprozesse sind die Wahrnehmung, Aufmerksamkeit, das Gedächtnis, das Treffen von Entscheidungen sowie die motorische Ausführung von Handlungen (vgl. Adler et al., 2010). Im Hinblick auf den Einsatz neuer Technologien zielt die kognitive Ergonomie darauf ab, die Effektivität und Effizienz des Mensch-Technik-Systems mit Fokus auf menschliche Informationsverarbeitungsprozesse zu optimieren (vgl. Rinkenauer et al., 2017).

11.1.2 Mit Informations- und Dialoggestaltung Arbeitsziele effektiv, effizient und zufriedenstellend erreichen

Zur Bewertung der Gestaltungsqualität technischer Bestandteile eines Arbeitssystems wird das Konzept der Gebrauchstauglichkeit herangezogen (vgl. Adler et al., 2010, DIN EN ISO 9241). Dieses beschreibt die Eignung eines Produkts bzw. einer Technologie für seinen angedachten Verwendungszweck. Eine Technologie weist eine gute Gebrauchstauglichkeit auf, wenn sie in einem bestimmten Nutzungskontext verwendet werden kann und die nutzenden Personen ihre Arbeitsziele effektiv, effizient und zufriedenstellend erreichen. Der Nutzungskontext umfasst die Nutzenden, die Arbeitsziele und -aufgaben, die Hardware, Software sowie zusätzliche Materialien der eingesetzten Technologie und darüber hinaus die Arbeitsumgebung, in der das Arbeitsmittel zum Einsatz kommt. Eine effektive Aufgabenerledigung bedeutet, dass die nutzenden Personen ihr Arbeitsziel genau und vollständig erreichen. Eine effiziente Arbeitsweise heißt, dass der vom Nutzenden erbrachte Aufwand, um seine Arbeitsaufgabe erfolgreich abzuschließen, in einem guten Verhältnis zur Genauigkeit und Vollständigkeit der Aufgabenerledigung steht. Dabei erlangt der Nutzende eine gefühlte Zufriedenheit, das heißt, es herrscht eine positive Einstellung gegenüber der Bedienung der Technologie vor, die zu keinerlei Beeinträchtigungen oder Beschwerden beim Nutzenden führt. Die Gebrauchstauglichkeit beruht dabei auf objektiven und subjektiv eingeschätzten Gebrauchseigenschaften des Produkts. Die subjektiven Bewertungen der Eigenschaften können wiederum von den individuellen Bedürfnissen und Einstellungen der Nutzenden abhängen.

Bei der Wahrnehmung und Verarbeitung von Informationen spielen neben Gestaltungsgesetzen der Psychologie auch die Sinnesleistung des Menschen und seine individuellen Vorkenntnisse eine wichtige Rolle. Bestimmte Eigenschaften des perzeptuellen und kognitiven Systems des Menschen bedingen, wie Informationen wahrgenommen werden. Aufgrund der Kenntnislage zu den Prinzipien menschlicher Informationsverarbeitung können in Anlehnung an die DIN EN ISO 9241 charakteristische Eigenschaften dargestellter Informationen und Grundsätze der Gestaltung der Interaktion (auch Dialog genannt) zwischen den Nutzenden und der eingesetzten Technik abgeleitet werden, die dazu beitragen, die wahrgenommene Gebrauchstauglichkeit eines Produkts bzw. einer Technologie zu erhöhen. Abb. 11.1 veranschaulicht, welche charakteristischen Eigenschaften bei der Darstellung von Informationen und welche Grundsätze bei der Dialoggestaltung beachtet werden sollten, um Arbeitsziele auf eine effektive, effiziente und zufriedenstellende Art und Weise zu erreichen (in Anlehnung an Adler et al., 2010, DIN EN ISO 9241).

Bei der Gestaltung der Informationsdarstellung sollte beachtet werden, dass Informationen schnell, eindeutig und verständlich vermittelt werden und problemlos voneinander unterscheidbar sind. Es sollten dabei nur die für die Erledigung der Aufgabe notwendigen Informationen übermittelt werden. Des Weiteren sollten Informationen konsistent dargestellt sein, das heißt, gleiche Informationen werden immer auf die

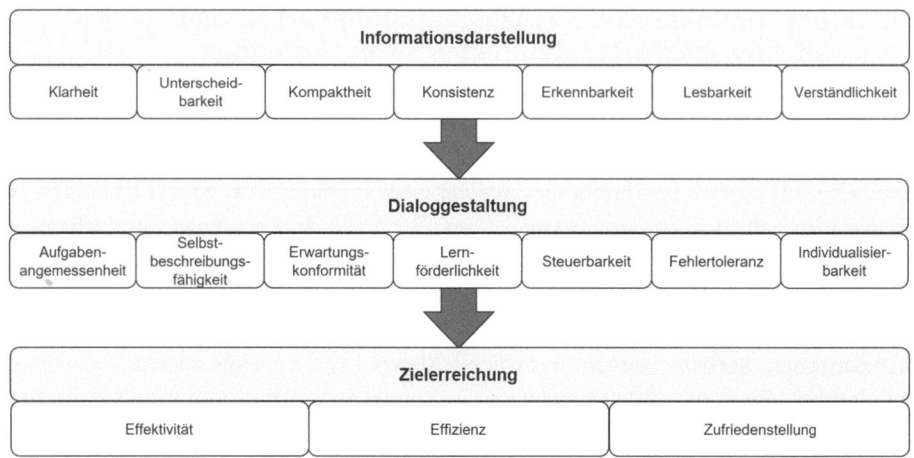

Abb. 11.1 Konzept der Gebrauchstauglichkeit: Direkter Bezug von Informationsgestaltung, Dialoggestaltung und der Zielerreichung. (Quelle: In Anlehnung an Adler et al., (2010), DIN EN ISO 9241)

gleiche Art und Weise angezeigt. Die benötigten Informationen sollten jederzeit gut erkennbar und leicht zu lesen sein. Nicht zuletzt ist eine hohe Verständlichkeit und somit Interpretierbarkeit von Informationen bei einer effektiven und effizienten Aufgabenerledigung wichtig.

Hinsichtlich der Gestaltung einer zielführenden Interaktion zwischen den Nutzenden und dem technischen System sollte beachtet werden, dass das System bei der Aufgabenerledigung unterstützt sowie hinsichtlich Funktionalität und Dialog den Eigenschaften der Arbeitsaufgabe entspricht. Es sollte für die nutzende Person zu jeder Zeit offensichtlich sein, an welcher Stelle der Interaktion sie sich gerade befindet und welche Handlungsschritte folgen. Die Interaktion zwischen Mensch und Technik ist somit an die Benutzungsbelange und an den Nutzungskontext angepasst. Die nutzende Person sollte während der Aufgabenerledigung unterstützt werden und in der Lage sein, den Dialog bis zur Zielerreichung selbst zu steuern. Das technische System sollte dabei fehlertolerant gegenüber zum Beispiel fehlerhaften Eingaben sein und an die individuellen Fähigkeiten und Bedürfnisse des Nutzenden anpassbar sein.

11.2 Von der Forschungsidee zur Umsetzung in der Praxis

11.2.1 Beschreibung des Kommissionierszenarios beim Projektpartner

Die Forschungsidee, eine AR-Technologie an einen stationären Kommissionierarbeitsplatz mit dem Prinzip Ware-zur-Person anzubinden und das digitale Arbeitsmittel auf seine Tauglichkeit zu überprüfen, wurde in Kooperation mit der GEBHARDT Fördertechnik GmbH (im Folgenden kurz GEBHARDT) am Standort Sinsheim umgesetzt. Das mittelständische Unternehmen besitzt langjährige Erfahrung in der Entwicklung und Herstellung von Systemlösungen für die innerbetriebliche Logistik und bietet auf dem internationalen Markt Produkt- und Dienstleistungslösungen für Transport- und Montagesysteme sowie Lager-, Sortier- und Verteiltechnik an. Von Vorteil war, dass der Projektpartner auf erste Erfahrungen mit Datenbrillen als digitales Arbeitsmittel zurückgreifen konnte, da im Zuge von Wartungs- und Instandhaltungsarbeiten bereits eine andere Technologie der erweiterten Realität im Einsatz ist. Diese unterstützt Technische Fachkräfte bei ihrer Arbeit, indem sie nur die für einen Wartungs- oder Reparaturvorgang notwendigen Informationen angezeigt bekommen. Mittels 3-D-Animationen werden die jeweiligen Arbeitsschritte der Wartungsanleitung veranschaulicht. Die Technischen Fachkräfte können sich unter Verwendung der Gestensteuerung durch die Wartungsanleitungen navigieren, während sie die Hände frei haben. Ähnliche Vorteile von Smart Glasses als Arbeitsmittel werden auch für die im Unternehmen befindlichen Multi-Order Kommissionierarbeitsplätze gesehen. Das Potenzial liegt vor allem darin, den Kommissionierprozess fehlerrobuster und benutzerfreundlicher zu gestalten, sodass die Effizienz, Effektivität und Zufriedenheit der Mitarbeitenden positiv beeinflusst werden kann (vgl. Mättig & Kretschmer, 2019).

Bei GEBHARDT liegen bisher zwei Arbeitsplätze nach dem Ware-zur-Person-Kommissionierprinzip vor, an denen die Mitarbeitenden mit stationären Terminals (PC-Bildschirme) Kleinteile aus einem Quellbehälter in vier Zielbehälter picken (Abb. 11.2). Die Zu- und Abförderung des Quellbehälters erfolgt vollautomatisch. Sind die Zielbehälter voll, werden diese ebenfalls vollautomatisch vom Kommissioniersystem abgefördert und neue, leere Zielbehälter bereitgestellt. Auf den PC-Monitoren oberhalb der Fördertechnik bekommen die Mitarbeitenden alle relevanten Auftragsdaten, wie zum Beispiel die Artikelnummer, Artikelbezeichnung, die Position der Artikel im Quellbehälter und die Pickmenge, angezeigt.

11.2.2 Mit einer Ergonomie-Checkliste AR-Brillen in der Praxis optimal einsetzen

Ziel des Forschungsprojekts war es, eine AR-gestützte Kommissionierlösung für die stationären Arbeitsplätze bei GEBHARDT zu schaffen, um sich die Vorteile von Datenbrillen zunutze zu machen (Abb. 11.3). Im Zuge der Anbindung der AR-Technologie „Hololens 1" wurde zum einen eine Optimierung des Pickprozesses und zum anderen eine effiziente, effektive und zugleich benutzerfreundliche Unterstützung für die Mitarbeitenden angestrebt. Zur Überprüfung der Eignung der AR-Brille für die Kommissionierung bei GEBHARDT hatten ausgewählte Mitarbeitende die Möglichkeit, die neue Technologie in einer Evaluationsstudie im realen betrieblichen Setting zu testen und mit dem bereits bestehenden PC-Terminal zu vergleichen. Das Forschungsvorhaben

Abb. 11.2 Ware-zur-Person-Kommissionierarbeitsplatz mit stationärem Terminal. (Quelle: Fraunhofer IML/GEBHARDT)

wurde im Zuge eines Pilotierungsprojektes „Smart Glasses in der Kommissionierung" des Mittelstand 4.0-Kompetenzzentrums Dortmund der Initiative „Mittelstand-Digital" zusammen mit wissenschaftlichen Mitarbeitenden des Fraunhofer IML durchgeführt.

Vorbereitend für die technische Umsetzung der AR-Kommissionierlösung wurde im Projekt eine Handlungsanweisung für den ergonomischen Einsatz einer Datenbrille bestehend aus drei Teilen und einem Anhang entwickelt (vgl. Kretschmer et al., 2020). Abb. 11.4 liefert einen Überblick über die Struktur der Handlungsanweisung. Der erste Teil der Handlungsanweisung beinhaltet Leitfragen für eine Anforderungsanalyse in dem jeweiligen Unternehmen, in dem eine Datenbrille eingeführt werden soll (in Anlehnung an DATech, 2001). Die Leitfragen dienen dazu, Aufgabenerfordernisse und daraus resultierende Anforderungen an die Software in Anlehnung an die geltenden Prinzipien verschiedener Abschnitte der Norm DIN EN ISO 9241 zu ermitteln. Die Fragen können fünf verschiedenen thematischen Bereichen bezugnehmend auf die Kontextszenarien zugeordnet werden (Abb. 11.4). Unter Zuhilfenahme des ersten Teils der Handlungsanweisung wurden bei GEBHARDT, im Hinblick auf die in einer Prozessanalyse ermittelten Prozessschritte, die Softwareanforderungen der AR-Kommissionierlösung definiert. Zur ergonomischen Gestaltung einer zielführenden Zusammenarbeit

Abb. 11.3 Augmented Reality-gestützte Kommissionierung an einem Ware-zur-Person-Arbeitsplatz. (Quelle: Fraunhofer IML/GEBHARDT)

(sogenannter Dialog) zwischen den Mitarbeitenden und der AR-Technik wurde der zweite Teil der Handlungsanweisung herangezogen (Abb. 11.4). Die erarbeitete Checkliste für die Gestaltung der Mensch-Technik-Interaktion liefert unterstützende Praxisempfehlungen für die Softwareentwicklung von Smart Glasses in Anlehnung an ausgewählte Abschnitte der DIN EN ISO 9241 (vgl. Kretschmer et al., 2020). In Form von konkreten Anwendungsbeispielen werden die verschiedenen Prinzipien der Gestaltung der Mensch-Technik-Interaktion aufgelistet. Im dritten Teil werden, ebenfalls in Anlehnung an verschiedene Abschnitte der Norm DIN EN ISO 9241, die Prinzipien der Informationsdarstellung auf dem Display der AR-Brille anhand spezifischer Regeln abgefragt (Abb. 11.4). Beispiele für Grundlagen der Informationsdarstellung sind unter anderem die Klarheit von Informationen, das heißt, der Informationsinhalt sollte den Nutzenden schnell, eindeutig und verständlich vermittelt werden. Ebenso wichtig ist zum Beispiel die kompakte Darstellung von Informationen, wodurch nur diejenigen Informationen übermittelt werden, die für das Erledigen der Aufgabe notwendig sind. Neben einer problemlosen Unterscheidbarkeit angezeigter Informationen sind überdies eine gute Verständlichkeit, eindeutige Interpretierbarkeit und hohe Erkennbarkeit

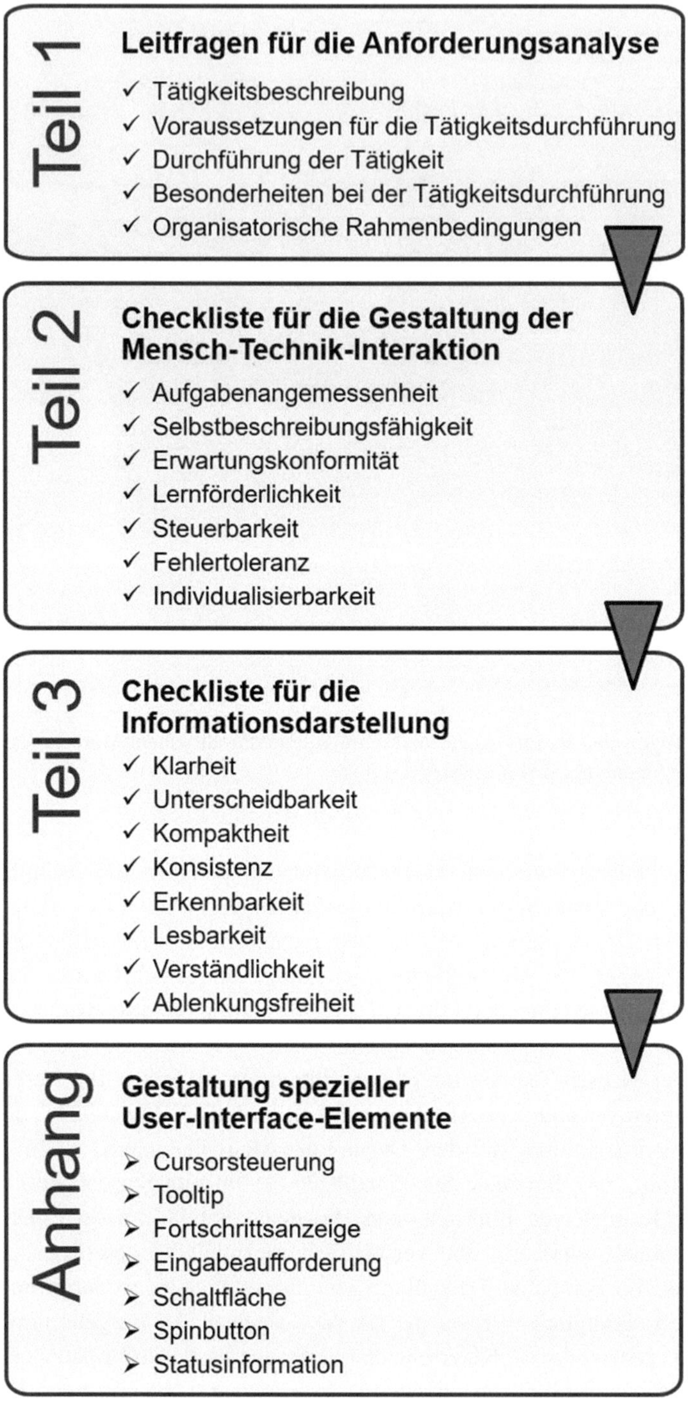

Teil 1 — Leitfragen für die Anforderungsanalyse
- ✓ Tätigkeitsbeschreibung
- ✓ Voraussetzungen für die Tätigkeitsdurchführung
- ✓ Durchführung der Tätigkeit
- ✓ Besonderheiten bei der Tätigkeitsdurchführung
- ✓ Organisatorische Rahmenbedingungen

Teil 2 — Checkliste für die Gestaltung der Mensch-Technik-Interaktion
- ✓ Aufgabenangemessenheit
- ✓ Selbstbeschreibungsfähigkeit
- ✓ Erwartungskonformität
- ✓ Lernförderlichkeit
- ✓ Steuerbarkeit
- ✓ Fehlertoleranz
- ✓ Individualisierbarkeit

Teil 3 — Checkliste für die Informationsdarstellung
- ✓ Klarheit
- ✓ Unterscheidbarkeit
- ✓ Kompaktheit
- ✓ Konsistenz
- ✓ Erkennbarkeit
- ✓ Lesbarkeit
- ✓ Verständlichkeit
- ✓ Ablenkungsfreiheit

Anhang — Gestaltung spezieller User-Interface-Elemente
- ➤ Cursorsteuerung
- ➤ Tooltip
- ➤ Fortschrittsanzeige
- ➤ Eingabeaufforderung
- ➤ Schaltfläche
- ➤ Spinbutton
- ➤ Statusinformation

Abb. 11.4 Handlungsanweisung für den ergonomischen Einsatz einer Datenbrille. (Quelle: Fraunhofer IML, in Anlehnung an DATech, 2001 und DIN EN ISO 9241)

dargestellter Informationen essenziell. In dem Anhang der Handlungsanweisung sind Gestaltungshinweise für User-Interface-Elemente (deutsch: Elemente der Benutzungsoberfläche), wie zum Beispiel Tooltips, Cursorsteuerung oder Fortschrittsanzeigen, zur Verfügung gestellt (Abb. 11.4). Die aufgelisteten Gestaltungselemente können typischerweise bei Datenbrillen zum Einsatz kommen. Sogenannte Tooltips stellen beispielsweise kleine Pop-up-Fenster dar und bieten eine geeignete Gestaltungslösung zur Beschreibung eines Elementes der grafischen Benutzungsoberfläche, welches keine sichtbare Beschriftung aufweist.

Die Ergonomie-Empfehlungen aus der Handlungsanweisung wurden in dem durchgeführten Forschungsprojekt bei GEBHARDT folgendermaßen umgesetzt: Die Mitarbeitenden bekamen über das Datenbrillendisplay alle für die Kommissioniertätigkeit relevanten Informationen, wie zum Beispiel Entnahmeinformationen, genau dort angezeigt, wo und wann sie gerade benötigt wurden. Hierzu wurden mittels erweiterter Realität virtuelle Tooltips oberhalb der Behälter platziert. Den Mitarbeitenden wurden auf eine möglichst benutzerfreundliche Art und Weise Angaben zu Pickmenge, Restmenge, Artikelnummer sowie Artikelbezeichnung bereitgestellt (Abb. 11.5). Im Falle von mehrfach unterteilten Quellbehältern erhielten die Mitarbeitenden in Form von farbigen 3-D-Markierungen Hinweise darauf, aus welchem Behälterfach sie Artikel entnehmen sollten. Mittels Gestensteuerung (sogenannte AirTap-Geste) konnten die Mitarbeitenden direkt am Ort des Geschehens eine Handlung ausführen, ohne zu dem stationären Terminal zurücklaufen zu müssen (Abb. 11.5), beispielsweise beim händischen Quittieren eines Kommissioniervorgangs, bei einer manuellen Ziel- oder Restmengenkorrektur oder nach der Artikelabgabe in den Zielbehälter. Auch optionale Prozesse wie der Zählwiege-Vorgang, der an einem anderen in unmittelbarer Nähe befindlichen Arbeitsplatz stattfand, wurden durch die AR-Technologie unterstützt.

Abb. 11.5 Durchsicht durch die AR-Brille (links: Tooltip mit relevanten Auftragsdaten und Zielmengenkorrektur mit Cursorsteuerung, rechts: AirTap-Geste zur Bestätigung bei Restmengenkorrektur). (Quelle: Fraunhofer IML/GEBHARDT)

11.3 Mit einer Evaluationsstudie die Ergonomie der Kommissioniertechnologien bewerten

11.3.1 Beschreibung des Studiendesigns

Mitarbeitende der GEBHARDT Fördertechnik GmbH hatten im Rahmen einer Evaluationsstudie die Möglichkeit, beide Kommissioniertechnologien – sowohl die AR-Brille als auch das bereits bestehende PC-gestützte Terminal – sowie die Interaktion mit beiden Techniken hinsichtlich kognitiver und physikalischer Ergonomie zu bewerten. Insgesamt zwölf Mitarbeitende der GEBHARDT Fördertechnik GmbH nahmen an der Studie im Unternehmen vor Ort am Standort in Sinsheim teil.

Alle Studienteilnehmenden kommissionierten mit beiden Technologien jeweils eine Stunde lang im Echtzeitbetrieb des Unternehmens. Diejenigen, die als operative Facharbeitende in der Kommissionierung angestellt waren, begannen mit ihrer Arbeit an dem bekannten stationären Terminal. Mitarbeitende, die aus anderen Fachbereichen stammten, starteten die Kommissioniertätigkeit zuerst mit der AR-Brille. Um mit der Handhabung der AR-Brille vertraut zu werden, wurden vorab Übungseinheiten durchgeführt. Wenn nötig, erhielten die Teilnehmenden eine Arbeitseinweisung in den Prozessablauf der Kommissionierung. Im Anschluss an jede Kommissioniertestbedingung füllten die Mitarbeitenden validierte Fragebögen zu Fragestellungen der kognitiven und physikalischen Ergonomie aus und nahmen an explorativen Einzelinterviews teil. So konnte eine persönliche Einschätzung zu den eingesetzten Technologien gewonnen werden.

Fragestellungen der kognitiven Ergonomie sind zum Beispiel die Gebrauchstauglichkeit oder auch Benutzerfreundlichkeit (sogenannte Usability), das Nutzererleben (sogenannte User Experience) oder die mentale Arbeitsbelastung (sogenannte Workload) (vgl. Kretschmer & Spee, 2018; Rinkenauer et al., 2017). Von Interesse war auch, ob das Arbeiten mit der jeweilig eingesetzten Kommissioniertechnologie sich positiv auf das Arbeitsergebnis auswirkte. Hierzu wurde die Zusammenarbeit mit beiden technologischen Arbeitsmitteln sowie die Tätigkeit als solche, das heißt die Führung durch den Kommissionierprozess sowie die Aufgabenschwierigkeit, beurteilt. Mit Fokus auf die AR-Brille wurden Fragen zur physikalischen Ergonomie gestellt, wie zum Beispiel zum Tragekomfort, zu auftretenden Augenbeschwerden oder muskuloskelettalen Beeinträchtigungen während der Tätigkeit.

11.3.2 Zusammensetzung der Studienstichprobe

Die Altersverteilung der Studienstichprobe zeigt, dass die Mehrheit der Teilnehmenden sehr jung geprägt war (<25 Jahre: 50 %, 25–34 Jahre: 25 %, 35–44 Jahre: 17 %, 45–54 Jahre: 8 %). In Bezug auf die Geschlechterverteilung (7 Männer, 5 Frauen) und der schulischen Ausbildung war die Stichprobe heterogen zusammengesetzt (Hauptschulabschluss: 25 %, Realschulabschluss: 33 %, Fachhochschulreife: 17 %, Abitur: 25 %).

Da die persönliche Einstellung zu Technik oder die persönliche Erfahrung im Umgang mit modernen Technologien bzw. Elektronik das Empfinden und Urteil der Teilnehmenden in der Untersuchung beeinflussen kann, wurde die sogenannte Technikbereitschaft erfasst. Es ist bekannt, dass es individuelle Unterschiede hinsichtlich der Bereitschaft zum Umgang mit Technik im Allgemeinen, wie zum Beispiel im Unterhaltungs- und Kommunikationsbereich, im Haushalt oder auch im öffentlichen Leben gibt. Die sogenannte Technikakzeptanz, Technikkompetenzüberzeugung und Technikkontrollüberzeugung bedingen einen erfolgreichen Umgang mit technischen Entwicklungen (vgl. Neyer et al., 2012). Die Ergebnisse machen deutlich, dass die Studienteilnehmenden neuen Technologien im Allgemeinen positiv gegenüberstanden. Sowohl die Technologieakzeptanz (MW = 3,9 ± 0,6), Technologiekompetenzüberzeugung (MW = 4,5 ± 0,4) als auch die Kontrollüberzeugungen in Bezug auf neue Technologien (MW = 3,4 ± 0,7) fielen moderat bis hoch aus. Die Befragten fühlten sich kaum von Technik bedroht (MW = 2,2 ± 0,9) und empfanden diese als eher notwendig (MW = 3,7 ± 0,6). Die Ergebnisse deuten darauf hin, dass die Teilnehmenden den technologischen Fortschritt grundsätzlich positiv bewerten. Darüber hinaus nahm sich die Mehrheit als kompetent im Umgang mit neuen Technologien wahr und hatte die Erwartung, technische Prozesse und ihre direkten Folgen kontrollieren zu können.

11.3.3 Fragebogenergebnisse zur Ergonomie der Technologien

Neue Technologien und deren Benutzungsschnittstellen sollten möglichst gebrauchstauglich gestaltet sein, sodass eine reibungslose Interaktion zwischen der nutzenden Person und der Technik erfolgen kann (vgl. Brook, 2013). Eine gute Gebrauchstauglichkeit (sogenannte Usability) kann erzielt werden, wenn die Ziele Zufriedenheit, Effizienz und Effektivität bei der Durchführung einer Arbeitsaufgabe, in diesem Fall die Kommissioniertätigkeit, erreicht werden. Die Ergebnisse der Befragung verdeutlichen, dass die Teilnehmenden die Usability des stationären Kommissionierterminals als „exzellent" bewerteten (MW = 85,6 ± 11,9) und im Vergleich die AR-gestützte Kommissionierlösung als „gut" einschätzten (MW = 72,3 ± 15,1) (vgl. Bangor et al., 2009). Auffällig ist, dass die subjektive Bewertung der Gebrauchstauglichkeit sowohl des PC-Monitors als auch der AR-Brille stark variierte. Die Einschätzungen reichten hinsichtlich der PC-gestützten Kommissioniertechnologie von einer „guten" bis „am besten vorstellbare" Benutzerfreundlichkeit (Min = 67,5; Max = 100,0). Die Usability der AR-basierten Kommissionierlösung wurde von „okay" bis hin zu „am besten vorstellbar" beschrieben (Min = 47,5; Max = 92,5).

Die Nutzungserfahrung (sogenannte User Experience), die positiv mit der Usability assoziiert ist, lässt sich in die sechs Unterkategorien Attraktivität, Effizienz, Durchschaubarkeit, Verlässlichkeit, Stimulation und Originalität einteilen (vgl. Laugwitz et al., 2008). Die Attraktivität beschreibt den Gesamteindruck der Technologie, das heißt, wie wertig diese wahrgenommen wird. Die Fragebogenergebnisse implizieren, dass den Teilnehmenden sowohl der PC-Monitor (MW = 1,3 ± 0,8) als auch die AR-Brille (MW = 1,3 ± 0,7) gleichermaßen gut gefiel. Die Kategorie „Effizienz" ermittelt, ob die Befragten ihre Aufgaben ohne unnötigen Aufwand lösen konnten. Diese erreichte hinsichtlich beider Kommissioniertechnologien überdurchschnittlich gute Ergebnisse (PC-Terminal: MW = 1,4 ± 1,1; AR-Brille: MW = 1,1 ± 1,2). Die Dimension Durchschaubarkeit untersucht, wie leicht es den Nutzenden fiel, sich mit der Technologie vertraut zu machen und den Umgang mit dieser zu erlernen. Obwohl die Durchschaubarkeit sowohl bei dem stationären Terminal (MW = 2,2 ± 0,8) als auch bei der AR-basierten Kommissionieranwendung (MW = 1,8 ± 0,8) positive Einschätzungen erhielt, war die PC-Variante leichter zu erlernen als die AR-Technologie. Dies mag zum Großteil damit zusammenhängen, dass die stationären Terminals der Mehrheit der Teilnehmenden bereits bekannt waren. Ebenso war von Interesse, ob die Befragten das Gefühl hatten, die Kontrolle über die Interaktion mit der eingesetzten Technik innezuhaben. Die wahrgenommene Verlässlichkeit fiel bei beiden Kommissioniertechnologien positiv aus (PC-Monitor: MW = 1,7 ± 1,1; AR-Brille: MW = 1,6 ± 0,9). Die Teilnehmenden wurden ebenfalls gefragt, ob sie es als aufregend und motivierend empfanden, die jeweilige Technologie zu benutzen. Ganz klar vorn lag hier die AR-basierte Kommissionieranwendung, die als überdurchschnittlich stimulierend eingeschätzt wurde (MW = 1,1 ± 1,2), während die Stimulation infolge des stationären Terminals eher als schlecht wahrgenommen wurde (MW = -0,2 ± 1,5). Ähnlich sehen die Antworttendenzen bezüglich der Originalität der Technologien aus. Originalität bedeutet, inwieweit Technologien als innovativ und kreativ gesehen werden und ob diese auf Interesse seitens der Nutzenden stoßen. Auch hier landete die AR-Kommissionierlösung auf dem ersten Platz und erhielt eine gute Wertung (MW = 1,3 ± 0,5). Im Vergleich dazu wurde das stationäre Kommissionierterminal als unterdurchschnittlich originell eingeschätzt (MW = 0,5 ± 0,9).

Zusammenfassend legen die Fragebogenergebnisse dar, dass in Bezug auf die Mensch-Technik-Interaktion beide Kommissioniertechnologien als überdurchschnittlich attraktiv bewertet wurden (Abb. 11.6). Bei den pragmatischen Qualitätsaspekten Effizienz, Durchschaubarkeit und Verlässlichkeit, die eher zielgerichtet sind, lagen zwar beide Kommissionierlösungen im positiven Bereich, jedoch schnitt der PC-Monitor besser ab als die AR-Brille (Abb. 11.6). In Bezug auf die hedonischen Qualitätsaspekte, wie Stimulation und Originalität, die als nicht zielgerichtet interpretiert werden können, gewann wiederum mit Abstand die AR-Kommissioniertechnologie (Abb. 11.6).

Die Tätigkeit des Kommissionierens wurde von den Studienteilnehmenden unabhängig davon, welche Kommissioniertechnologie zum Einsatz kam, als leicht empfunden. Damit einhergehend fühlten sich die Befragten während der Arbeitstätigkeit insgesamt als wenig belastet (PC-Monitor: MW = 21,7 ± 10,6; AR-Brille: MW = 21,6 ± 10,4). Abb. 11.7 veranschaulicht die Fragebogenergebnisse der sechs verschiedenen Unterkategorien der Arbeitsbelastung (sogenanntes Workload) während des Kommissionierens.

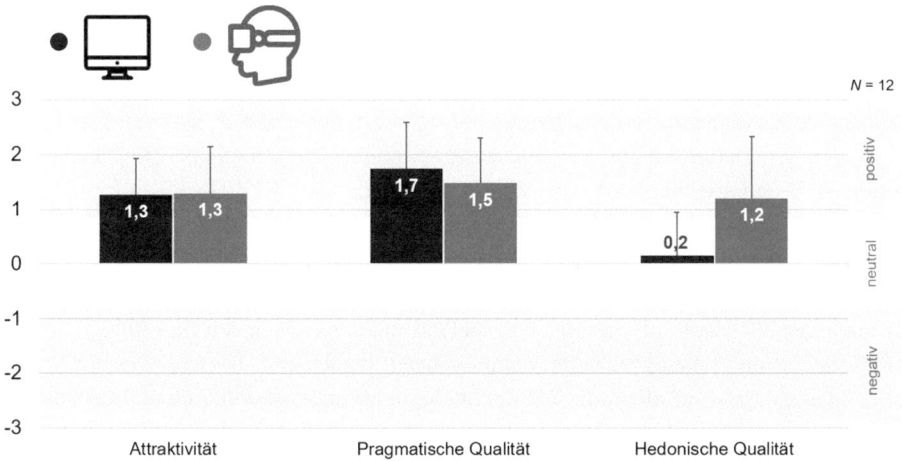

Abb. 11.6 Deskriptive Ergebnisse des Nutzererlebens und der einzelnen Dimensionen. (Quelle: www.icons8.de und Freepik from)

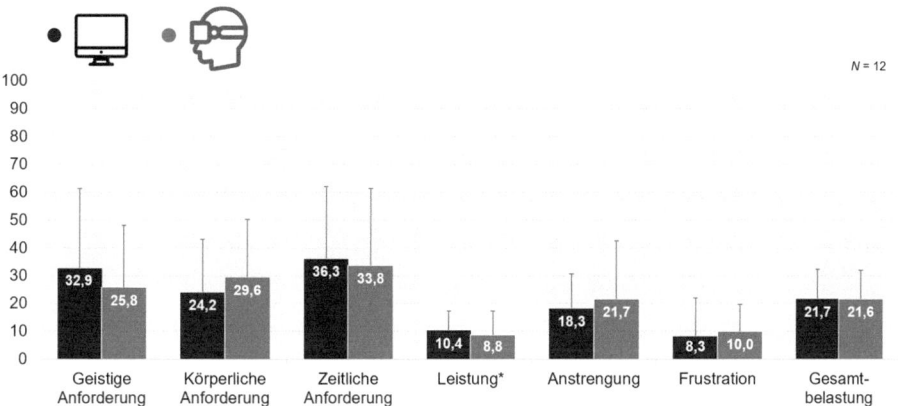

Abb. 11.7 Deskriptive Ergebnisse der Gesamtbelastung und der einzelnen Subdimensionen der Arbeitsbelastung (*Leistung recodiert von gut bis schlecht). (Quelle: www.icons8.de und Freepik from)

Die Unterkategorien „geistige Anforderung", „körperliche Anforderung", „zeitliche Anforderung", „Anstrengung" und „Frustration" befanden sich bei beiden Kommissioniertechnologien auf einem vergleichbar geringen bis moderaten Niveau (vgl. Hart & Staveland, 1988). Hinsichtlich der Unterschiede zwischen den Subdimensionen fällt auf, dass die zeitliche Anforderung die höchsten Werte erzielte. Der tendenziell wahrgenommene Zeitdruck der Teilnehmenden kann mit der unbekannten Studiensituation zusammenhängen. Dennoch verdeutlichen die Ergebnisse insgesamt, dass die Befragten während des Kommissionierens unabhängig von der Art der Technologie weder über- noch unterfordert waren. Sowohl bei der Kommissioniertätigkeit am stationären Terminal als auch mit der AR-basierten Kommissionierlösung nahmen die Teilnehmenden eine gute Arbeitsleistung bei sich wahr (vgl. Hart & Staveland, 1988).

In der Evaluationsstudie wurden darüber hinaus verschiedene Merkmale einer intuitiven Technologienutzung erfasst. Hierzu zählen die „Mühelosigkeit", „magische Erfahrung", „Verbalisierungsfähigkeit" sowie ein globales Urteil über die wahrgenommene Intuitivität der eingesetzten Technologie (vgl. Ullrich & Diefenbach, 2010). Die Fragebogenresultate lassen erkennen, dass die Handhabung sowohl des PC-Monitors als auch der AR-Brille als intuitiv und äußerst mühelos erlebt wurde (Abb. 11.8). Die AR-Kommissionierlösung erzielte dahin gehend tendenziell bessere Resultate. Auffällig ist auch, dass vor allem die AR-Technologie als außergewöhnlich und faszinierend empfunden wurde, während die Kommissioniertätigkeit mit dem PC-Monitor eher weniger besonders erschien. Bei beiden Techniken ließ sich der zeitliche Verlauf der Interaktion gut beschreiben und einprägen, was auf eine logische oder plausible Abfolge der Bedienschritte schließen lässt. Geringe Werte bei der Komponente „Bauchgefühl" deuten darauf hin, dass die Interaktion mit beiden Technologien eher verstandesgeleitet und weniger emotionsgesteuert erlebt wurde.

Weiterhin wurden verschiedene Faktoren des Nutzungseindrucks während der Bedienung der AR-Brille gemessen, wie zum Beispiel der allgemeine Tragekomfort, die Einstellmöglichkeiten der Hardware oder der Bewegungsumfang während der Arbeitstätigkeit (vgl. Baltrusch et al., 2018). Die Trageeigenschaften der Datenbrille wurden mehrheitlich als eher unkomfortabel wahrgenommen (MW = 4,1 ± 2,3). Die Handhabung der AR-Technologie, sowohl das An- und Ablegen (MW = 8,5 ± 2,0) als auch

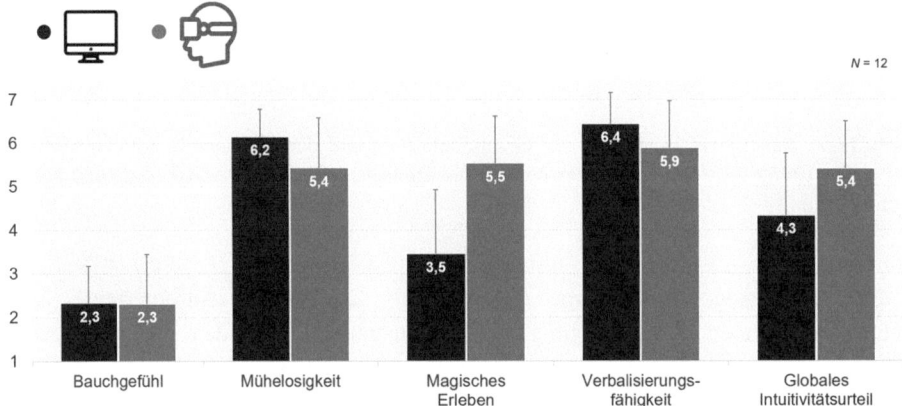

Abb. 11.8 Deskriptive Ergebnisse der wahrgenommenen Intuitivität und ihrer einzelnen Subdimensionen im Umgang mit beiden Kommissioniertechnologien. (Quelle: www.icons8.de und Freepik from www.flaticon.com)

die Größenverstellbarkeit (MW = 7,8 ± 3,1), erwies sich als einfach. Die Bewegungsfreiheit während des AR-gestützten Kommissionierens wurde nur als leicht eingeschränkt empfunden (MW = 7,5 ± 2,0). Dies kann mit dem begrenzten Sichtfeld der AR-Brille zusammenhängen, da damit einhergehend oftmals unnatürliche Kopfbewegungen und Körperhaltungen eingenommen wurden. Im Vergleich dazu löste die Arbeitstätigkeit am stationären Terminal ein nahezu uneingeschränktes Gefühl des Bewegungsumfangs bei den Teilnehmenden aus (MW = 8,7 ± 1,5).

Trotz der wahrgenommenen Einschränkungen wird ersichtlich, dass die Befragten weder durch den PC-Monitor noch durch die AR-Brille körperlich belastet wurden. Die Ausprägungen der einzelnen Kategorien „Muskuloskelettale Belastung", „Benommenheit", „Kopfschmerzen" und „Visuelle Belastung" liegen auf einem vergleichsweise niedrigen Niveau (vgl. Jaschinski et al., 2015). Lediglich bei der visuellen Belastung ist erkennbar, dass die Studienteilnehmenden mehr Augenbeschwerden aufwiesen, während sie die AR-Brille trugen (MW = 2,1 ± 1,1) im Vergleich zu ihrer Arbeit am stationären Terminal (MW = 1,2 ± 0,3). Sowohl die Sicht auf den PC-Monitor als auch das dynamische Sehen mit der AR-Kommissionierlösung, das heißt, das Sehen durch die Brille, während sich der Kopf bewegt, wurden als nahezu unbeeinträchtigt beschrieben.

Hinsichtlich der Gesamtbewertung erzielte der PC-Monitor eine durchschnittliche Schulnote von 1,8. Die Bewertungen reichten von „sehr gut" bis hin zu „befriedigend". Die AR-Brille schnitt im Vergleich mit einer durchschnittlichen Bewertung von 2,5 schlechter ab als der PC-Monitor. Hier variierten die Schulnoten von „sehr gut" bis „ausreichend". Im direkten Rating-Vergleich landete der PC-Monitor auf Platz 1 (9 Stimmen versus 3 Stimmen für die AR-Brille). Bezüglich der Abfrage der zukünftigen Nutzungshäufigkeit konnten sich alle zwölf Teilnehmenden vorstellen, mit dem PC-Monitor zu kommissionieren. Demgegenüber äußerten drei Viertel der Stichprobe, die AR-Brille auch in Zukunft verwenden zu wollen. Die Abfrage der optimalen Nutzungsdauer zeigte, dass die Befragten täglich im Durchschnitt 6 ¾ Stunden am PC-Monitor arbeiten würden (±1 ½ Stunden) und mit der AR-Brille im Durchschnitt 1 ¾ Stunden pro Arbeitstag (±1 ¼ Stunden). Eine optimale Arbeitswoche am stationären Kommissionierterminal hätte eine Dauer von 4 ¾ Tage pro Woche (±1 Tage), eine Arbeitswoche unter Verwendung der AR-Kommissionierlösung sollte laut Meinung der Befragten optimalerweise kürzer ausfallen (3 Tage/Woche ± 2 ¼ Tage).

11.3.4 Interviewergebnisse zu Vor- und Nachteilen der Technologien

Nachdem die Teilnehmenden die Fragebögen ausgefüllt hatten, wurden sie in explorativen Einzelinterviews zu Vor- und Nachteilen der jeweiligen Kommissioniertechnologie befragt, an welcher Stelle bei der Nutzung Schwierigkeiten aufgetreten sind und ob detaillierte Verbesserungsvorschläge genannt werden können. Im Fokus der AR-gestützten Technologie standen Fragen zur Sicht durch das Datenbrillendisplay oder auch zu körperlichen Beeinträchtigungen und Beschwerden, die während des Kommissionierens aufgetreten sind. Weiterhin hatten die Befragten die Möglichkeit, die Kommissioniermaske des stationären PC-Terminals anhand eines vorgelegten Papierausdrucks zu bewerten und Änderungsvorschläge zu unterbreiten.

Die Ergebnisse der offenen Fragen werden im Folgenden in Form von Wortwolken (sogenannten Word Clouds) dargestellt. Hinsichtlich der AR-gestützten Kommissionierlösung äußerten sich die Studienteilnehmenden insgesamt eher positiv (87 Nennungen) als negativ (67 Nennungen). Besonders positiv hervorgehoben wurden die Informationsdarstellung und die Gebrauchstauglichkeit der AR-Technologie (Abb. 11.9). Die Befragten berichteten, dass die benötigten Informationen sich genau dort befanden, wo sie benötigt wurden (12 Nennungen) und gut dargestellt waren (9 Nennungen). Zudem konnte standortunabhängig gearbeitet werden (9 Nennungen), da die Informationen mobil einsehbar waren. Das Display der Datenbrille wurde als übersichtlich beschrieben (8 Nennungen) und die Technologie als solche war einfach zu bedienen (12 Nennungen). Als großer Vorteil wurde gesehen, dass die AR-Technologie beim Kommissionieren weniger fehleranfällig war als das stationäre Terminal (6 Nennungen). Von Nachteil war das schwere Gewicht der AR-Brille (10 Nennungen), welches bei vielen Befragten zu einem Druckgefühl am Kopf (8 Nennungen) oder sogar zu Augenbeschwerden (5 Nennungen) und Kopfschmerzen (3 Nennungen) führte. Ebenso nachteilig war das schmale Sichtfeld des Displays (4 Nennungen), welches die Kommissioniertätigkeit gefühlt etwas einschränkte und zu vergleichsweise unnatürlichen Bewegungen führte (9 Nennungen). Daneben sind vereinzelt Softwareprobleme aufgetreten (5 Nennungen), die als störend empfunden wurden.

In Bezug auf das stationäre Kommissionierterminal berichteten die Studienteilnehmenden nur etwas mehr Vorteile (57 Nennungen) als Nachteile (51 Nennungen). Diese sind in Abb. 11.10 in Form von Word Clouds dargestellt. Besonders positiv wurde die Anordnung der Informationen auf der Kommissioniermaske (7 Nennungen) sowie die grafische Darstellung der Behälter (7 Nennungen) erlebt. Weitere positive

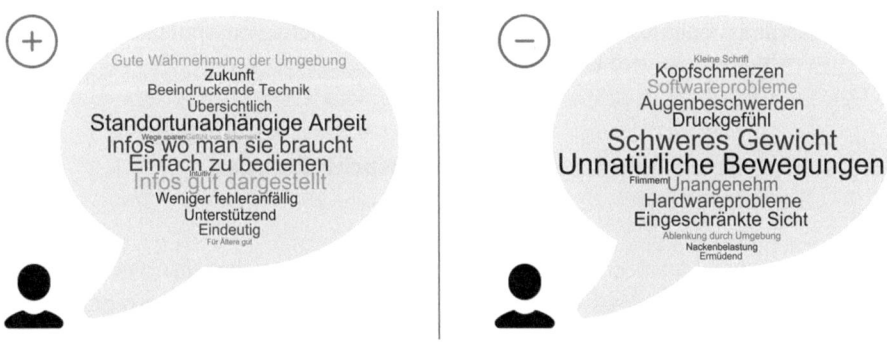

Abb. 11.9 Ergebnisse der explorativen Interviews, dargestellt in Word Clouds mit positiven (links) und negativen (rechts) Aspekten der AR-gestützten Kommissionierlösung (12 Befragte)

Abb. 11.10 Ergebnisse der explorativen Interviews, dargestellt in Word Clouds mit positiven (links) und negativen (rechts) Aspekten des stationären Kommissionierterminals (12 Befragte)

Aspekte bezüglich der Informationsdarstellung waren die Anzeige der Restmenge (4 Nennungen), das Artikelbild (6 Nennungen) und die Pickanzeige (2 Nennungen). Insgesamt empfanden die Befragten die PC-gestützte Kommissionierlösung als einfach zu bedienen (7 Nennungen), was sich in einer guten Steuerung äußerte (5 Nennungen). Die Mehrheit der Studienteilnehmenden war während des Kommissionierens am stationären Terminal beschwerdefrei (5 Nennungen). Demgegenüber wurden unzuverlässige Artikelbilder (8 Nennungen) oder undeutlich dargestellte Zielbehälter (6 Nennungen) als nachteilig empfunden. Eine weitere Einschränkung bestand in der Informationsdarstellung des stationären Terminals (8 Nennungen). Für jede neue Information oder im Falle des Vergessens von Informationen mussten die Teilnehmenden zurück an den PC-Monitor laufen, da nur dort die nötigen Informationen bereitgestellt wurden. Dies führte zu einem Gefühl fehlender Anleitung. Damit einhergehend wurden die langen Laufwege zwischen PC-Terminal und Behälter als besonders störend empfunden (3 Nennungen), sodass bei den Teilnehmenden sogar vereinzelt körperliche Beschwerden aufgetreten sind (6 Nennungen). Hinsichtlich der grafischen Oberfläche der Kommissioniermaske gibt es noch Verbesserungspotenzial bei der Gestaltung des Bestätigungsfeldes (2 Nennungen) oder der Schriftgröße der dargestellten Informationen (5 Nennungen). Bisweilen wurde die Arbeit am stationären Terminal als eintönig beschrieben (4 Nennungen).

11.4 AR-Technologie in der Praxisbewertung

In dem Pilotierungsprojekt „Smart Glasses in der Kommissionierung" wurde eine AR-Technologie an zwei Kommissionierarbeitsplätzen mit dem Prinzip Ware-zur-Person bei einem mittelständischen Unternehmen im Echtzeitbetrieb getestet. Die Gestaltung des Displays der AR-Brille sowie die Interaktion zwischen den Mitarbeitenden und der AR-gestützten Kommissionierlösung wurde in Anlehnung an eine eigens dafür entwickelte

Handlungsanweisung für den ergonomischen Einsatz von Datenbrillen umgesetzt. Diese Checkliste berücksichtigt geltende Richtlinien und Normen der Ergonomie bezüglich der Mensch-Technik-Interaktion und soll in der Praxis dabei unterstützen, Datenbrillen als digitales Arbeitsmittel im Echtzeitbetrieb optimal einzusetzen. In Form einer Evaluationsstudie wurde die AR-Technologie auf ihre Eignung als digitales Arbeitsmittel für die Ware-zur-Person-Kommissionierung überprüft und mit dem regulär beim Projektpartner eingesetzten stationären Kommissionierterminal verglichen. Hierzu hatte eine Auswahl an Mitarbeitenden die Gelegenheit, beide Kommissioniertechnologien zu testen und bezüglich verschiedener Faktoren kognitiver und physikalischer Ergonomie zu bewerten.

Insgesamt zeigt sich, dass die AR-Brille für den Echtzeitbetrieb sehr gut geeignet ist. Die Resultate, bezugnehmend auf die Ergonomie, waren für beide Kommissioniertechnologien äußerst zufriedenstellend. Die Ergebnisse der Studie deuten darauf hin, dass beide Kommissioniervarianten attraktive, benutzerfreundliche und effiziente Arbeitsmittel darstellten, die die Nutzenden weder über- noch unterforderten, sondern optimal unterstützten. Es konnten insgesamt nur wenige Unterschiede ausgemacht werden: Während der PC-Monitor bei der Benutzungsqualität etwas besser abschnitt als die AR-Brille, wies die AR-Technologie im Vergleich eine bessere Designqualität auf. Obwohl beide Technologien als benutzerfreundlich eingeschätzt wurden, schnitt der PC-Monitor des stationären Terminals deutlich besser ab. Demgegenüber berichteten die Teilnehmenden, dass der Umgang mit der AR-Brille tendenziell intuitiver erschien und leichter zu erlernen war. Klare Vorteile der AR-Lösung wurden in der einfachen Bedienung und der guten Informationsdarstellung sowie -verfügbarkeit gesehen. Große Potenziale im Vergleich zum PC-Standard sind vor allem die Fehlerrobustheit der AR-Technologie sowie die Möglichkeit der standortunabhängigen Arbeit, da das Arbeitsmittel direkt am Körper getragen wird. Einschränkungen bezüglich der AR-Kommissionierlösung liegen hauptsächlich in der Hardware begründet und weniger in der Softwaregestaltung. Ein großer Verbesserungsbedarf wird in dem schweren Gewicht der Datenbrille und dem eingeschränkten Sichtfeld gesehen, das zu unnatürlichen Kopfbewegungen und Körperhaltungen führen kann.

Zusammenfassend wird ersichtlich, dass die AR-Technologie „Hololens 1" auf dem jetzigen Stand eher für kurze Einarbeitungs- und Qualifizierungsprozesse oder unregelmäßig auftretende Arbeitstätigkeiten geeignet erscheint. Aktuell ist die AR-Brille für einen Echtzeitbetrieb, das heißt einen Achtstundenarbeitstag, noch nicht ausgereift. Die Nutzungsdauer wird zum einen durch die Akkulaufzeit auf zwei Stunden begrenzt, zum anderen beläuft sich die subjektive Einschätzung der Nutzenden darauf, die AR-Brille im Durchschnitt keine zwei Stunden pro Tag aufsetzen zu wollen. Ursächlich hierfür sind unter anderem verschiedene visuelle oder körperliche Beeinträchtigungen, die während des Tragens aufgetreten sind.

Zukünftig wird größeres Potenzial in der nächsten Generation der AR-Brille gesehen. Mit einer längeren Akkulaufzeit, einem vergrößerten Sichtfeld sowie einem nach oben klappbaren Visier, kann der gefühlte Komfort und die Gebrauchstauglichkeit erhöht werden. Infolge von Weiterentwicklungen der AR-Applikation, wie eine Erweiterung der Artikelvisualisierung mit 3-D Modellen, Objekterkennung, automatisches Erkennen von Änderungen der Umgebung oder der Erkennung von Handgriffen, könnten die Nutzenden zukünftig noch besser bei ihrer Tätigkeit unterstützt werden.

Literatur

Adler, M., Herrmann, H.-J., Koldehoff, M., Meuser, V., Scheuer, S., Müller-Arnecke, H., Windel, A., & Bleyer, T. (2010). *Ergonomiekompendium – Anwendung Ergonomischer Regeln und Prüfung der Gebrauchstauglichkeit von Produkten* (1. Aufl.). Bundesanstalt für Arbeitsschutz und Arbeitsmedizin.

Baltrusch, S. J., van Dieën, J. H., van Bennekom, C. A. M., & Houdijk, H. (2018). The effect of a passive trunk exoskeleton on functional performance in healthy individuals. *Applied Ergonomics, 72*, 94–106.

Bangor, A., Miller, J., & Kortum, P. (2009). Determining what individual SUS scores mean: Adding an adjective rating scale. *Journal of Usability Studies, 4*(3), 114–123.

Brook, J. (2013). SUS: A retrospective. *Journal of Usability Studies, 8*(2), 29–40. https://uxpajournal.org/sus-a-retrospective/. Zugegriffen: 11. Juni 2021.

DATech (Hrsg.). (2001). *DATech-Prüfhandbuch Gebrauchstauglichkeit. Leitfaden für die ergonomische Evaluierung von interaktiven Systemen auf Grundlage von DIN EN ISO 9241, Teile 11 und 110*. Version 3.2. Frankfurt: Deutsche Akkreditierungsstelle Technik e.V. http://www.datech.de/share/files/Pruefhandbuch_ISO_9241.pdf. Zugegriffen: 11. Juni 2021.

DIN EN ISO 6385:2016-12. Grundsätze der Ergonomie für die Gestaltung von Arbeitssystemen (ISO 6385:2016); Deutsche Fassung EN ISO 6385:2016.

Hart, S. G., & Staveland, L. E. (1988). Development of NASA-TLX (Task Load Index): Results of empirical and theoretical research. In P. A. Hancock & N. Meshkati (Hrsg.), *Human mental workload* (S. 139–183). Elsevier.

Jaschinski, W., König, M., Mekontso, T. M., Ohlendorf, A., & Welscher, M. (2015). Computer vision syndrome in presbyopia and beginning presbyopia: Effects of spectacle lens type. *Clinical and Experimental Optometry, 98*(3), 228–233.

Kretschmer, V., Klöcker, S., Wolfgarten, B., & Berner, R. (2020). Datenbrillen erobern die Logistik: Überprüfung von Augmented Reality-gestützter Kommissionierung in der Praxis. In *Dokumentation des 66. Frühjahrskongresses der Gesellschaft für Arbeitswissenschaft e. V. (GfA), Digitaler Wandel, digitale Arbeit, digitaler Mensch? GfA*, 16–18 März 2020.

Kretschmer, V., & Spee, D. (2018). *Kognitive Ergonomie. Der Mensch – eingebunden in die Logistik 4.0*. Huss.

Laugwitz, B., Schrepp, M., & Held, T. (2008). Construction and evaluation of a user experience questionnaire. In *HCI and Usability for Education and Work: 4th Symposium of the Workgroup Human-Computer Interaction and Usability Engineering of the Austrian Computer Society*. Graz, Austria, 20–21 November 2008. https://doi.org/10.1007/978-3-540-89350-9_6

Mättig, B., & Kretschmer, V. (2019). Smart packaging in intralogistics: An evaluation study of humantechnology interaction in applying new collaboration technologies. In *Proceedings of the 52nd Hawaii international conference on system sciences (HICSS)*. Grand Wailea, Maui, 8–11 Januar 2019. https://doi.org/10.24251/HICSS.2019.091

Neyer, F. J., Felber, J., & Gebhardt, C. (2012). Entwicklung und Validierung einer Kurzskala zur Erfassung von Technikbereitschaft. *Diagnostica, 58*, 87–99.

Rinkenauer, G., Kretschmer, V., & Kreutzfeldt, M. (2017). Kognitive Ergonomie in der Intralogistik. Future Challenges in Logistics and Supply Chain Management. http://publica.fraunhofer.de/eprints/urn_nbn_de_0011-n-4621137.pdf. Zugegriffen: 24 Apr. 2020.

Schmauder, M., & Spanner-Ulmer, B. (2014). *Ergonomie – Grundlagen zur Interaktion von Mensch, Technik und Organisation*. REFA-Fachbuchreihe Arbeitsgestaltung. Hanser.

Ullrich, D., & Diefenbach, S. (2010). INTUI. Exploring the facets of intuitive interaction. In J. Ziegler & A. Schmidt (Hrsg.), *Mensch & computer: 2010: Interaktive Kulturen* (S. 251–260). Oldenbourg Verlag.

Dr. Veronika Kretschmer arbeitet seit November 2011 in der Abteilung „Intralogistik und -IT Planung" am Fraunhofer-Institut für Materialfluss und Logistik IML in Dortmund und leitet als Senior Scientistin den Forschungs- und Beratungsbereich „Kognitive Ergonomie". Sie studierte an der Technischen Universität Chemnitz von 2003 bis 2009 den Diplomstudiengang Psychologie mit den Schwerpunkten Arbeits- und Organisationspsychologie und Prävention und Psychotherapie. Während ihrer anschließenden Tätigkeit als wissenschaftliche Mitarbeiterin promovierte sie in der Projektgruppe „Chronobiologie" am Leibniz-Institut für Arbeitsforschung an der TU Dortmund (IfADo). Danach war Veronika Kretschmer im Projekt „lidA – leben in der Arbeit" im Bereich empirische Arbeitsforschung am Institut für Sicherheitstechnik der Bergischen Universität Wuppertal beschäftigt. An der Bundesanstalt für Arbeitsschutz und Arbeitsmedizin (BAuA) in Dortmund bearbeitete sie in der Gruppe „ArbeitsweltberichterstattungGrundsatzfragen Internationales" den Schwerpunkt „BIBB/BAuA-Erwerbstätigenbefragung 2012".

Assistenzsysteme im Güterverkehr – eine Perspektive zur Fachkräftesicherung?

Tim Gruchmann, Regina Demtschenko und Axel Salzmann

Inhaltsverzeichnis

12.1	Einleitung	178
12.2	Literaturstand zum Berufskraftfahrermangel und Einsatz von Assistenzsystemen in Nutzfahrzeugen	180
12.3	Akzeptanzanalyse unter Berufskraftfahrenden im Hinblick auf Gegenmaßnahmen zum Fachkräftemangel	183
12.4	Technologien und Assistenzsysteme am Arbeitsplatz des Berufskraftfahrenden	185
	12.4.1 Wahrnehmungs-Assistenzsysteme	185
	12.4.2 Entscheidungs-Assistenzsysteme	186
	12.4.3 Ausführungs-Assistenzsysteme	187
12.5	Einflussfaktoren auf die Implementierung von Assistenzsystemen	188
	12.5.1 Zielstellungen und Strategien der Unternehmen	189
	12.5.2 Einflussfaktoren auf die Umsetzung	191
	12.5.3 Einflussfaktoren auf die Akzeptanz	192

T. Gruchmann (✉)
Fachhochschule Westküste, Westküsteninstitut für Personalmanagement (WinHR), Heide, Deutschland
E-Mail: Gruchmann@fh-westkueste.de

R. Demtschenko
Fraunhofer-Institut für Materialfluss und Logistik (IML), Projektzentrum Verkehr, Mobilität und Umwelt, Prien am Chiemsee, Deutschland
E-Mail: Regina.Demtschenko@iml.fraunhofer.de

A. Salzmann
KRAVAG-LOGISTIC Versicherungs-AG, Hamburg, Deutschland
E-Mail: Axel.Salzmann@kravag.de

© Der/die Autor(en), exklusiv lizenziert an Springer Fachmedien Wiesbaden GmbH, ein Teil von Springer Nature 2022
M. Klumpp et al. (Hrsg.), *Ergonomie in der Intralogistik,* FOM-Edition, https://doi.org/10.1007/978-3-658-37547-8_12

12.6 Diskussion 193
12.7 Zusammenfassung und Ausblick 195
Literatur.. 196

Zusammenfassung

Im Jahr 2017 kamen 3180 Menschen bei Verkehrsunfällen ums Leben. Insbesondere Verkehrsteilnehmende wie Fußgängerinnen und Fußgänger sowie Radfahrende sind betroffen. Bei genauerer Betrachtung zeigt sich, dass etwa 60 % der tödlichen Unfälle bei Lkw über zwölf Tonnen beim Spurwechsel oder durch Auffahren geschehen. Auf dem zweiten Platz stehen Abbiegeunfälle mit etwa 15 %. Aktuellen Studien zufolge wären viele Unfälle durch den Einsatz von Assistenzsystemen vermeidbar. Aktive Sicherheitssysteme spielen daher eine wichtige Rolle bei der Steigerung der Sicherheit im Güterverkehr. Darüber hinaus können Assistenzsysteme einen wichtigen Beitrag zur Fachkräftegewinnung und -sicherung leisten und grundsätzlich das Berufsbild der Berufskraftfahrenden positiv beeinflussen. Aktuelle Studien belegen jedoch auch, dass eine Technisierung von Arbeitsplätzen häufig auf Ablehnung trifft, auch wenn hierdurch ergonomische oder sicherheitsrelevante Vorteile erzielt werden können. Eine ablehnende Haltung gegenüber digitalen Transformationsprozessen kann unter anderem auf das Belastungsniveau der Mitarbeitenden zurückgeführt werden. Ziel der vorliegenden Studie ist es deshalb, den Einsatz von Assistenzsystemen am Arbeitsplatz der Berufskraftfahrenden in Bezug auf die Attraktivität und Akzeptanz der Tätigkeit aus verschiedenen Perspektiven zu analysieren, um dessen Potenzial zur Fachkräftesicherung einordnen zu können. Anhand eines qualitativ-explorativen Forschungsdesigns wurden Einflussfaktoren für die Implementierung von Assistenzsystemen identifiziert, unter anderem die technische Funktionsweise und Zuverlässigkeit der Systeme sowie Handlungsempfehlungen für die Erhöhung der Akzeptanz bei Berufskraftfahrenden abgeleitet.

12.1 Einleitung

Die Gütertransportbranche steht seit Jahren vor immensen Herausforderungen. Teilweise war es in den letzten Jahren nicht mehr möglich, dem Aufkommen an Transportanfragen nachzukommen. Die Problematik: Es gibt seit Jahren nicht genug Lkw-Berufskraftfahrende. Im Sommer 2019 meldete der Bundesverband Spedition und Logistik e. V. (DSLV) eine Lücke von 45.000 qualifizierten Berufskraftfahrenden in Deutschland, mit steigender Tendenz (vgl. DEKRA, 2019). Im Jahr 2017 waren laut Angaben des Bundesamts für Güterverkehr (BAG) knapp ein Drittel aller Berufskraftfahrenden aus dem Nah- und Fernverkehr in Deutschland mindestens 55 Jahre alt, während nur knapp 3 % der Personengruppe unter 25 Jahren angehörten (vgl. BAG, 2018). Für das kommende

Jahrzehnt wird erwartet, dass ca. 40 % der aktuell berufstätigen Fahrenden in den Ruhestand eintreten werden (vgl. Jäger, 2017). So scheiden jährlich etwa 27.000 Kraftfahrende aus dem Berufsleben aus, während maximal 3000 ausgebildete Berufskraftfahrende sowie bestenfalls 12.000 zusätzliche Berufskraftfahrende über die beschleunigte Grundqualifikation nachrücken. Theoretisch führt das zu einer Vergrößerung der Lücke an Berufskraftfahrenden von ca. 12.000 jährlich (vgl. Lohre et al., 2015). Diese Zahlen bestätigen, dass bereits jetzt der Zufluss beim Nachwuchs nicht ausreicht, um allein den Abfluss von Fachkräften in den Ruhestand auszugleichen. Auch in benachbarten Ländern ist der Zuwachs an Fahrpersonal rückläufig.

Doch nicht nur der demografische Rückgang ist für den Fahrermangel in der Transportbranche verantwortlich (vgl. Puls, 2018). Während Berufskraftfahrende früher noch als „Könige der Landstraße" bezeichnet wurden, ist das Image des Berufsbildes heutzutage negativ behaftet. Viele Fahrende stoßen während ihrer Arbeitszeit sowie auch im Privatleben auf Respektlosigkeit und mangelnde Wertschätzung. Auch die hohen Kosten eines Lkw-Führerscheins, die seit Abschaffung der Wehrpflicht meist von dem Berufsausübenden selbst getragen werden müssen, sind ausschlaggebend. Weitere Ursachen für die Unzufriedenheit vieler Berufskraftfahrenden sind beispielsweise, dass sie ihre einst gewohnte Freiheit aufgeben mussten, da sie durch GPS-Überwachung und Telemetrie das Gefühl haben, unter ständiger Beobachtung zu stehen. Staus und Verzögerungen stehen aufgrund eines hohen Verkehrsaufkommens auf der Tagesordnung. Auch die geringen Parkplatzkapazitäten und die damit einhergehende lange Suche nach einem Rastplatz führen dazu, dass Fahrende Gesetze wie die Einhaltung von Lenk- und Ruhezeiten häufig nicht einhalten können (vgl. Jäger, 2017). Zum zusätzlichen Unmut kann ein stets steigendes Verkehrsaufkommen, eine überlastete Infrastruktur als auch ein kontinuierlicher Anstieg des Gütertransportes beitragen (vgl. INTRAPLAN Consult GmbH, 2019).

Die Auswirkungen des Fahrermangels treffen allerdings nicht nur Logistikunternehmen, für die es zunehmend schwieriger wird, geeignetes Fahrpersonal zu finden bzw. bei den zunehmenden Anforderungen der Logistik (durch technischen Fortschritt, zunehmender Globalisierung und wachsenden Kundenerwartungen) bei gleichzeitigem Fachkräftemangel an qualifizierten Berufskraftfahrenden, gerecht zu werden (vgl. Rieck, 2008). Es trifft auch Privatpersonen als Endverbraucher, die teilweise mit Lieferschwierigkeiten rechnen müssen, da nahezu alle Güter mindestens einmal einen Weg auf dem Lkw hinter sich gebracht haben. Bei Betrachtung des Modal Split des Transportaufkommens der Landverkehrsträger ist ersichtlich, dass der Straßenverkehr im Vergleich zum Eisenbahnverkehr und der Binnenschifffahrt 2017 mit 83,7 % deutlich dominiert, mit steigender Tendenz. Auch der Lkw-Anteil am gesamten Güterverkehr in Deutschland betrug im Jahr 2017 70,8 % und steigt ebenfalls kontinuierlich (vgl. INTRAPLAN Consult GmbH, 2019).

Die Gegenüberstellung der Zahlen, die das steigende Gütertransportaufkommen und den Rückgang existierender und potenzieller Berufskraftfahrenden beziffern, verdeutlicht die Notwendigkeit, Maßnahmen einzuleiten, die dem steigenden Fahrermangel entgegensteuern können (vgl. Schneider et al., 2019). Um Personal zu finden und an das

Berufsbild bzw. an ein entsprechendes Unternehmen zu binden, ist es erforderlich, die Anforderungen der Berufsgruppe zu kennen, um auf resultierende Bedürfnisse eingehen zu können. Potenzielle Gegenmaßnahmen sind vielfältig: Diese können personalspezifischer (zum Beispiel Verbesserung der Arbeitsbedingungen), logistischer (zum Beispiel durch Begegnungsverkehr) oder auch technologischer Natur sein, beispielsweise durch den Einsatz von Assistenzsystemen hin zu einem modernen, attraktiven und vor allem sicheren Fuhrpark. Ziel der vorliegenden Studie ist es deshalb, den Einsatz von Assistenzsystemen am Arbeitsplatz des Berufskraftfahrenden in Bezug auf die Attraktivität und Akzeptanz der Tätigkeit aus verschiedenen Perspektiven zu analysieren, um dessen Potenzial zur Fachkräftesicherung einordnen zu können. Anhand einer qualitativ-explorativen Studie mit Berufskraftfahrenden, Herstellern und Geschäftsführern von Logistikunternehmen wurden relevante Einflussfaktoren für den Einsatz von Assistenzsystemen im Fahrerhaus identifiziert. Hierfür wurden sechs halbstrukturierte Interviews geführt und anhand der qualitativen Inhaltsanalyse ausgewertet. Zudem bezieht sich der vorliegende Beitrag auf eine Studie des Fraunhofer-Instituts für Materialfluss und Logistik (IML), Projektzentrum „Verkehr, Mobilität und Umwelt" in Prien am Chiemsee zur Analyse von Ursachen und Gegenmaßnahmen des Fahrermangels aus dem Jahr 2019, und führt diese für den technologischen Bereich fort. Neben den theoretischen und methodischen Grundlagen innerhalb der aktuellen Literatur werden die technischen Assistenzsysteme am Markt überblickartig dargestellt sowie Handlungsempfehlungen für die digitale Unterstützung und Transformation gegeben.

12.2 Literaturstand zum Berufskraftfahrermangel und Einsatz von Assistenzsystemen in Nutzfahrzeugen

Speziell zur Thematik des Lkw-Fahrermangels existiert eine Reihe bereits durchgeführter Studien und Untersuchungen, die im Folgenden beispielhaft dargestellt werden. Dabei wurden sowohl Gründe der Entstehung als auch mögliche Maßnahmen zur Gegenreaktion ermittelt und evaluiert.

- In diesem Zusammenhang ist die Studie der Cluster-Logistik der bayerischen Clusteroffensive in Zusammenarbeit mit der Fraunhofer-Arbeitsgruppe für Supply Chain Services (SCS) des Fraunhofer-Instituts für integrierte Schaltungen (IIS) zu nennen. Inhalt der Kurzstudie ist das Aufzeigen aktueller und geplanter Praktiken mittelständischer, in Bayern ansässiger Transportunternehmen im Bereich der Gewinnung, Aus- und Weiterbildung sowie der nachhaltigen Sicherung des Fahrpersonals. Darüber hinaus werden Best Practices aufgezeigt und Erwartungen der Branche an die zukünftige Entwicklung formuliert (vgl. Fraunhofer IIS, 2018).
- In einer weiteren Untersuchung durch die Internationale Straßen-Union (IRU) sind grundlegende Ursachen für die Entstehung des Fahrermangels erörtert worden. Neben

den Arbeitsbedingungen und längeren Abwesenheiten wurde auch die Schwierigkeit der Etablierung von Frauen im Berufsfeld betrachtet (vgl. IRU, 2019).

- Speziell zum Thema Transport im Handel hat das EHI Retail Institute im Herbst 2018 eine Befragung führender Handelsunternehmen in der DACH-Region durchführt. Die Studie untersucht nicht nur die Ist-Situation im Transport der genannten Branche anhand von Kennzahlen oder Einschätzungen der verantwortlichen Mitarbeitenden, sondern vermittelt, wie derzeitige und geplante Maßnahmen aussehen, um für die zukünftigen Anforderungen gewappnet zu sein. Dabei ist festzustellen, dass eine Vielzahl der Händler ihren Fahrerinnen und Fahrern übertarifliche Löhne zahlen, um die Attraktivität einer Anstellung als Lkw-Fahrerin oder -Fahrer in ihrem Unternehmen zu erhöhen. Weitere genannte Maßnahmen sind die Abschaffung von Mehrtagestouren und die Reduzierung von Wochenendtouren (vgl. EHI Retail Institute, 2018).
- Auch der Europäische Ladungsverbund Internationaler Spediteure AG (ELVIS) hat eine Studie zum vorliegenden Thema durchgeführt und die Fahrerinnen und Fahrer einbezogen. Das Ergebnis zeigt, dass die Fahrerinnen und Fahrer eine höhere Wertschätzung für ihre Arbeit fordern und sich von den Transportunternehmen ein stärkeres Engagement in der Öffentlichkeitsarbeit wünschen. Darüber hinaus wurde die häufig unzureichende technische Ausstattung an den Rampen der Verlader kritisiert (vgl. ELVIS AG, 2018).
- Über die Studien hinaus haben sich eine Vielzahl an Verbänden im Rahmen einer Verbandsinitiative zusammengeschlossen, welche einen Fünf-Punkte-Plan gegen Logistikengpässe und den Fahrermangel im Straßengüterverkehr entwickelt hat. Die Handlungsfelder darin umfassen die Steigerung der Attraktivität des Fahrerberufs, die Stärkung und Verbesserung der Ausbildung und Qualifizierung, Unterstützung bei der Fahrergewinnung, eine Verbesserung der Infrastruktur sowie den Appell zur umfassenden Digitalisierung (vgl. VCI, 2018).

Assistenzsysteme, die einen großen Beitrag zur Verkehrssicherheit leisten können, sind die Grundlage, um einen zukünftig erhöhten Digitalisierungsgrad als auch einen automatisierten Verkehr zu ermöglichen. Da sich aktuell viele Akteure und Einrichtungen mit der Automatisierung in diversen Forschungs- und Industriebereichen beschäftigen, gibt es auch zu Assistenzsystemen einige Studien. Im Folgenden werden beispielhaft Untersuchungen und Schriftwerke dargestellt. Dabei ist festzuhalten, dass sich die Forschung bisher vor allem mit den Auswirkungen einzelner Assistenzsysteme auf ein mögliches Unfallgeschehen beschäftigt hat.

- Zu nennen ist beispielsweise eine Analyse der Bundesanstalt für Straßenwesen (BaSt). Diese untersuchte die geltenden Vorschriften der erlaubten Abschaltbarkeit von Lkw-Notbremsassistenzsystemen. Hierbei wurden Testfahrten mit Nutzfahrzeugen durchgeführt, die mit einem Notbremsassistenten ausgestattet waren (vgl. Bühne et al., 2020).

- Um eine Antwort auf die Frage, „Welche Systeme ergeben Sinn, wie groß sind ihre Potenziale und was gilt es im Umgang mit diesen Systemen zu beachten?" erhalten zu können, hat das Allianz Zentrum für Technik (AZT) im Jahr 2018 verschiedene Unfallberichte untersucht und ermittelt, wie viele der ausgewerteten Unfälle durch den Einsatz von Fahrerassistenzsystemen vermeidbar gewesen wären. Resultate waren unter anderem, dass durch ein automatisches Notbremssystem knapp ein Drittel, durch einen Spurwechsel-/Totwinkelassistenten etwa ein Viertel und durch einen Kreuzungsassistenten etwa ein Achtel der Unfälle vermieden werden könnten. Weiterhin wurde festgestellt, dass bei einem Abbiege- und einem Rückfahrassistenten das theoretische, maximale Wirkungspotenzial zwar nur bei 6 % und 2 % liegt, wobei die Chance beim Abbiegeassistenten, Unfälle mit Todesfolge oder mit Schwerverletzten zu vermeiden, am höchsten ist. Hier liegt die Erfolgsquote bei etwa einem Drittel bzw. einem Viertel (vgl. AZT, 2018).
- Neben den aufgezählten Untersuchungen ist die Studie der Berufsgenossenschaft Verkehrswirtschaft Post-Logistik Telekommunikation (BG Verkehr) zu ergänzen. Diese hat sich mit der Ermittlung von Kriterien für die Eignung von Kamera-Monitor-Systemen (KMS) in Lkw zur Vermeidung von Rechtsabbiegeunfällen beschäftigt. Ziel dieses Projekts war es, einen Kriterienkatalog zur Auswahl geeigneter Systeme zu erstellen (zum Beispiel inkl. Monitorposition, Kameraposition, Darstellung der Umgebung usw.). Um die Kriterien festlegen zu können, wurden zwei Befragungen durchgeführt. Die Erste konzentrierte sich darauf, wie Fahrzeugführende Anspruch und Aufmerksamkeit beim Rechtsabbiegen einschätzen und ob sich diese durch ein vorhandenes KMS verändern. Die zweite Befragung zielte darauf ab, wie Fahrzeugführende das von ihnen verwendete KMS nutzen. Die Ergebnisse der Untersuchung und der Befragungen ergaben einen Fragenkatalog, mit dessen Hilfe Transportunternehmen für ihre Fahrzeuge und ihre speziellen Bedürfnisse KMS bewerten und auswählen können (vgl. BG Verkehr, 2016).
- Neben den Untersuchungen bezüglich möglicher Unfallreduktionen wurde unter anderem von der Unternehmensberatung Boston Consulting Group eine Studie zur Zukunft des Nutzfahrzeugmarkts veröffentlicht. Innerhalb der Studie wurden mehr als 100 weltweite Hersteller, Lieferanten und Experten befragt. Festgestellt wurde hierbei, dass lediglich rund 10 % der leichten Lkw ab 2030 automatisiert fahren werden, auch wenn das Potenzial zur Vermeidung von Unfällen sehr groß ist. Die Vorteile seien im Lieferverkehr zudem geringer, weil für die Zustellung immer noch ein Fahrender gebraucht werde. Im Fernverkehr wird hingegen erwartet, dass bereits ab 2030 ein Anteil von 20 % an automatisierten Fahrzeugen existiert. Dies zeigt die große Bedeutung heutiger und zukünftiger Assistenzsysteme und deren Entwicklung (vgl. Boston Consulting, 2019).

Auffällig ist festzustellen, dass bisher nur wenig Studien existieren bzw. frei zugänglich sind, die eine Bewertung von Assistenzsystemen aus Sicht von Speditionsunternehmern oder den Berufskraftfahrenden selbst zulassen. Auch konkret im Hinblick auf die

Linderung oder gar Bekämpfung des Lkw-Fahrermangels wurde bisher nicht explizit untersucht, ob der Einsatz von Assistenzsystemen und die Erhöhung des Digitalisierungs- und Automatisierungsgrades im Fahrerhaus zu Verbesserungen beitragen können. Hinsichtlich der wahrgenommenen Akzeptanz und der Faktoren, die eine Ablehnung von Assistenzsystemen hervorrufen, herrscht aktuell noch ein hoher Forschungsbedarf für Forschungsinstitute und -einrichtungen, in Zusammenarbeit mit Herstellern und Endanwendern. Aufbauend auf die Ergebnisse des Fraunhofer IML, Projektzentrum „Verkehr, Mobilität und Umwelt" in Prien am Chiemsee zur Analyse von Ursachen und Gegenmaßnahmen des Fahrermangels, die im nächsten Abschnitt dargestellt werden, adressiert die vorliegende Studie technologische Gegenmaßnahmen zur Fachkräftesicherung, insbesondere den Einsatz von Assistenzsystemen und deren Akzeptanz bei Berufskraftfahrenden.

12.3 Akzeptanzanalyse unter Berufskraftfahrenden im Hinblick auf Gegenmaßnahmen zum Fachkräftemangel

Kernbestandteil der Studie des Fraunhofer IML war die Identifizierung und Bewertung potenzieller Maßnahmen, die dem Fahrermangel entgegenwirken können, auf Basis einer Akzeptanzanalyse aus Sicht ehemaliger und derzeit ausübender Berufskraftfahrender. Als Messinstrument diente ein einheitlich aufgebauter, standardisierter Fragebogen mit identischen Fragestellungen und gleicher Reihenfolge für alle Teilnehmer. Um die Meinung der Berufskraftfahrenden möglichst als Kollektiv zu erfassen, wurden die Antwortmöglichkeiten vorwiegend vorgegeben, mit Ausnahme weniger Hybrid-Fragen die zusätzlich eine individuelle Meinungsäußerung in Textform zulassen. Weiterer Hintergrund zur standardisierten Befragung war auch die Annahme, dass nicht alle Befragten die gleiche Artikulationsfähigkeit vorweisen und stark differenzielle Verbalisierungsmöglichkeiten und Unterschiede in Sprachstilen bestehen können (vgl. Jacob et al., 2014).

Im Erhebungszeitraum von März bis Juli 2019 haben insgesamt 150 ehemalige oder aktive Berufskraftfahrende teilgenommen. Die Ergebnisse der Umfrage sind insbesondere aufgrund der langen Berufserfahrung der Teilnehmenden aussagekräftig. 64,5 % der Befragten verfügten über mindestens zehn Jahre Berufserfahrung (41,9 % davon sogar über mindestens 20 Jahre). Das vorrangige Ziel der Erhebung war die Analyse der Zufriedenheit von Berufskraftfahrenden mit der aktuellen Situation sowie die Identifizierung von Handlungsbedarfen, basierend auf den Anforderungen der Fahrenden. Die Kernfrage im Hintergrund: *Welche Ursachen sind dafür verantwortlich, dass ein Beruf, dessen Ausübung in Zeiten des steigenden Güterverkehrs so dringend gebraucht wird, heute in einem so schlechten Licht steht? Und welche Maßnahmen verfügen aus Sicht der Fahrer über das Potenzial, eine Linderung des Personalmangels herbeizuführen?*

Ein Zusammenspiel vieler, unterschiedlicher Ursachen begünstigt das Szenario des Berufskraftfahrermangels. Auch ehemalige Berufskraftfahrende äußerten ihre Meinung zu dem Beruf, den sie in der Vergangenheit ausgeübt haben. Hierbei ging hervor, dass insbesondere das schlechte Ansehen des Berufs, ungünstige Arbeitszeiten, lange

Stand- und Wartezeiten als auch psychische Belastungen für den Berufsaustritt verantwortlich waren. Darüber hinaus wurde grundsätzlich Handlungsbedarf in diversen Bereichen identifiziert. Die häufigsten Nennungen von Maßnahmen, die laut der Berufskraftfahrenden am effektivsten gegen den steigenden Fahrermangel eingesetzt werden können, sind folgend gelistet:

- **Personal** (angemessenes Gehalt und Sozialleistungen, verbessertes Berufsimage, familienfreundliche Arbeitszeiten),
- **Infrastruktur** (Ausbau von Parkplätzen und Raststätten, höhere Verfügbarkeit und bessere Beschaffenheit sanitärer Anlagen),
- **Gesetzgebung/Staat** (flexiblere Lenk- und Ruhezeitregelungen, mehr Toleranz bei Kontrollen aufgrund der schwierigen Parkplatzsituation),
- **Logistik** (Einbeziehung von Fahrenden in die Tourenplanung, Kooperationen mit anderen Unternehmen, Einrichtung von Zeitfenstern),
- **Nachhaltigkeit** (weniger Leerfahrten, Fahrtrainings, Modernisierung des Fuhrparks),
- **Technologien** (mehr Digitalisierung am Arbeitsplatz, Assistenzsysteme).

Dies entspricht einem Auszug der am höchsten bewerteten Maßnahmen durch die Berufskraftfahrenden, die entsprechend in Handlungsempfehlungen an den Staat, an die Öffentlichkeit, an Speditions-/Logistikunternehmen und deren Kundinnen und Kunden, als auch an die Gesellschaft und die Forschung formuliert werden können. Das Gegensteuern ist aktuell mehr denn je erforderlich, da vielfältige und teilweise schwerwiegende Nachteile des Berufes immer mehr Lkw-Fahrende zum Ausstieg fordern.

Auch technologische Entwicklungen wurden von den Berufskraftfahrenden positiv angenommen. 67,3 % der Teilnehmenden befürworteten mehr Digitalisierung am Arbeitsplatz sowie 65,3 % explizit eine Unterstützung durch Assistenzsysteme am Arbeitsplatz Lkw. Insbesondere die Bewertung der Vorteile des Berufsbildes deutete auf einen höheren, technologischen Handlungsspielraum hin. Ein Großteil der Berufskraftfahrenden sieht den Spaß am Fahren und Reisen sowie das Interesse am Fahrzeug selbst und der dazugehörigen Technik als die bedeutendsten Vorteile darin, die Tätigkeit des Berufskraftfahrenden auszuüben. Grundsätzlich wird ein modernes Fahrerhaus begrüßt und bringt neben der Attraktivität nach außen auch weitere elementare Vorteile wie die Sicherheitssteigerung für die Fahrenden, deren Umwelt und weitere Verkehrsteilnehmer mit sich und trägt teilweise (bei der Auswahl spezifischer Assistenzsysteme) durch eine emissionsärmere, effizientere Fahrweise positiv zu klimaschutzrechtlichen Aspekten bei.

Die Trends zur Digitalisierung und Vernetzung und die einhergehenden technologischen Entwicklungen werden die Aufgaben- und Tätigkeitsbereiche des Berufsbildes als auch seinen Arbeitsplatz künftig deutlich verändern. Daher ist es auch für Forschungseinrichtungen von besonderer Bedeutung, weiterhin Investitionen in Forschung, Entwicklung und Innovation im Technologiebereich am Arbeitsplatz Lkw zu tätigen. Sicherungssystemen (insbesondere hinsichtlich der Ladung) und Überwachungssystemen an Rast- und Parkplätzen kommt eine hohe Bedeutung nach.

Zudem ergibt sich aufgrund gesteigerter Nachfrage nach Digitalisierungs- und Vernetzungsaspekten Forschungsbedarf zu Assistenzsystemen, die zur Sicherheit der Berufskraftfahrenden und dessen Umwelt beitragen (wie zum Beispiel Wahrnehmungs-, Entscheidungs- und Ausführungssysteme, siehe Abschn. 12.4), sowie auch intelligente, vernetzte Systeme, die beispielsweise das Fahrzeug mit der Disposition oder Fahrzeuge untereinander vernetzen. Dadurch wird eine effizientere und effektivere Arbeitsweise sowie die Kommunikation zwischen Disposition und Fahrenden ermöglicht.

12.4 Technologien und Assistenzsysteme am Arbeitsplatz des Berufskraftfahrenden

In Folgenden soll eine Übersicht über Assistenzsysteme in der Logistik gegeben werden, wobei der Fokus auf Fahrassistenzsystemen liegt. Bei Assistenzsystemen in der Logistik werden grundsätzlich die kognitive und die physische Assistenz unterschieden. Ersteres beinhaltet Wahrnehmungs- sowie Entscheidungs-Assistenzsysteme. Physische Assistenz wird vielmehr durch Ausführungs-Assistenzsysteme realisiert (siehe Abb. 12.1).

12.4.1 Wahrnehmungs-Assistenzsysteme

Wahrnehmungs-Assistenzsysteme geben Berufskraftfahrenden kognitive Unterstützung, greifen jedoch nicht in das Fahrgeschehen ein. In diesem Sinne können bereits Spiegel und Blinker, aber auch der Fernlichtassistent, als Wahrnehmungsassistenten gezählt

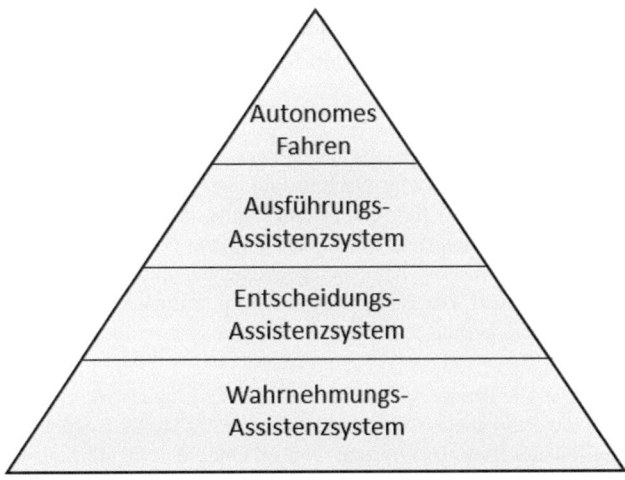

Abb. 12.1 Pyramidale Aufgliederung der Fahrassistenzsysteme. (Quelle: In Anlehnung an Reinhart et al., 2017, S. 57)

werden. Wie bereits hier erkennbar wird, ist die Untergliederung bei einigen Systemen nicht eindeutig, da häufig mehrere Funktionen kombiniert werden. Der Fernlichtassistent sorgt dafür, dass die Sicht anderer Fahrerinnen und Fahrer nicht vom Lkw behindert wird und der Berufskraftfahrende ohne Gegenverkehr automatisch eine gute Sicht hat. In diesem Fall wurde das Hauptaugenmerk der Wahrnehmungssteigerung als Kriterium für die Einordnung ausgewählt. Ähnlich wird beim Abbiegeassistenten[1] zwischen Ausführungen unterschieden, die ein KMS nutzen, um eine Erweiterung des Sichtbereichs der Fahrenden zu ermöglichen, und solchen, die zusätzlich Sensoren verwenden. Die Systeme sollen vornehmlich Radfahrende während des Abbiegevorgangs innerhalb von Städten erkennen, wenn diese sich im toten Winkel befinden. Sollte der Fahrer nicht reagieren, kann das System eine selbstständige Bremsung einleiten. Um die relevanten Situationen für den Assistenten erkennbar zu machen, ist er an den Lenkeinschlag, den Fahrtrichtungsanzeiger und/oder das Unterschreiten einer Referenzgeschwindigkeit gekoppelt (vgl. ADAC, 2019).

12.4.2 Entscheidungs-Assistenzsysteme

Bei Entscheidungs-Assistenzsystemen handelt es sich grundsätzlich um softwaregestützte Entscheidungshilfen in komplexen Situationen. Diese kognitive Unterstützung soll Fahrerinnen und Fahrern bei fehlerhaftem Verhalten oder in gefährlichen Situationen entlasten. Aus diesem Grund können diese Systeme sogar eine konzentrationsfördernde Wirkung haben. Auf der anderen Seite besteht die Gefahr, dass der Berufskraftfahrende dazu neigt, sich zu sehr auf die Systeme zu verlassen, da diese zwar auf gefährliche Situationen hinweisen, jedoch nicht aktiv eingreifen. Entscheidungs-Assistenzsysteme bauen somit auf Wahrnehmungs-Assistenzsystemen auf, da die Wahrnehmung dort ebenfalls durch Kameras und Sensoren gesteigert wird. Zu den Entscheidungs-Assistenzsystemen zählt beispielsweise der Spurhalteassistent[2] (Lane Guard Support).

---

[1] Der Abbiegeassistent ist in Deutschland zurzeit als ein freiwilliges Nachrüstsystem auf dem Markt erhältlich. Um die aktuelle Nachrüstung des Abbiegeassistenten weiter voranzutreiben, hat das Bundesministerium für Verkehr und digitale Infrastruktur (BMVI) im Jahr 2018 die sogenannte Aktion Abbiegeassistent ins Leben gerufen. Diese Aktion umfasst ein Förderprogramm, welches die Nachrüstung des Abbiegeassistenten mit bis zu 80 % (nicht mehr als 1500 € pro Fahrzeug) unterstützt. Das Budget von fünf Mio. war nach Beginn der Aktion innerhalb kürzester Zeit aufgebraucht, woraufhin diese zunächst um weitere fünf Mio. Euro erhöht wurde (vgl. Bußgeldkatalog, 2019).

[2] Dieses System ist ebenfalls bereits bei den Herstellern der Lkw ab Werk optional miterhältlich. Sollte der Fahrende die Fahrbahnmarkierungen überfahren, gibt das System zum Beispiel einen Warnton, um darauf hinzuweisen. Das System wird ab einer Geschwindigkeit von 60 km/h aktiv. Auch das gewollte Fahren dicht am Fahrbahnrand kann vom Assistenten erkannt und interpretiert werden. Das System lässt sich auch vom Fahrenden deaktivieren, um zum Beispiel bei Fahrten auf nur einseitig markierten Fahrbahnen oder in Baustellen nicht die Fahrt zu beeinträchtigen (vgl. MAN, 2019).

Der Spurhalteassistent soll dem Fahrenden bei einem versehentlichen Verlassen der Fahrspur einen Hinweis geben. Hierzu nutzen entsprechende Systeme Kameras, über die sie die linke und rechte Fahrbahnmarkierung erfassen. Dies funktioniert auch bei Nachtfahrten oder schlechter Witterung (vgl. MAN, 2019). Ein weiteres Entscheidungs-Assistenzsystem stellt der Überholassistent dar, welcher ebenfalls die Spurlinien und den Straßenverkehr überwacht, sodass auch hier in den bestimmten Situationen Warnungen ausgegeben werden können.

12.4.3 Ausführungs-Assistenzsysteme

Ausführungs-Assistenzsysteme greifen in den programmierten Situationen ein und lösen den Fahrenden für die Dauer des Manövers von seiner Tätigkeit ab. Dadurch bieten diese Systeme zusätzlich zu den Funktionen der beiden vorherigen Stufen eine physische Unterstützung. Ziel ist es, dass Mitarbeitende entlastet, die Konzentration durch die Entlastung gefördert sowie eine effizientere und sichere Ausführung erreicht wird. Übersteuerbare, ausführende Assistenzsysteme greifen im ersten Schritt selbstständig ein, jedoch kann der Berufskraftfahrende die Kontrolle über das Fahrzeug auch wieder übernehmen. Einige der Ausführungs-Assistenzsysteme werden bereits serienmäßig in den meisten Lkw verbaut, wie beispielsweise der Notbremsassistent[3]. Dieser warnt anfänglich, dass sich der Abstand zu einem vorausfahrenden Fahrzeug verringert. In die Bewertung der Situation fließen aber Geschwindigkeit, Beschleunigung, Pedalstellungen und Lenkwinkel mit ein. Anhand dieser Informationen entscheidet der Notbremsassistent, wann eingegriffen werden muss, um einen Aufprall zu verhindern. Nimmt der Fahrende das Gas weg oder bremst eigenständig, kann das dem System je nach Situation Entwarnung geben. Sollte der Fahrende allerdings nur geringe Reaktion zeigen, bremst das System eigenständig mit dem erforderlichen Bremsdruck und kappt die Kraftstoffzufuhr. Ein weiteres, übersteuerbares Ausführungs-Assistenzsystem ist

---

[3] Der Notbremsassistent ist als Assistenzsystem in Deutschland gesetzlich verpflichtend für alle Lkw ab 8 t mit Neuzulassung seit 2015. Hierbei wird in zwei Stufen unterschieden. Im Zeitraum von 2015 bis Ende 2018 musste der Bremsassistent beim Eingreifen in einer Gefahrensituation die gefahrene Geschwindigkeit laut Gesetz um 10 km/h verringern. Seit Ende 2018, in Stufe zwei, muss das System die Geschwindigkeit um 20 km/h verringern (vgl. Bußgeldkatalog, 2019). Hierzu nutzen die Assistenten Sensoren, um ein Hindernis wie zum Beispiel ein Stauende zu erfassen und rechtzeitig einzugreifen.

der Abstandsregeltempomat[4] (Adaptive Cruse Control, ACC), welcher als ergänzende Funktion zum Tempomat zu betrachten ist. Das System erkennt während der Fahrt mit Tempomat den Abstand zu vorausfahrenden Fahrzeugen und kann so automatisch die Geschwindigkeit an Vorausfahrende anpassen. Insbesondere im Stau bzw. bei sehr zähem Verkehr ist das System anwendbar, da Abstände zu Vorausfahrenden oftmals falsch eingeschätzt werden (vgl. ADAC, 2019).

Nicht-übersteuerbare Ausführungs-Assistenzsysteme gehen bereits stärker in die Richtung des automatisierten Fahrens. Hier wird vom System eingegriffen, sodass der Fahrende während dieser Zeit von der Kontrolle über das Fahrzeug entbunden wird und die Verantwortung komplett bei dem System liegt. Im letzten Schritt könnte nun ebenfalls das autonome Fahren genannt werden, da hier die Verantwortung vollends an das System abgegeben wird.

12.5 Einflussfaktoren auf die Implementierung von Assistenzsystemen

Um die im Rahmen dieser Studie vorliegende Fragestellung nach Erfolgsfaktoren für die Implementierung von Assistenzsystemen am Arbeitsplatz des Berufskraftfahrenden zu analysieren, wurde ein qualitativ-exploratives, methodisches Vorgehen gewählt. Offene Leitfadeninterviews sind gerade in frühen Phasen eines Forschungsprozesses sinnvoll, um relevante Themenfelder zu erfassen und die Handlungsmuster der Befragten zu erkennen. Deshalb wurden insgesamt sechs Interviews mit einem Geschäftsführer einer internationalen Spedition (G1), einem Vertreter der Umzugs- und Güterverkehrsbranche (U1), einem technischen Sachverständigen (S.1), einem Hersteller von Assistenzsystemen (H1), sowie mit zwei Berufskraftfahrenden (B1, B2) geführt. Unter der Berücksichtigung der Gütekriterien qualitativer Forschung ist eine ausreichende Dokumentation der Erhebung der empirischen Daten unerlässlich (vgl. Voss et al., 2002). Die Interviews wurden deshalb mittels eines Diktiergeräts aufgenommen und anschließend transkribiert. Bei der Transkription der Interviews stand der Inhalt im Vordergrund.

Um die Interviewtranskripte auszuwerten und inhaltlich zu analysieren, wurde sich der qualitativen Inhaltsanalyse nach Mayring bedient (vgl. Mayring, 2015). Bei der Inhaltsanalyse nach Mayring geht es darum, Texte systematisch zu analysieren, indem

---

[4] Aktuelle Systeme, zum Beispiel von MAN verfügen über zwei unterschiedliche Möglichkeiten zur Erkennung von Objekten vor dem Fahrzeug und der Fahrbahnrandmarkierungen. Dies soll höchstmögliche Präzision bei der Erkennung von Gefahrensituationen gewährleisten, auch bei schlechten Witterungsverhältnissen. Das System wird von einigen Herstellern mit einer weiteren *Start & Go*-Funktion angeboten. Diese Erweiterung ermöglicht es, dass der Lkw in einer Stausituation eigenständig bis zum Stillstand abbremst und, sollte die Standzeit unter zwei Sekunden betragen, auch selbstständig wiederanfährt. Sollte das Fahrzeug über zwei Sekunden zum Stillstand kommen, so wird die Bremse automatisch gehalten (vgl. MAN, 2019).

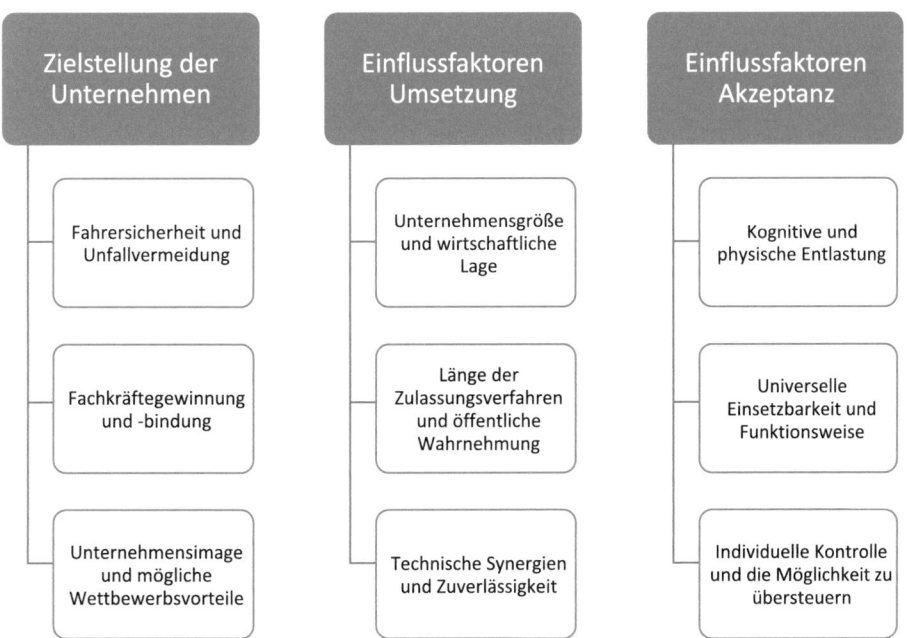

Abb. 12.2 Einstellungen hinsichtlich des Einsatzes von Assistenzsystemen im Lkw

Material entlang eines Kategoriensystems schrittweise verarbeitet wird. Die qualitative Inhaltsanalyse ermöglicht es entsprechend „*das technische Know-how im Umgang mit großen Textmengen [zu] verwenden, um auch stärker interpretative Textanalysen intersubjektiv überprüfbar durchzuführen*" (Mey & Mruck, 2010, S. 602). Ergebnis soll es sein, dass am Ende der latente Sinn des Textes im Kategoriensystem enthalten ist und somit die Basis für die Analyse darstellt. Der genutzte Codebaum (= Kategoriesystem) ist in Abb. 12.2 dargestellt. Einzelne Textpassagen der Transkripte wurden dem Code des zuvor gewählten Codebaums zugeordnet. Im Vordergrund steht hierbei die systematische Suche nach sich wiederholenden Mustern innerhalb des Codebaums, um einen Zusammenhang zwischen den Strategien bzw. Einstellungen der Befragten herauszuarbeiten und eventuelle Problemstellungen bei der Umsetzung zu beleuchten.

12.5.1 Zielstellungen und Strategien der Unternehmen

Es zeigt sich insgesamt, dass die verfolgten Strategien aus Sicht der Unternehmensvertreter sehr ähnlich ausfallen. Primäres Ziel des Einsatzes von Assistenzsystemen sei, die Sicherheit der Fahrerinnen und Fahrer sowie anderer Verkehrsteilnehmer zu gewährleisten. „*Alle Sicherheitssysteme, die von den Fahrzeugherstellern angeboten werden, kaufen wir zum Schutz unserer Fahrer, zur Erleichterung der Fahrtätigkeit […], aber auch [für] unsere Fahrer, denn es gibt nichts Stressigeres für einen Lkw-Fahrer als das Rechtsabbiegen in Städten."* (U1)

Der Aspekt der Sicherheit bringe in ausgewählten Bereichen auch Vorteile bei Preisverhandlungen. Beispielsweise seien Kundinnen und Kunden in der Gefahrgutbranche bereit, mehr für Transportdienstleistungen zu bezahlen, wenn die Lkw mit Assistenzsystemen ausgestattet sind und das Unfallrisiko dadurch stark gesenkt werden kann. *„Dann hätte wahrscheinlich auch ein Einkäufer der BASF sehr stark zu begründen, warum er denn wegen einem Euro weniger Transportkosten pro Kilometer dann den anderen Dienstleister genommen hat, wo er doch gewusst hat, dass er kein Assistenzsystem hatte und deswegen dieses Auto auf den stehenden Stau aufgefahren ist."* (G1)

Assistenzsysteme werden auch zur Gewinnung von Fahrenden genutzt. Hierbei spiele in der Branche der akute Fachkräftemangel eine erhebliche Rolle. Qualifiziertes Personal sei sehr schwer zu finden und langfristig zu halten. So wird über neue und moderne Hilfssysteme versucht, als Arbeitgeber attraktiver zu wirken. Ebenfalls wichtig in diesem Zusammenhang ist die Verbesserung des Fahrerkomforts. Assistenzsysteme würden aus Sicht der Unternehmensvertreter als Arbeitserleichterung angesehen werden und dementsprechend bei Stellenausschreibungen auf vorhandene Systeme in Zugmaschinen verwiesen. *„Wenn wir Stellenausschreibungen machen, dann erklären wir natürlich, was wir für Fahrzeuge haben, und wie die ausgestattet sind, und da zählt das natürlich auch dazu."* (U1)

Zudem werden Assistenzsysteme genutzt, um Fahrpersonal langfristig zu binden. Ein Mitspracherecht der Fahrerinnen und Fahrer, welches oftmals bei kleineren Transportunternehmen gegeben sei, sorge hierbei ebenfalls für einen Personalbindungseffekt, der in Zeiten des Fahrermangels vermehrt genutzt wird. *„Da sprechen die Fahrer teilweise sogar mit, welche Fahrzeuge, welche Ausstattung sie kriegen und natürlich, wenn jetzt ein Fahrer die Chance hat, da ein Auto zu kriegen, was gut ausgestattet ist, mit Assistenzsystemen auch mit dem Abbiegeassistenten oder so, dann ist man natürlich als Unternehmer dazu geneigt, den Fahrer zu halten, und ihn über das Auto halt ans Unternehmen zu binden."* (U1)

Neben der Personalgewinnung und -bindung werde aktuelle Assistenztechnik verwendet, um in der Selbstpräsentation das Unternehmensimage nach außen positiv darzustellen. Diese Strategie wird ebenfalls von allen Befragten verfolgt. Es soll modern und der Zeit entsprechend aufgetreten werden. *„Sie haben eine Anzahl von Firmen, die haben ein großes Interesse daran, innovativ zu sein und so eine Vorreiterrolle zu übernehmen. Die sind gerne bereit, etwas mehr zu investieren und solche Systeme zu kaufen."* (H1)

Zudem antizipieren die Befragten, dass einige Systeme zukünftig gesetzlich verpflichtend sein werden, bzw. zumindest bereits von Herstellerseite aus serienmäßig verbaut werden. Somit könne der Aufwand, der mit einer Nachrüstung verbunden ist, vermieden werden. *„Es ist eine Unterstützung und ich hoffe nur, dass es jetzt bald Gesetz wird, dass es also auf EU-Ebene umgesetzt wird, dass es also ein Standardsystem wird, was die Hersteller fest einbauen müssen schon bei der Bestellung eines Fahrzeuges, beim Kauf des Fahrzeuges."* (S1)

12.5.2 Einflussfaktoren auf die Umsetzung

In Bezug auf den Umsetzungsstand, spiele die Größe der Unternehmen für Art und Umfang der Ausstattung der Fahrzeuge eine Rolle. Kleinere Unternehmen seien oftmals familiärer geprägt und es finde ein reger Austausch zwischen Fahrenden und Entscheidungstragenden für die Ausrüstung der Lkw statt. So statteten auch kleinere Unternehmen ihren Fuhrpark mit einer Vielzahl von Assistenzsystem aus. *„Bei den kleinen Unternehmen, wie sie ganz richtig sagen, die sind sowieso fahrerorientierter, die sind familiärer aufgestellt, da ist das Verhältnis Chef Fahrer sowieso ein ganz anderes."* (S1)

Nichtsdestotrotz sehen die befragten Unternehmensvertreter weiterhin Potenzial für die Umsetzung in der Branche. Selbst die Nutzung von Systemen, die maßgeblich von der Gesetzgebung beeinflusst sind, wie etwa der Notbremsassistent, sei von vielen Unternehmen aus ökonomischen Gründen abgelehnt und somit anfänglich nicht umgesetzt worden. *„So lang keine gesetzliche Verpflichtung besteht, geben sie das Geld nicht aus."* (H1)

Aus diesem Grund seien staatliche Fördermaßnahmen zur weiteren Implementierung wichtig. Gerade für kleinere Unternehmen sei es eine Herausforderung, die Kosten für eine Nachrüstung mit zusätzlichen Systemen zu tragen. Zur verstärkten Nutzung des Abbiegeassistenten hat das Bundesamt für Güterverkehr Anfang 2019 ein Förderprogramm ins Leben gerufen, das intensiv genutzt wurde. *„Jetzt gab es ja vom Bundesverkehrsministerium diese Förderung, was den Abbiegeassistenten anging, zumindest die war ja relativ schnell ausgeschöpft, die haben es dann ja nochmal erweitert wieder, und das ging ja noch schneller [...]."* (U1)

Bisher gäbe es zudem noch Probleme mit langen Wartezeiten bei der Genehmigung von Systemen beim Kraftfahrtbundesamt. *„Diese Zulassung gibt es noch nicht für Fahrerassistenzsysteme oder elektronische Rückspiegel, wie wir sie jetzt verbauen. Ist ein Problem, deswegen können wir sie noch nicht einsetzen. Mercedes arbeitet seit Januar daran die Zulassung zu kriegen, also wir haben die Hoffnung jetzt so nach 10 Monaten, dass es jetzt irgendwann mal so weit ist, dass wir sagen können, ja wir haben die elektronischen Außenspiegel und die elektronischen Kameras ex-geschützt zur Verfügung."* (S1)

Die Darstellung der Hilfssysteme in der Presse oder anderen Medien habe ebenfalls Einfluss auf die Einstellung gegenüber den Assistenzsystemen. Insbesondere bei Unternehmen, die noch keine weitreichende Erfahrung mit den Systemen gemacht haben, seien Testberichte wichtig. Schneiden die getesteten Systeme schlecht ab, zum Beispiel wird von vielen Fehlfunktionen berichtet, so scheuten sich die Unternehmen vor der Umsetzung. *„Also da gibt es eine gewisse Skepsis. Das ist natürlich auch der Berichterstattung geschuldet, nicht nur bei uns, sondern auch bei anderen Unternehmen."* (U1)

Zusätzlich zu den vom Hersteller angebotenen Assistenzsystemen werden Lkw auch mit optionalen Systemen, wie zum Beispiel mit dem Abbiegeassistenten ausgestattet.

Hierbei kommen häufig Kombinationen mehrerer Systeme zum Einsatz, wobei insbesondere die Interaktion zwischen verschiedenen Systemen zu Synergien führen kann. *"[...] sagen wir mal, wenn es ein System ist, so eine Kombination, wie es der neue Actros hat, nämlich, dass man die Kamerasysteme und die Spiegelsysteme mit dem Abbiegeassistenten kombiniert, dann hat man schon eine hohe Sicherheit. [...] Was natürlich der große Vorteil ist, man kann es ja auch kombinieren mit dem Spurwechselassistenten [...] also in der Gesamtheit ist so ein System sicher sehr sinnvoll."* (S1)

12.5.3 Einflussfaktoren auf die Akzeptanz

Die befragten Berufskraftfahrenden betonten mehrmals, dass die operative Arbeit körperlich anstrengend und monoton sei. Hier leisten Assistenzsysteme Abhilfe durch kognitive Entlastung, aber auch auf physischer Ebene. Insbesondere wenn Fahrerinnen und Fahrer unaufmerksam sind oder ein Fahrverhalten außerhalb der gesetzlichen Vorschriften zeigen (zum Beispiel Fahren mit überhöhter Geschwindigkeit, Nutzung eines Mobiltelefons), könnten Unfälle verhindert werden. *"Fahrspur-Assistent ist, wenn du auf der Strecke geradeaus und bist gerade abgelenkt und suchst etwas in deinen Akten und kommst von der Spur ab. Dann weiß das System genau, wenn du über den Streifen fährst, dann gibt er ein Signal ab und du reagierst dann drauf. Feine Sachen, finde ich. So oft ist man jetzt nicht abgelenkt, aber wenn es mal passiert, dann holt er dich zurück auf die Straße. Nicht automatisch, aber der piepst dich wieder zurück."* (B1)

Aus Sicht der Berufskraftfahrenden seien viele Assistenzsysteme nur bedingt universell einsetzbar. Manche Systeme seien für den Autobahnverkehr zugeschnitten, besäßen aber auf der Landstraße und in der Stadt Schwächen. So löse sich der Spurhalteassistent auf engen Landstraßen oder innerhalb von Baustellen unnötig aus, was auch zu kognitiven Belastungen führen kann. *"Das war nämlich zum Beispiel auf Landstraßen auch ganz nervig. Auf der Autobahn alles gut und schön. Wenn man auf einer vernünftig ausgebauten Autobahn unterwegs ist und die Spur versehentlich wechselt, dann fängt das Ding natürlich an zu piepen oder zu dröhnen."* (B2)

Somit kommt es häufiger dazu, dass Systeme abgeschaltet würden. Besonders häufig wurde in der Vergangenheit der Notbremsassistent deaktiviert, da dieser bei Baustellen fehleranfällig sei. Auch auf Landstraßen könne das System nicht immer unterscheiden, ob das vorausfahrende Fahrzeug steht oder abbiegt. Wenn das System in solchen Situationen eingreift und stark bremst, fühlten sich die Fahrerinnen und Fahrer eher gestresst als entlastet. Zudem empfinden die Fahrenden das Sicherheitsniveau manchmal störend, zum Beispiel, wenn sich beim Einhalten des Sicherheitsabstands ein Überholender reindrängelt. *"Also genau der Notbremsassistent, also das ist in kritischen Situationen, bremst das Ding automatisch ab. Das war teilweise nervig, weil das System noch nicht komplett ausgereift ist. Du befindest dich auf der Landstraße, vor dir biegt jemand rechts ab. Der ist schon fast in dieser Straße drinnen. Das Auto registriert das auch, du willst an dem vorbeifahren und trittst also schon wieder aufs Gas und in dem Moment geht die automatische Bremse rein. Und dann stehst du aber."* (B1)

Auch die Unternehmensvertreter verweisen darauf, dass einige Systeme nicht eingesetzt werden, da sie eine Reizüberflutung befürchten. Eine zu große Menge an Informationen könne vom Berufskraftfahrenden nicht mehr genutzt werden. *„Die Systeme haben alle Nachteile, wenn Sie mit Spiegelsystemen arbeiten […], dann erkaufen Sie sich wieder irgendwelche Nachteile, weil der Fahrer gar nicht in der Lage ist, optisch alles zu erfassen, was ihm die Systeme bieten. Wenn Sie ein Ultraschallsystem haben, dann haben Sie oft Fehlauslösungen […]."* (G1)

Die Funktionsweise der Assistenzsysteme selbst spielt ebenfalls eine Rolle bei der Entscheidung für oder gegen eine Nachrüstung, insbesondere ob die Systeme passiv oder aktiv agieren. Passive Systeme zeichnen sich dadurch aus, dass sie nicht in das Fahrgeschehen eingreifen. Aktive Systeme hingegen greifen eigenständig in das Geschehen ein. Im Allgemeinen sei die Akzeptanz von aktiven Systemen beim Berufskraftfahrenden, so die Befragten, geringer als bei den passiven. *„[…] und da sage ich jetzt aber im Umkehrschluss, weil sie diesen Bremseingriff nicht haben, deshalb wird es von den Fahrern eher akzeptiert."* (S1)

Umgekehrt erkennen alle Unternehmensvertreter an, dass Routine eine Gefahr darstellt, bei denen Assistenzsysteme Abhilfe schaffen. In der Gesamtsituation seien auch erfahrene Fahrerinnen und Fahrer häufig überfordert und könnten das erlernte Wissen nicht schnell genug abrufen. Ergebnis sind dann Auffahrunfälle, die durch einen abgeschalteten Abstandshalter und mangelnde Aufmerksamkeit zustande kommen. *„Der Fahrer sagt einfach, ich mach das hier schon 30 Jahre und diese Strecke bin ich schon 300 mal gefahren und ist beim 301. Mal, da kommt plötzlich irgendwo eine Umleitung oder so und schon kommt auf ihn so eine Nervosität und Stress. Also Routine ist eigentlich das größte Problem, dass sich die Leute einfach überschätzen und weil sie einfach in der Routine glauben, sie können das machen. Gilt übrigens auch für Pkws, die meisten Unfälle passieren auf dem Weg von zu Hause zur Arbeit."* (G1)

12.6 Diskussion

Zwischen dem Einsatz von Assistenzsystemen und dem automatisierten Fahren besteht ein tatsächlicher und strukturierter, enger Zusammenhang. Hauptziel der Weiterentwicklung des assistierten zum automatisierten Fahren ist – nach Einschätzung von Eckhard Minx von der Daimler und Benz Stiftung – die Reduzierung von Unfällen, die statistisch weitestgehend von den Fahrenden ausgelöst werden. Die damit zusammenhängenden

Ethikfragen, nämlich inwieweit ein mögliches Verschulden für einen Verkehrsunfall oder eine Verletzung bzw. Tötung eines Menschen der Technik zuzurechnen sind, werden grundsätzlich durch den Einsatz von Assistenzsystemen tangiert. Die einschlägigen nationalen und internationalen Rechtsnormen definieren hierbei die Rahmenverhältnisse. Der Fokus dieser Studie betrachtet schwerpunktmäßig die tatsächliche Akzeptanz von Assistenzsystemen, soll aber auch für weiterführende Fragestellungen sensibilisieren.

Neben den aufgezeigten Rechtsgüterverletzungen der Gesundheit und des Lebens von Verkehrsteilnehmern ist die Entwicklung von Sachschäden ein weiterer wichtiger Betrachtungsgegenstand. Der Gesamtverband der Deutschen Versicherungswirtschaft (GDV) hat in einer Studie zum automatisierten Fahren unter Einbezugnahme von Assistenzsystemen eine Prognose der Auswirkungen auf den Schadensaufwand bis 2035 prognostiziert (vgl. GDV, 2017). Neben den bereits in den vorangegangenen Kapiteln aufgezeigten Potenzialen zur Fahrergewinnung und -bindung wird hier für alle Logistikunternehmen der zentrale finanzielle Wirtschaftsfaktor dieser Systeme aufgezeigt, wonach eine reduzierte Schadensentwicklung konsequent zu geringeren finanziellen Belastungen durch reduzierte Prämien für jedes Unternehmen führt. Darüber hinaus wurden konkrete Erkenntnisse von Versicherern bei Schadensfällen mit den Erkenntnissen einer empirischen Erhebung in Einklang gebracht. Zwei Aspekte sollten dabei ganz besonders berücksichtigt werden, die die vorliegende Studie aufgegriffen hat. Zum einen existieren eine Reihe von Motiven, warum Fahrerinnen und Fahrer in der Praxis das punktuelle Ausschalten von Assistenzsystemen nutzen und, zum anderen, inwieweit der Markt vom freien Angebot der Assistenzsysteme zusätzlich tatsächlich zu erwerben Gebrauch macht, wenn dieses gesetzlich nicht vorgeschrieben ist. Bei Herstellern wächst die Erkenntnis, dass der gesetzliche Zwang zum Einbau von Assistenzsystemen die Entwicklung vorantreibt. Bestätigt durch die vorliegende Studie können folgende Aussagen nochmals unterstrichen werden:

- Assistenzsysteme können Unfälle vermeiden.
- Die Systeme verhindern in der Praxis weniger Unfälle als in der Theorie, da der Nutzungsgrad (durch aktives Ein- und Ausschalten) variiert.
- Die Effizienz der Systeme steigt, wenn mehrere Fahrassistenten sinnvoll miteinander verknüpft werden.
- Die Marktdurchdringung erfolgt nur zögerlich.

Im Vorfeld dieser Studie wurden bereits die Weichen dahin gehend gestellt, dass die Praxisbefragung von Fahrenden von allen beteiligten Logistik-Verbänden unterstützt wird. Dies gilt für den Bundesverband Güterverkehr und Logistik (BGL e. V.), den Deutschen Speditions- und Logistik Verband (dSLV e. V.), den Bundesverband Möbel Spedition und Logistik (AMÖ e. V.), den Bundesverband Wirtschaft, Verkehr und

Logistik (BWVL e. V.) und den Bundesverband Deutscher Omnibusunternehmer (dbo e. V.). Durch die Mitwirkung dieser Verbände ist sichergestellt, dass die gesamte Breite der Verkehrsstrukturlandschaften von Autobahn, Landstraßen und City-Logistik sowie auf Werksgeländen und Sonderverkehrsflächen erfasst werden.

12.7 Zusammenfassung und Ausblick

Neue, digitale Technologien bieten die Möglichkeit logistischer Innovationen (vgl. Cardona et al., 2013). Im Zuge dieser digitalen Transformation verändern sich jedoch nicht nur die Wertschöpfungsprozesse innerhalb der Industrie-/Logistikunternehmen grundlegend, sondern auch die Anforderungen an die menschliche Arbeit (vgl. Klumpp et al., 2019). Der Einsatz von Assistenzsystemen im Führerhaus des Lkw spielt nicht nur eine wichtige Rolle bei der Vermeidung von Verkehrsunfällen, sondern kann einen Beitrag zur Fachkräftegewinnung und -sicherung leisten, sowie insgesamt das Berufsbild und Image der Branche positiv beeinflussen. Trotz dessen werden Assistenzsysteme noch nicht flächendeckend genutzt und teilweise von Fahrerenden abgelehnt. Neben wirtschaftlichen und regulatorischen Gründen beruht die ablehnende Haltung der Fahrenden auf dem mentalen und emotionalen Beanspruchungsniveau in der Anwendung sowie einer fehlenden universellen Zuverlässigkeit der Technik. Das Risiko eines sogenannten „artificial divide" zwischen Mitarbeitenden und neuen digitalen Technologien wurde bereits für die Logistikbranche postuliert und insbesondere auf den Bereich der Transportlogistik übertragen (vgl. Klumpp & Zijm, 2019). Für den spezifischen Anwendungskontext von Assistenzsystemen gibt die vorliegende Studie erste Anhaltspunkte, dass auch hier ein „artificial divide" gegeben ist. Um diesen entgegenzuwirken, müssten insbesondere technische Synergien im Zusammenspiel unterschiedlicher Systeme gehoben und das Risiko von Fehlauslösungen minimiert werden.

Abschließend soll die Anwendung des explorativen Vorgehens gewürdigt werden, da hier qualitative Erhebungs- und Analyseverfahren zur Anwendung gekommen sind. Kritisch ist anzumerken, dass aufgrund der Anzahl an Interviews keine Vergleichbarkeit und Generalisierbarkeit der Ergebnisse sichergestellt werden kann. Entsprechend müssen zukünftige Forschungstätigkeiten einen standardisierten Fragebogenansatz berücksichtigen. Analog des im ADINA-Projekts angewandten, iterativen Vorgehens, welches einen Organisationsentwicklungsansatz und einen damit verbundenen Lernprozess beinhaltet (vgl. Gruchmann et al., 2019), kann eine quantitativ-großzahlige Studie bei Berufskraftfahrenden die Ergebnisse der vorliegenden Studie zu testen.

Literatur

ADAC e.V. (2019). Assistenzsysteme: So können sie Autofahrer entlasten. https://www.adac.de/rund-ums-fahrzeug/ausstattung-technik-zubehoer/assistenzsysteme/fahrerassistenzsysteme/. Zugegriffen: 27. Nov. 2019.

Allianz Zentrum für Technik (AZT). (2018). Studie zur Prävention von Lkw-Unfällen. https://www.eurotransport.de/artikel/allianz-studie-zur-praevention-von-unfaellen-lkw-unfaelle-mit-assistenzsystemen-vermeiden-10382503.html. Zugegriffen: 15. Apr. 2020.

BG Verkehr. (2016). Kamera-Monitor-Systeme (KMS) zur Vermeidung von Abbiegeunfällen – Kriterien für die Eignung von Kamera-Monitor-Systeme in Lkw zur Vermeidung von Rechtsabbiegeunfällen. https://www.bg-verkehr.de/redaktion/medien-und-downloads/broschueren/branchen/gueterkraftverkehr/bgverkehr_kms_a4_studie_komplett.pdf. Zugegriffen: 15. Apr. 2020.

Boston Consulting. (2019). Zukunft der Nutzfahrzeuge. https://www.eurotransport.de/artikel/studie-von-boston-consulting-neue-technologien-veraendern-nutzfahrzeugmarkt-10919294.html. Zugegriffen: 15. Apr. 2020.

Bundesamt für Güterverkehr (BAG) (2018). *Marktbeobachtung Güterverkehr – Auswertung der Arbeitsbedingungen in Güterverkehr und Logistik.* 2018-I-Fahrerberufe.

Bussgeldkatalog.org. (2019). Notbremsassistent: Funktionsweise, Schwächen und Pflicht. https://www.bussgeldkatalog.org/notbremsassistent/. Zugegriffen: 11. Dez. 2019.

Bühne A., Heinl F., Gail J., & Seininger P. (2020). *Lkw-Notbrems-Assistenzsysteme.* Bundesanstalt für Straßenwesen (BaSt). https://bast.opus.hbz-nrw.de/opus45-bast/frontdoor/deliver/index/docId/2329/file/F133.pdf. Zugegriffen: 15. Apr. 2020.

Cardona, M., Kretschmer, T., & Strobel, T. (2013). ICT and productivity: Conclusions from the empirical literature. *Information Economics and Policy, 25*(3), 109–125.

DEKRA Automobil GmbH. (2019). DSLV: 45.000 Fahrer fehlen. https://www.dekra.net/de/fahrermangel-dslv/. Zugegriffen: 22. Apr. 2020.

EHI Retail Institute. (2018). Transport in der Handelslogistik. https://www.ehi.org/de/pressemitteilungen/gesucht-lkw-fahrer/. Zugegriffen: 15. Apr. 2020.

Europäischer Ladungsverbund internationaler Spediteure AG (ELVIS AG). (2018). https://www.elvis-ag.com/en/what-ist-elvis/press-news/161-elvis-geht-fahrermangel-mit-wissenschaftlicher-unterstuetzung-an.html. Zugegriffen: 15. Apr. 2020.

Fraunhofer IIS. (2018). *Mehr als der Lohn – Eine Untersuchung zu Praktiken und Kosten der Gewinnung, Ausbildung, Weiterbildung und Erhaltung des Fahrpersonals in der Lkw-Transportwirtschaft.* Fraunhofer-Arbeitsgruppe für Supply Chain Services SCS. https://www.scs.fraunhofer.de/de/publikationen/studien/mehr-als-der-lohn.html. Zugegriffen: 15. Apr. 2020.

Gesamtverband der Deutschen Versicherungswirtschaft (GDV). (2017). Automatisiertes Fahren Auswirkungen auf den Schadenaufwand bis 2035. https://www.gdv.de/resource/blob/8282/c3877649604eaf9ac4483464abf5305d/download-der-studie-data.pdf. Zugegriffen: 22. Apr. 2020.

Gruchmann, T., Hanke, T., Hoene, A., Jawale, M., & Bednorz, N. (2019). Aktionsforschung in der Logistik: Erhebungs- und Analyseverfahren für innovative Kommissionier- und Umschlagkonzepte. *Mobilität in Zeiten der Veränderung* (S. 513–525). Springer Gabler.

INTRAPLAN Consult GmbH. (2019). *Gleitende Mittelfristprognose für den Güter- und Personenverkehr* – Mittelfristprognose Winter 2018/2019. https://www.bag.bund.de/SharedDocs/Downloads/DE/Verkehrsprognose/verkehrsprognose_Winter_2018_2019.pdf?__blob=publicationFile. Zugegriffen: 15. Apr. 2020.

Internationale Straßen-Union (IRU). (2019). Tackling Driver Shortage in Europe. https://www.eurotransport.de/artikel/bis-2027-fehlen-185-000-fahrer-iru-warnt-vor-akutem-fahrermangel-10730376.html. Zugegriffen: 15. Apr. 2020.

Jacob, R., Heinz, A., & Décieux, J. P. (2014). *Umfrage: Einführung in die Methoden der Umfrageforschung*. de Gruyter.

Jäger, S. (2017). *Netzwerk-Design für LKW-Komplettladungsverkehre unter Berücksichtigung ökonomischer und sozialer Aspekte*. Springer Fachmedien.

Klumpp, M., Hagemann, V., Ruiner, C., Neukirchen, T. J., & Hesenius, M. (2019). Arbeitswelten der Logistik im Wandel – Gestaltung digitalisierter Arbeit im Kontext des Internet der Dinge und von Industrie 4.0. In B. Hermeier, T. Heupel, & S. Fichtner-Rosada (Hrsg.), *Arbeitswelten der Zukunft* (S. 67–85). Springer Gabler.

Klumpp, M., & Zijm, H. (2019). Logistics innovation and social sustainability: How to prevent an artificial divide in Human-Computer Interaction. *Journal of Business Logistics, 40*(3), 265–278.

Lohre, D., Pfennig, R., Poerschke, V., & Gotthardt, R. (2015). *Nachhaltigkeitsmanagement für Logistikdienstleister: Ein Praxisleitfaden*. Springer.

MAN Deutschland. (2019). Abstandsregeltempomat (ACC STOP & GO). https://www.truck.man.eu/de/de/lkw/lkw-assistenzsysteme/abstandsgeregelter-tempomat.html. Zugegriffen: 17. Dez. 2019.

Mayring, P. (2015). *Qualitative Inhaltsanalyse. Grundlagen und Techniken*. Beltz.

Mey, G., & Mruck, K. (2010). *Handbuch qualitative Forschung in der Psychologie*. VS.

Puls, T. (2018). *Fachkräftemangel wird zum Problem in der Logistik*. Institut der deutschen Wirtschaft (IW) Kurzbericht, 22/2018.

Reinhart, G., Bengler, K., Dollinger, C., Intra, C., Lock, C., Popova-Dlogosch, S., Rimpau, C., Schmidtler, J., Teubner, S., & Vernim, S. (2017). *Handbuch Industrie 4.0 – Geschäftsmodelle, Prozesse, Technik* (S. 51–88). Hanser.

Rieck, J. (2008). *Tourenplanung mittelständischer Speditionsunternehmen – Modelle und Methoden*. Springer Gabler.

Schneider, J., Gruchmann, T., Brauckmann, A., & Hanke, T. (2019). Arbeitswelten der Logistik im Wandel: Automatisierungstechnik und Ergonomieunterstützung für eine innovative Arbeitsplatzgestaltung in der Intralogistik. *Arbeitswelten der Zukunft* (S. 51–66). Springer Gabler.

Verband der chemischen Industrie e.V. (VCI). (2018). Verbändeinitiative – Fünf-Punkte-Plan gegen Logistikengpässe und Fahrermangel im Straßengüterverkehr. https://www.vci.de/langfassungen/langfassungen-pdf/2018-12-05-verbaendeinitiative-5-punkte-plan-logistikengpaesse-fahrermangel.pdf. Zugegriffen: 15. Apr. 2020.

Voss, C., Tsikriktsis, N., & Fröhlich, M. (2002). Case research in operations management. *International Journal of Operations & Production Management, 22*(2), 195–219.

Prof. Dr. Tim Gruchmann ist seit 2019 Professor für Logistik an der Fachhochschule Westküste in Heide und Mitglied des Westküsteninstituts für Personalmanagement (WinHR). Seine Forschungsinteressen liegen innerhalb der mitarbeiter- und kundenorientierten Logistik und eines nachhaltigen Supply Chain Managements. Seine Forschungsbeiträge wurden in international begutachteten Fachzeitschriften (unter anderem *International Journal of Logistics Management, Journal of Cleaner Production, Supply Chain Management: An International Journal, International Journal of Production Economics, Journal of Industrial Ecology*) veröffentlicht.

Regina Demtschenko ist seit 2018 Projektleiterin und wissenschaftliche Mitarbeiterin am Fraunhofer-Institut für Materialfluss und Logistik (IML), Projektzentrum „Verkehr, Mobilität und Umwelt" in Prien am Chiemsee. Während dieser Tätigkeit hat sie zahlreiche Projekte geleitet und bearbeitet, die sich über eine Bandbreite an Untersuchungsaspekten, Bereichen und Akteuren erstrecken. Der Schwerpunkt ihrer Forschungs- und Beratungstätigkeit liegt in der Personen- und Gütermobilität, insbesondere unter Identifikation und Analyse von Nutzerverhalten und -anforderungen. Seit 2020 ist sie zudem als Referentin für Kommunikation der Fraunhofer-Allianz Verkehr tätig und ist mit für den Aufbau des Leitmarktes Mobilitätswirtschaft verantwortlich. Den Schwerpunkt der Tätigkeit bildet die Förderung und Koordination instituts- sowie arbeitsgruppenübergreifender Vorhaben und Projekte.

Prof. Axel Salzmann verfügt über eine ausgewiesene Expertise im Bereich des Transportrechts und der Verkehrshaftungsversicherung. Bei der Gestaltung und Weiterentwicklung unter anderem der ADSp 2017, der AGB-BSK 2019 (Schwerguttransporte) und der Logistik-AGB 2019 hat er prägend mitgewirkt. Bevor er seine Lehrtätigkeit an der FH Westküste aufnahm, war er unter anderem als Dozent bei der Deutschen Logistikakademie (Bremen), den Hochschulen Heilbronn, Lörrach und Bremerhaven, der Bucerius Law School, dem Berufsbildungswerk der Versicherungswirtschaft in München e. V. und der Kühne-Stiftung in der Schweiz sowie der Kühne Logistics University (KLU) tätig. An der FH Westküste hat sich Axel Salzmann seit 2016 um den Aufbau des BWL-Schwerpunkts Logistik mit seinem Fokus auf Transportrecht und Risikomanagement engagiert. Ab Herbst 2016 hat er als Beauftragter der KRAVAG und in seiner Funktion als Leiter des KRAVAG-Kompetenzzentrums die Kontakte der FH Westküste zu Logistiknetzwerken in Norddeutschland, zu Medienpartnern und zu Wissenschaftsforen hergestellt und begleitet. Seit 2020 ist Axel Salzmann Honorarprofessor an der FH Westküste in Heide mit einer Denomination für Transportrecht und Riskmanagement.

Forschungsstark und praxisnah:

Deutschlands Hochschule für Berufstätige

Raphaela Schmaltz studiert den berufsbegleitenden Master-Studiengang Taxation am FOM Hochschulzentrum Köln.

Die FOM ist Deutschlands Hochschule für Berufstätige. Sie bietet über 40 Bachelor- und Master-Studiengänge, die im Tages- oder Abendstudium berufsbegleitend absolviert werden können und Studierende auf aktuelle und künftige Anforderungen der Arbeitswelt vorbereiten.

In einem großen Forschungsbereich mit hochschuleigenen Instituten und KompetenzCentren forschen Lehrende – auch mit ihren Studierenden – in den unterschiedlichen Themenfeldern der Hochschule, wie zum Beispiel Wirtschaft & Management, Wirtschaftspsychologie, IT-Management oder Gesundheit & Soziales. Sie entwickeln im Rahmen nationaler und internationaler Projekte gemeinsam mit Partnern aus Wissenschaft und Wirtschaft Lösungen für Problemstellungen der betrieblichen Praxis.

Damit ist die FOM eine der forschungsstärksten privaten Hochschulen Deutschlands. Mit ihren insgesamt über 2.000 Lehrenden bietet die FOM rund 57.000 Studierenden ein berufsbegleitendes Präsenzstudium im Hörsaal an einem der 36 FOM Hochschulzentren und ein digitales Live-Studium mit Vorlesungen aus den hochmodernen FOM Studios.

Alle Institute und KompetenzCentren unter
fom.de/forschung

**Die Hochschule.
Für Berufstätige.**

MIX
Papier aus verantwortungsvollen Quellen
Paper from responsible sources
FSC® C105338

If you have any concerns about our products,
you can contact us on
ProductSafety@springernature.com

In case Publisher is established outside the EU,
the EU authorized representative is:
**Springer Nature Customer Service Center GmbH
Europaplatz 3, 69115 Heidelberg, Germany**

Printed by Libri Plureos GmbH
in Hamburg, Germany